国家卫生和计划生育委员会"十二五"规划教材

全国高等医药教材建设研究会"十二五"规划教材

全国高等学校教材

供卫生检验与检疫专业用

实验室安全与管理

第2版

主 编 和彦苓

副主编 许 欣 刘晓莉 李士军

编 者 （以姓氏笔画为序）

王 晖（首都医科大学） 朱长才（武汉科技大学）

刘晓莉（昆明医科大学） 李士军（大连医科大学）

许 欣（四川大学） 李业鹏（国家食品安全风险评估中心）

李 静（吉林大学） 张艾华（包头医学院）

汪保国（广东药学院） 陈文军（安徽医科大学）

和彦苓（包头医学院） 杨 赟（南华大学）

姚 苹（山东大学） 常 东（哈尔滨医科大学）

秘 书 靳 敏（包头医学院）

人民卫生出版社

图书在版编目(CIP)数据

实验室安全与管理/和彦苓主编. —2 版. —北京:人民卫生
出版社,2014

ISBN 978-7-117-20063-9

Ⅰ.①实⋯ Ⅱ.①和⋯ Ⅲ.①实验室管理-安全管理-高等
学校-教材 Ⅳ.①N33

中国版本图书馆 CIP 数据核字(2014)第 284352 号

| 人卫社官网 | www. pmph. com | 出版物查询,在线购书 |
| 人卫医学网 | www. ipmph. com | 医学考试辅导,医学数据库服务,医学教育资源,大众健康资讯 |

实验室安全与管理
第 2 版

主　　编:和彦苓
出版发行:人民卫生出版社 (中继线 010-59780011)
地　　址:北京市朝阳区潘家园南里 19 号
邮　　编:100021
E - mail:pmph @ pmph. com
购书热线:010-59787592　010-59787584　010-65264830
印　　刷:北京虎彩文化传播有限公司
经　　销:新华书店
开　　本:787×1092　1/16　印张:14
字　　数:349 千字
版　　次:2008 年 7 月第 1 版　2015 年 1 月第 2 版
　　　　　2025 年 8 月第 2 版第16次印刷 (总第21次印刷)
标准书号:ISBN 978-7-117-20063-9/R·20064
定　　价:25.00 元

打击盗版举报电话:010-59787491　E-mail:WQ @ pmph. com
(凡属印装质量问题请与本社市场营销中心联系退换)

全国高等学校卫生检验与检疫专业
第 2 轮规划教材出版说明

为了进一步促进卫生检验与检疫专业的人才培养和学科建设,以适应我国公共卫生建设和公共卫生人才培养的需要,全国高等医药教材建设研究会于 2013 年开始启动卫生检验与检疫专业教材的第 2 版编写工作。

2012 年,教育部新专业目录规定卫生检验与检疫专业独立设置,标志着该专业的发展进入了一个崭新阶段。第 2 版卫生检验与检疫专业教材由国内近 20 所开办该专业的医药卫生院校的一线专家参加编写。本套教材在以卫生检验与检疫专业(四年制,理学学位)本科生为读者的基础上,立足于本专业的培养目标和需求,把握教材内容的广度与深度,既考虑到知识的传承和衔接,又根据实际情况在上一版的基础上加入最新进展,增加新的科目,体现了“三基、五性、三特定”的教材编写基本原则,符合国家“十二五”规划对于卫生检验与检疫人才的要求,不仅注重理论知识的学习,更注重培养学生的独立思考能力、创新能力和实践能力,有助于学生认识并解决学习和工作中的实际问题。

该套教材共 18 种,其中修订 12 种(更名 3 种:卫生检疫学、临床检验学基础、实验室安全与管理),新增 6 种(仪器分析、仪器分析实验、卫生检验检疫实验教程:卫生理化检验分册 / 卫生微生物检验分册、化妆品检验与安全性评价、分析化学学习指导与习题集),全套教材于 2015 年春季出版。

第 2 届全国高等学校卫生检验与检疫专业规划教材评审委员会

主 任 委 员：裴晓方（四川大学）

副主任委员：和彦苓（包头医学院）
　　　　　　康维钧（河北医科大学）
　　　　　　吕昌银（南华大学）

委　　　员（排名不分先后）：
　　　　　　孙成均（四川大学）
　　　　　　毋福海（广东药学院）
　　　　　　陈　廷（济宁医学院）
　　　　　　孙长颢（哈尔滨医科大学）
　　　　　　邱景富（重庆医科大学）
　　　　　　姚余有（安徽医科大学）
　　　　　　吕　斌（华中科技大学）
　　　　　　陆家海（中山大学）
　　　　　　张加玲（山西医科大学）
　　　　　　李　磊（南京医科大学）
　　　　　　李　娟（吉林大学）
　　　　　　高希宝（山东大学）
　　　　　　罗　萍（成都中医药大学）
　　　　　　程祥磊（南昌大学）
　　　　　　左云飞（大连医科大学）
　　　　　　周华芳（贵阳医学院）
　　　　　　张　凯（济宁医学院）
　　　　　　贾天军（河北北方学院）
　　　　　　梅　勇（武汉科技大学）
　　　　　　江新泉（泰山医学院）
　　　　　　于学杰（山东大学）
　　　　　　许文波（中国疾病预防控制中心）
　　　　　　杨大进（中国疾病预防控制中心）

秘　　　书：汪　川（四川大学）

全国高等学校卫生检验与检疫专业
第2轮规划教材目录

1. 分析化学(第2版)	主 编	毋福海
	副主编	赵云斌
	副主编	周 彤
	副主编	李华斌
2. 分析化学实验(第2版)	主 编	张加玲
	副主编	邵丽华
	副主编	高 红
	副主编	曾红燕
3. 仪器分析	主 编	李 磊
	主 编	高希宝
	副主编	许 茜
	副主编	杨冰仪
	副主编	贺志安
4. 仪器分析实验	主 编	黄佩力
	副主编	张海燕
	副主编	茅 力
5. 食品理化检验(第2版)	主 编	黎源倩
	主 编	叶蔚云
	副主编	吴少雄
	副主编	石红梅
	副主编	代兴碧
6. 水质理化检验(第2版)	主 编	康维钧
	主 编	张翼翔
	副主编	潘洪志
	副主编	陈云生
7. 空气理化检验(第2版)	主 编	吕昌银
	副主编	李 珊
	副主编	刘 萍
	副主编	王素华
8. 病毒学检验(第2版)	主 编	裴晓方
	主 编	于学杰
	副主编	陆家海
	副主编	陈 廷
	副主编	曲章义
9. 细菌学检验(第2版)	主 编	唐 非
	主 编	黄升海
	副主编	宋艳艳
	副主编	罗 红

10. 免疫学检验(第2版)	主 编	徐顺清
	主 编	刘衡川
	副主编	司传平
	副主编	刘 辉
	副主编	徐军发
11. 临床检验基础(第2版)	主 编	赵建宏
	主 编	贾天军
	副主编	江新泉
	副主编	胥文春
	副主编	曹颖平
12. 实验室安全与管理(第2版)	主 编	和彦苓
	副主编	许 欣
	副主编	刘晓莉
	副主编	李士军
13. 生物材料检验(第2版)	主 编	孙成均
	副主编	张 凯
	副主编	黄丽玫
	副主编	闫慧芳
14. 卫生检疫学(第2版)	主 编	吕 斌
	主 编	张际文
	副主编	石长华
	副主编	殷建忠
15. 卫生检验检疫实验教程：卫生理化检验分册	主 编	高 蓉
	副主编	徐向东
	副主编	邹晓莉
16. 卫生检验检疫实验教程：卫生微生物检验分册	主 编	张玉妥
	副主编	汪 川
	副主编	程东庆
	副主编	陈丽丽
17. 化妆品检验与安全性评价	主 编	李 娟
	副主编	李发胜
	副主编	何秋星
	副主编	张宏伟
18. 分析化学学习指导与习题集	主 编	赵云斌
	副主编	白 研

前　言

随着社会经济发展,环境、气候变化以及各类公共卫生和安全(食品安全、环境安全、生物安全)事件的频发,社会对卫生检验与检疫专业人才的需求不断提高,且卫生检验学科的发展也越来越成熟。为了进一步完善学科体系,提高卫生检验与检疫整体人才培养水平,由全国高等医药教材建设研究会主办,人民卫生出版社有限公司和四川大学华西公共卫生学院承办的"全国高等学校卫生检验与检疫专业规划教材第 2 轮修订论证会"于 2013 年 8 月在成都召开。会上明确了"全国高等学校卫生检验与检疫专业第 2 轮规划教材"编写的必要性和迫切性,并明确了第 2 轮教材专业课程目录。鉴于目前实验室安全知识的重要性,学生需要加强安全知识的培训,会议认为实验室安全与实验室管理同等重要,将第 1 版《实验室管理》修订改名为《实验室安全与管理》。

2013 年 12 月在广州召开了主编人会议,明确了第 2 轮教材编写的指导思想和修订原则,并讨论了教材的编写大纲及参编人员等事项。2014 年 4 月在成都编写会上,《实验室安全与管理》的编者认真讨论了教材的编写原则,确定了编写大纲并落实了编写任务。2014 年 8 月在包头定稿会上,全体编者对书稿进行了逐章认真审阅。会后,编者再次修改,最后由主编审定,于 2014 年 9 月完成全书的定稿。

根据卫生检验与检疫专业人才的培养目标,本教材共分九章,包括绪论、实验室安全管理、实验室生物安全管理、实验室废弃物管理、实验室意外事故处理、实验室质量管理、实验室资源管理、实验室评价制度、实验室信息管理系统简介。本教材对第 1 版教材原有章节进行了整合,加大实验室生物安全和实验室废弃物管理等内容的篇幅,并将实验室安全管理和实验室生物安全置于最前面的章节,突出了实验室安全知识的重要性。部分章节中某些内容或标题重复,但内容的侧重点不同。相较于第 1 版教材,本教材内容更全面、更系统、更具有指导意义。

本教材适用于卫生检验与检疫专业(四年制,理学学位)、预防医学专业及医学检验专业本科生,也可作为卫生理化、卫生微生物实验室管理者和其他从事卫生检验或生物医学实验室工作者的参考书。

本教材在编写过程中,内蒙古科技大学包头医学院、广东药学院、四川大学华西公共卫生学院和编者所在院校给予了大力支持和热情帮助,在此一并致谢。

由于编者的知识和能力水平有限,书中难免有不妥甚至谬误之处,恳请专家和读者批评指正。

和彦苓

2014 年 9 月

目　录

第一章 绪 论

实验室管理是指导人们管理实验室运行过程中各项活动的一门科学,其研究对象涉及实验室相关的人、事、物、信息和经费等全部活动。实验室管理的目的是保障实验室运行安全和实验室工作质量。因此,实验室管理的核心是实验室安全管理和实验室质量管理。

一、实验室安全管理与实验室质量管理的定义和研究内容

实验室安全是实验室有序运行的基础,实验室工作质量是实验室生存发展的根基。因此,实验室管理中的人员管理、物品管理、资质管理、质量控制和信息管理等各类管理活动必须始终围绕实验室安全和实验室工作质量这两个基本要点。

(一) 实验室安全管理的定义

所谓安全是指没有危险和不发生事故。实验室安全是指实验室没有安全危险,无直接的安全威胁,实验前后无安全事故发生。

实验室安全管理(laboratory safety management)是实验室管理学科的一个重要分支,它是为实现实验室安全目标而进行的有决策、计划、组织和控制的活动。实验室安全管理主要运用现代安全管理的原理、方法和手段,分析和研究实验室各种不安全因素,从组织上、思想上和技术上采取有力的措施,解决和消除实验室中的各种不安全因素,防止各类实验室安全事故的发生。

安全管理制度不健全、实验室工作人员安全意识缺乏以及实验物品和实验室环境中存在不安全因素都可能造成设备损坏或被盗、工作人员急慢性中毒或生物感染、技术或信息被窃等安全事故,甚至造成实验室火灾或爆炸等重大安全事故。而且实验室安全事故会直接影响实验室产品质量,还可能造成实验室及实验室周围生命和财产损失。所以,实验室安全管理是实验室管理工作中的重要内容。

(二) 实验室安全管理的研究内容

为保证实验室人员、设备、技术以及实验室周边的生命财产安全,必须加强实验室安全制度建设、实验室人员安全教育、实验室易燃易爆物品管理、生物制品安全管理和实验室安全防控预案制定,杜绝实验室安全隐患或减轻安全事故造成的危害。

1. 实验室安全制度建设 为使实验室安全管理有章可循,且安全监管有法可依,应依据国际国内法律、技术标准和操作规范,制定适合本实验室实际情况的《实验室安全管理规则》、《实验室物品管理规定》、《化学试剂安全使用管理办法》、《生物安全工作细则》等系列的实验室安全管理制度。

2. 实验室人员安全教育 在建立健全安全管理制度基础上,应注重实验室工作人员的安全意识教育。通过组织安全法规制度学习、典型案例分析、安全知识培训、消防演练和定期安全知识考核,强化实验室工作人员的安全意识和安全事故应急处置能力。

3. **实验室环境安全** 实验室环境安全包括实验室建筑设计、设施布局、安全防护设施、水电气安全等要素。实验室建设选址、实验室建筑设计、实验室设施布局等应符合实验室安全管理要求。通过加强实验室安全防护设施建设和实验室水电气安全设计,减少实验室环境安全隐患。

4. **实验室物品安全** 实验室设备、化学试剂和电离辐射源等实验室物品使用、存放要符合实验室安全管理要求。如实验室剧毒品、易爆品应严格执行双人管、双人发、双人运、双人用等规定;库房内危险品试剂应遵循分类存放原则,毒品、爆炸品应分格存放保险箱,易燃品及性质互相抵触或灭火方法不同的试剂要分库分类存放;高压气体钢瓶应符合气瓶安全管理规定,设计专用地点按种类分开安放,并定期进行安全检查;实验室应严格执行电离辐射防护安全管理要求,防止电离辐射源对实验室人员和周围居民的辐射危害。

5. **实验室生物安全** 实验室应对实验中使用的各种生物因子进行科学管理,防止实验室人员生物感染和危险生物因子扩散。应依据《实验室生物安全通用要求》、《病原微生物实验室生物安全管理条例》和《生物安全实验室建筑技术规范》等法规,从人的不安全行为和物的不安全状态上加强生物安全管理,预防生物安全事故发生。

6. **实验室废弃物处理** 实验室废弃物种类繁多,应按照国家废弃物管理要求分类处理。对于高危害物质以及对人体和环境可能造成严重损害或污染的废弃物,实验室应先对其进行无害化处理,然后用包装物密封包装,并贴上标签,注明废弃物的名称、剂量单位、数量等,再由实验室暂时存放于安全位置,最后适时移交专业机构处置。

7. **实验室信息安全** 实验室数据和信息资料需要长期保存,部分实验室信息资料还涉及保密安全,因此,实验室应充分重视实验室信息安全管理。另外,对于信息网络化的实验室,还应加强网络安全维护。

8. **实验室意外事故处置** 实验室应制定意外事故应急预案,如发生火灾、爆炸、危险化学品泄漏和菌种毒种丢失等意外事故时,应按照应急预案采取相应处置措施,减少意外事故导致的人员伤亡和财产损失。实验室人员应熟知应急预案的内容,掌握应急处置常用方法,当有人员伤亡情况时,应根据伤亡程度立即采取救助措施,同时拨打"120"救助电话。当出现诸如火灾、化学品泄漏和环境污染等灾害时,应采取防止灾害蔓延的控制措施,同时拨打"119"火警救助电话。根据意外事故应急预案要求,实验室应做好安全事故应急救援人员培训,配备应急消防器材设施,保持实验室走廊、楼梯和出口畅通,保证一旦危险事故发生,各项救援设施齐全和应急通道畅通。

(三)实验室质量管理的定义

管理学将"质量"的定义概括为"满足甚至超出顾客的需求和期望",而质量管理是对达到质量要求所做的全部过程的管理活动,目的就是减少质量的不稳定性。实验室质量管理(laboratory quality management)就是提高实验室检测数据准确性和可靠性的全部过程的管理活动。

为了确保检测数据的准确可靠,就必须明确结果形成过程中可能影响检测报告质量的相关因素,从而对这些因素采取相应的措施加以管理和控制,确保最终产品质量,即检测报告的质量。实验室资质、实验室人员素质、实验室条件和实验过程的质量控制等因素均可能影响实验室产品质量。因此,为保证实验室工作质量,应根据检测和校准实验室能力的通用要求(ISO/IEC 17025),建立实验室质量管理体系,申请获得实验室资质认证或认可,提高实验室人员业务素质和实验室设备运行效率,做好实验过程质量控制等质量管理活动。

（四）实验室质量管理的研究内容

实验室质量管理主要涉及质量管理体系建设、实验室资质管理、人员和设备管理、实验过程质量控制等内容。

1. 实验室管理体系建设　实验室管理体系建设中,首先要求建立和完善实验室必须具备的检验条件,包括配备必要的、符合要求的仪器设备、实验场地及办公设施和合格的检验人员等;第二,建立相适应的组织机构,明确实验室队伍职责,保障实验室高效运行;第三,通过管理评审、内外部审核、实验室间能力验证、比对等方式,不断完善和健全质量体系,保证实验室有能力为社会出具准确、可靠的检验报告。实验室管理体系需要将管理体系涉及的政策、制度、计划、程序以及各类作业指导书写成文件,并将体系文件传达到全体人员,使其获得、理解和认真执行。

2. 实验室资质管理　实验室资质管理包括实验室资质认定和实验室认可,前者是我国实验室必须获得的强制性许可,后者是实验室为参与国际交流的自愿活动。依据 ISO/IEC 17025 标准和我国的计量法、食品安全法和标准化法,申请获得实验室资质认定是实验室检验出证活动的准入门槛、是增强相关方对检验结果信心的基本要求、是提升检验机构检验质量水平和保证实验室机构可持续发展的必要前提。我国实验室在获得资质认定基础上,可自愿申请实验室资质认可,以获得实验室检测结果的国际互认资格。

3. 实验室人员和设备管理　实验室工作质量决定于人员素质、技术水平和设备条件等综合实力,其中,实验室人员是最具活力、能动并富有创造力的因素,是实验室质量管理中其他因素不能替代的关键因素,因此,必须注重实验室人才队伍建设,保证实验室队伍结构合理、素质优良和技术一流。仪器设备是实验室必需的"硬件",是各级各类实验室开展工作的重要物质条件,是保障实验室工作质量的基础因素,因此,必须做好实验设备的计划、采购、验收、维护等实验室设备管理工作,以保证实验设备运行高效和出具数据准确可靠。

4. 实验室质量控制　实验室质量控制是实验项目全过程质量管理的系列活动,是实验室质量管理的日常工作。在选择标准实验方法、调试仪器设备状态和建立良好工作环境基础上,应用数理统计学方法监控实验室工作质量状态,保证实验室检测结果准确可靠。

二、实验室管理的形成与发展

（一）实验室的基本职能

实验室是进行科学实验和出具公正检测结果的组织机构。同时,实验室也是一个复杂的组织系统,其包含了实验人员、仪器设备、环境因素等硬件条件和资源配置、管理制度、质量保障等软件要素。

根据实验室归属可将实验室分为国家实验室、企业实验室、事业单位实验室及独立运营实验室。国家实验室大多从事基本计量检测和高精尖科研项目;企业实验室主要为企业自身产品开发和产品检测服务;事业单位实验室一般从事基础科学研究、产品质量检测和环境介质评价等服务;独立运营实验室是由外资、民营资本筹建的实验室,通过为社会提供各类检测服务获得经济收益。按照实验室服务目的,可将实验室分为第一方实验室、第二方实验室和第三方实验室。第一方实验室是组织内的实验室,检测/校准自己生产的产品,数据为我所用,目的是提高和控制自己生产的产品质量;第二方实验室也是组织内的实验室,但检测/校准供方提供的产品,数据为双方所用,目的是提高和控制供方产品质量;第三方实验室则是独立于第一方和第二方,为社会提供检测/校准服务的实验室,数据为社会所用,目的是提高和控制社会产品质量。根据实验室所属学科进行分类,实验室可分为化学实验室、物理学实验室、生物学实验室等实验室。某一学科实验室如卫生检验与检疫实验室,根据其具体的检测对象进行分类,又可分为理化检验、微生物检验、毒理学评价等实验室。

实验室的基本职能主要包括:①根据《实验室资质认定评审准则》、《司法鉴定/法庭科学机构能力认可准则》、《食品检验机构资质认定管理办法》、《食品检验机构资质认定评审准则》和《良好实验室规范原则》等要求,申请获得与实验室相关的资质认定,为社会提供公证数据;②依据 ISO/IEC17025 实验室认可国际标准,主动参与获得实验室认可,实现检测结果的全球互认;③对照实验室质量管理体系,开展实验室质量管理,出具准确可信的检测数据(报告);④应用现代管理方法,加强实验室人员、设备、环境和信息等的管理,保证实验室运行安全。

(二)实验室管理的形成

实验室管理(laboratory management)是指应用现代管理学的理论方法,研究实验室运行过程中各项活动的基本规律,通过科学管理活动完成实验室基本职能和实现实验室运行最大效益。为保证实验室高效运行,必须建立和遵循实验室管理规范,应用法制管理、行政管理、经济管理和教育管理等方法,做好实验室管理各项工作,保证出具公证、准确和客观的检测数据以及实验室运行的安全。

随着管理学科的快速发展,广泛应用于工业企业的管理理论和管理方法,很快渗透到实验室管理领域。特别是进入 20 世纪 60~70 年代,西方管理学界出现了许多新的管理理论,这些理论思潮代表了管理理论发展的新趋势,如企业文化、学习型企业等管理理论应用于实验室管理,有效地提升了实验室管理水平。1986 年在日内瓦成立的"世界实验室组织",推动了世界各国实验室管理广泛交流,实验室认可国际标准(ISO/IEC17025)不断完善,促进了世界各国实验室管理水平。

(三)实验室管理的现状

目前,世界各国实验室管理呈现为组织机构健全、质量标准统一和管理运行高效的态势。在世界实验室组织和国际实验室认可组织等国际组织的推动下,世界各国分别成立了适合本国特点的实验室管理组织或部门,建立了统一完善的实验室管理体系,保障了各类实验室规范高效的运行。在美国,校准实验室认可由国家自愿实验室认可体系负责,而检测实验室认可体系由各级政府和民间机构运作,另外,美国还成立了国家标准质量协会国际认可委员会、美国司法质量认可处等近百家实验室认可机构。我国最早的实验室资质认定行政主管部门是国家计量局,目前,我国国家质量监督检验检疫总局下设的"国家认证认可监督管理委员会"负责实验室资质管理和质量审核。

以《检测和校准实验室能力通用要求》(ISO/IEC 17025)为主导,世界各国均颁布了系列实验室管理技术规范,如 20 世纪 70 年代,美国建立的第一个用于非临床毒理学安全性评价研究的"良好实验室规范"。目前,我国颁布有《实验室资质认定评审准则》、《司法鉴定/法庭科学机构能力认可准则》、《食品检验机构资质认定管理办法》、《食品检验机构资质认定评审准则》、《良好实验室规范原则》等实验室管理法规。科学可行的实验室管理法规为实验室管理、组织、考核和评估实验室质量及实验室自身开展质量监督管理提供了法律支撑,实验室管理法规的实施保障了实验室质量水平。

随着我国社会经济的快速发展,特别是加入世界贸易组织后与国际社会广泛交流,我国实验室管理已经步入规范化和国际化轨道,各类实验室除参与国家强制性实验室资质认定外,还主动自愿参与国际实验室认可,实现了产品"一次检测、全球承认"的目标。借鉴国外实验室管理经验,我国部分实验室建立了实验设备资源共享平台,通过设备的网上预约,提高了实验室资源利用效益。我国实验室管理水平快速提升背景下,也存在管理脱节、职责不明和资源浪费等现象。如由于管理归属不同,大多数实验室不对外开放,且不同实验室之间数据共享需要大量烦琐的审批程序。另外,我国的实验室经费投入来源单一,由于经费不足,部分实验室建设和设备更新滞后于实验室检测工作需要。

(四) 我国实验室管理发展趋势

借鉴管理学最新理论方法和国外实验室管理经验,以服务市场为导向,以不断提高质量为目标,加快实验室改革步伐,建立多种体制实验室管理模式,调整实验室机构布局,为社会提供公证、准确和高效的检测服务,是我国实验室管理在今后一段时间内的发展趋势。

1. 实验室机构向集团化发展 通过多样化方式实现实验室集团化,既可以以各实验室利益为驱动组成松散型集团,也可以建立紧密型的股份制集团。走集团化发展道路,便于形成市场规模,是应对国外实验室进入我国市场的积极主动措施,也是实验室生存和发展的有效途径。走集团化发展道路,可以使实验室人才、设备和技术聚集,集团成员可以方便地实现资源共享,避免在硬件、软件建设方面的重复投资和资源浪费,便于在集团内部优势互补,形成合力,全面提升实验室的综合实力。

2. 实验室经营向市场化发展 面对市场经济浪潮,实验室必须建立良好的市场运营体制,才能立于不败之地。实验室在策划良好市场行为的基础上,应通过市场运作,使实验室融入市场。实验室经营向市场化发展,应遵循或着眼于以下原则:①遵循"二元经济"原则。我国经济是国有经济与外资、民营经济共存的"二元经济"。因此,我国实验室不但要为国有企业做好技术服务,还要平等地为外资企业、民营企业做好检测服务。同时,不同类型企业也急切地盼望着相关检测实验室为其提供快速可信的检测服务;②遵循"市场优化"和"技术优化"原则。所谓市场优化原则,指实验室应科学地识别潜在的市场,适时调整自己的市场开拓计划,高度重视市场的反馈信息,力求信息传递快、失真少,节约管理费用,尽快解决复杂的问题。所谓技术优化原则,指实验室根据认证检测领域的技术发展趋势,组织所需的智力资源,不断增强技术力量;③着眼"国际认证检测市场"原则。我国是多种产品的生产基地和商品出口基地,实验室应按照进出口国的有关要求,提供更广泛的认证检测服务。我国实验室应抓住机遇,对经营方式进行战略性的调整,积极开展与外国著名实验室的交流和合作,不断拓展国际认证检测市场。

3. 实验室技术向数字化发展 21世纪是信息技术和信息产品迅速发展的时代。我国实验室应紧跟时代发展的潮流,通过与国际标准化组织和有关质量监督管理机构合作,获得最新的管理理念和技术方法,适时地推出与我国信息产业相适应的检测服务。同时,在测试标准的研究方面,我国实验室应积极参与相关国际标准和行业规范的制订、修订工作,使实验室技术更好地适应数字化发展的需要。

4. 实验室管理向规范化发展 实验室应不断加强管理的法制化、人性化、规范化制度建设,应用企业文化、学习型管理、企业再造等现代管理理论和国际实验室管理规范,应用法制管理、行政管理、经济管理和教育管理方法,充分激活实验室人员的积极性和主动性。实验室应加强管理体制改革,形成科学的管理层次结构,做到管理队伍、技术骨干和实验室检测人员的职责分明。实验室的人力资源配备,应满足开拓和开展产品检测工作的能力需求。对各层次工作人员,应统一管理、统一调度、人尽其才、分层管理、层层保证。实验室建立的质量体系应符合 ISO/IEC 17025 标准的要求。实验室应考虑设置市场经营部和业务部,其中,市场经营部的业务范围主要涉及经营策划、公关策划、宣传策划和评估测算。业务部则主要负责业务调度和各部门的协调。总之,实验室各项管理工作力求规范化,以保证实验室运行高效、实验室安全和检测数据准确可信。

三、管理学基础

(一)管理的基本职能

管理是通过采用计划、组织、协调、指导和控制等基本措施,有效地利用人、财、物、时间、方法和信息等基本要素,以实现组织既定目标的过程。

管理的基本职能包括计划、组织、领导和控制。计划是事先对未来行为所作的安排,它是管理的首要职能。组织是指反映人、职位、任务以及它们之间特定关系的结构设计,其主要内容有设置组织部门,确定各部门工作标准、职权和职责,制定各部门之间的关系及联系方式和规范等。领导是指为实现组织预定目标,领导者运用其法定权力和自身影响力去影响被领导者的行为,并将其导向组织目标的过程。控制是指管理者为确保组织目标以及为实现目标所制定的各项计划得以完成,对计划的执行过程进行监督和检查,如果发现偏差,及时采取纠偏措施的活动。

(二)管理的基本方法

为完成管理职能,需要应用科学的管理方法。根据管理层次,管理方法可分为宏观管理方法、中观管理方法和微观管理方法。按照管理对象可将管理方法分为人员管理方法、物质管理方法、资金管理方法和信息管理方法。结合管理实践,一般将管理的基本方法分为法律管理方法、行政管理方法、经济管理方法和教育管理方法。

在组织运行中,要严格遵守国际国内相关法律法规,按照认证许可、行业标准和技术规范实践组织管理活动,要综合应用法律管理方法规范组织行为,严格依法办事和遵纪守法,主张法律授予的权利和承担法律要求的相关义务。行政管理方法是依照行政组织的权威,应用命令、规定、指示和条例等行政手段,按照行政系统和层次,以权利和服从为前提,实施指挥和协调的管理方法。经济管理方法是按照客观经济规律,应用经济杠杆作用,调节利益相关者利益关系的管理方法。教育管理方法是根据组织成员的教育需求,通过制订有针对性的教育计划,实施知识教育和行为干预,提高组织成员的思想素质和业务水平的管理方法。

四、学习实验室安全与管理的要求

卫生检验与检疫实验室是通过对各类环境介质和生物标本的相关指标进行检验分析,为环境危险度评价、疾病预防控制、卫生监督执法、突发公共卫生事件应急处置等工作提供数据支撑的技术平台。为保障卫生检验与检疫实验室高效运行,要求卫生检验与检疫专业人才具有卫生化学、病原生物学和预防医学等基础知识和卫生理化检验、卫生微生物检验、仪器分析和实验室管理等实践技能,具备能开展卫生理化与卫生微生物检验和实验室安全与管理的基本能力。学习《实验室安全与管理》课程可帮助卫生检验与检疫专业学生了解实验室安全与质量基本要求以及影响实验室安全与质量的主要因素,认识实验室安全管理和质量管理研究内容,掌握实验室安全管理与质量管理基本方法,明确今后一段时间我国卫生检验与检疫实验室管理发展趋势,激发专业学生在今后工作中重视和主动参与实验室安

全管理和质量管理工作等具有重要的指导作用。学习实验室安全与管理课程,需要注意以下几点:

1. 了解实验室的定义和职能,明确公共卫生实验室类型和主要职能。

2. 熟悉 ISO/IEC 17025 标准和我国的计量法、食品安全法和标准化法等法规内容,能依据相关法规开展公共卫生实验室建设与管理工作。

3. 掌握实验室安全事故的类型、危害性和常见影响因素,能运用实验室安全管理方法做好实验室安全制度建设、安全教育、实验室物品安全、生物安全防护以及实验室安全事故应急处置。

4. 掌握实验室质量影响因素和质量管理主要内容,能开展实验室资质申报准备、实验室管理体系建设、实验室人员、设备、环境管理、实验室信息管理和实验室检测分析质量控制等工作。

5. 熟悉管理学基本理论方法,能将现代管理学理论方法有效应用于公共卫生实验室管理实际工作。

6. 了解国内外实验室管理现状及发展趋势,能在公共卫生实验室管理实践中创新管理方法。

本 章 小 结

实验室管理的核心是实验室安全管理和实验室质量管理。本章重点阐述了实验室安全管理和实验室质量管理的定义和研究内容。还对实验室管理的形成、发展,以及发展趋势进行了描述,并简单介绍了管理学的基础知识。提出并强调学生学习《实验室安全与管理》课程的要求。

复习思考题

1. 简述实验室安全管理与实验室质量管理的定义和研究内容。

2. 举例说明我国公共卫生实验室的类型和主要职能有哪些?

3. 结合我国实验室运行现状分析我国实验室管理的发展趋势。

第二章　实验室安全管理

实验室是开展实验教学、检测分析及科学研究等工作的重要场所,实验室安全是实验室工作正常进行的基本条件。在生物、化学、放射等不同类型实验室中,实验室工作人员不可避免地要接触或使用到某些病原微生物、危险化学试剂和放射性物质等危险性物质,在进行相关实验操作时存在一定的不安全因素。实验室管理不善,如管理措施不力、人员培训缺失、实验操作不当或实验室安全意识缺乏等,往往是导致实验室安全事故的重要原因。一旦发生实验室安全事故,将对实验操作人员及其周边人群、实验室财物甚至生态环境造成不同程度的危害。因此,树立"安全第一"的观念、营造安全的实验室工作环境和保护实验室工作人员的健康,是实验室安全管理的主要内容。

第一节　实验室安全基础知识

工作人员在实验室接触化学试剂、使用实验器械以及电、气、火等过程中,若操作不当,常会引发各种危险(如中毒、割伤、触电、爆炸、着火、灼伤等)。一旦发生安全事故,造成不同程度的人身伤害和财产损失。因此,全面系统的掌握实验室安全管理知识,有助于预防实验室安全事故发生。

一、实验室安全守则

实验室应根据工作内容制定科学的规章制度和操作规程,并要求所有进入实验室人员必须严格遵守。实验室规章制度和操作规程中应明确指出实验室工作人员在进入实验室、实验过程中以及实验完毕时必须注意的事项。如进入实验室需穿工作服;实验时要保持实验室的安静、整洁,严禁吸烟和饮食,实验过程中产生的废液、废渣和其他废物,应集中处理,不得任意排放;实验完毕,应将实验仪器及各项器材、物品放回指定的位置,搞好实验室卫生,关好水、电、门、窗,方能离开实验室。负责管理实验室基础设施和仪器设备人员的职责和任务也应在规章制度中明确。

二、化学试剂的管理和使用

实验室工作人员在工作中可能会接触或使用化学试剂,其中一些化学试剂不仅对工作人员健康有很大危害,还可能造成重大安全事故。所以,实验室化学试剂若使用或保管不当,可能对工作人员或周边环境造成不可估量的危害。因此,应加强实验室化学试剂的安全管理。

(一)化学试剂的安全管理

1. 有毒化学试剂　有毒化学试剂是指少量进入人体,就能导致局部或整体生理功能障碍,甚至造成死亡的化学试剂,如氰化钾、三氧化二砷、氰化钠等。按其毒性不同,可分为剧毒、高毒、中毒、低毒、微毒五个等级。此类化学试剂应存放于专门的保管柜中,置阴凉、干燥、通风处,并注意与易燃、易爆、酸类、氧化性试剂等分开储存。我国2011年修订的《危险化学品安全管理条例》规定,对剧毒化学试剂实行双人收发、双人保管制度。实验过程中如需使用剧毒化学试剂,应按实验室有关规定办理领用手续。

2. 腐蚀性试剂　腐蚀性化学试剂是指能通过腐蚀作用导致人体和其他物品受到破坏,甚至引起燃烧、爆炸或人员伤亡的试剂,如:氨水、盐酸、发烟硝酸、发烟硫酸等。此类化学试剂储存温度应<30℃,应放置于耐腐蚀材料(如耐酸水泥或陶瓷)制成的料架上,存放于阴凉、干燥、通风处,酸性与碱性腐蚀试剂、有机与无机腐蚀试剂应分开存放。另外需与氧化剂、易燃易爆试剂分开储存,还应根据不同化学试剂的性质,分别采用相应的避光、防潮、防冻、防热等措施。

3. 强氧化性试剂　强氧化性化学试剂是指过氧化物、有强氧化能力的含氧酸及其盐,如:过氧化氢、高氯酸、高锰酸及其盐等。此类化学试剂应存放于阴凉、干燥、通风处,室温<30℃,应与木屑、炭粉、硫化物等可燃、易燃物或还原剂分开存放。有条件时,氧化剂应分区或分库存放。

4. 易燃易爆试剂　这类试剂具有易于燃烧和爆炸的特性,如:乙醚、有机硼化物和有机锂化物、乙炔及乙炔的重金属化物等。此类化学试剂应放置于通风良好、阴凉干燥的通风柜中,并在柜上显著位置贴上"易燃"字样的警示标志。室温<30℃,隔绝火、热、电源,做好防雨、防水工作,并根据贮存危险物品的种类配备相应的灭火和自动报警装置。在大量使用这类化学试剂的实验室,所用电器一定要采用防爆电器,现场一定要保持通风良好,绝对不能有明火。

(二)化学试剂的安全使用

为保证化学试剂的质量和使用安全,在使用时要注意以下几方面:

1. 熟知常用试剂的理化性质　如酸碱的浓度,试剂的溶解性、挥发性、沸点、毒性及其他重要理化性质。

2. 保护好试剂瓶标签　万一标签脱落,应照原样贴牢;分装或配制试剂后,应立即贴上标签;没有标签的试剂,在未查明前不可使用,必须经鉴定确证后方可使用。

3. 取用试剂基本注意事项　瓶塞不能随意放置,应盖里朝上置于干净处。取用后应立即盖好,以防试剂被其他物质玷污或发生变质;要使用清洁干燥的小勺和量器;取用强碱试剂后的小勺,应立即洗净以免被腐蚀;试剂的浓度及用量应按要求使用,过浓或过多不仅造成浪费,而且还可能产生不良反应,甚至得不到正确的结果;取出的试剂不可倒回原瓶;打开易挥发的试剂瓶塞时,瓶口不能对着脸部;取用能释放有毒、有味气体的试剂后,应用蜡封口。

4. 取用有毒试剂注意事项　使用有毒化学试剂时,要严格遵守操作规程,避免发生意外。必须在通风橱中完成,并采取必要的防护措施。实验结束后,要及时洗手、洗脸、洗澡、更换工作服,同时要保持实验室环境卫生。反应剩余物应倾倒在指定的废物缸中,由专管人员进行处理。

5. 取用腐蚀性或刺激性试剂注意事项　取用腐蚀或刺激性化学试剂(如强酸、强碱、氨水、冰醋酸等)时,尽可能带上橡胶手套和防护眼镜,禁止裸手拿取。倾倒时,切勿正面俯视。

6. 取用易燃易爆试剂注意事项　使用易燃易爆化学试剂时,实验人员应采取必要的防护措施,最好戴上防护眼镜,实验过程应在通风橱中进行。使用过程中禁止震动、撞击,如有试剂散落,应及时清理。

三、实验室用电安全

实验室用电安全主要指在用电过程中应保障实验人员的人身安全和实验室仪器设备安全。实验室中经常使用各种以电能作为能源的仪器仪表,若使用电器不当,容易引发触电或产生大量静电,导致火灾事故或造成仪器设备损坏。因此,安全用电是完成实验的保证。

(一) 触电的危害及预防

触电(electric shock)是指人体接触带电体时,电流以很快的速度通过人体的过程。当微弱电流通过身体时,就会引起触电,当电压超过安全电压时,可能导致死亡。安全电压是指不会引起生命危险的电压。安全电压不是绝对的,是根据人、地和环境条件不同而规定的。各国安全电压的规定不完全相同。例如,我国规定为36V;美国规定为40V;法国规定安全交流电压为24V,安全直流电压为50V。需要注意:即使在安全电压范围内,如果周围环境条件发生变化,安全电压也可能变为危险电压,导致触电事故的发生。

1. 引发触电的原因　常见的原因有:①不懂安全用电常识、不遵守安全用电操作规程以及违规操作;②电器设备安装不规范;③线路断裂、损坏或设备本身存在缺陷、绝缘体破损等;④偶然的意外电击事故等。

2. 触电对人体的危害　主要有电击和电伤两种。①触电电击是指触及带电物体时,电流持续通过人体造成的伤害,可损害心脏、肺及神经系统,危险性大(特别是电流通过心脏时);②电伤是指电流的热、化学和机械效应所致的电弧烧伤、熔化金属溅出烫伤等。

3. 预防触电的方法　应加强安全用电教育,掌握基本用电常识,可有效预防触电。常用预防触电的方法有:①不能用潮湿的手接触电器、灯头、插头等;②所有电源的裸露部分都应有绝缘装置,电器外壳应接地、接零;③已损坏的接头、插座、插头或绝缘不良的电线应及时更换;④安装漏电保护装置,小型电器设备采用安全电压;⑤维修或安装电器设备时,必须先切断电源;⑥如遇人触电,应切断电源后再进行处理。

(二) 静电的危害及消除

在实验过程中,仪器设备、操作过程、操作人员等因素都会导致静电的产生。如果静电得不到有效控制,就可能酿成事故。因此,在实验室工作中要注意分析静电产生的原因、认识静电的危害并制定有效的防护措施。

1. 静电产生的原因　静电(static electricity)是一种处于静止状态的电荷,是由不同物体间接触后分离、相互摩擦或感应而产生的。当两个不同的物体相互接触时,其中一物体会失去一些电子而带正电,另一物体会得到一些剩余电子而带负电,如果在分离的过程中电荷难以中和,电荷就会积累使物体带上静电。反复接触、分离、摩擦,会使带电量不断增加,材料的绝缘性越好,越容易产生静电。另外当带电物体接近不带电物体时,会在不带电物体的两端分别感应出负电和正电。周围空气的湿度影响着静电的高低,湿度较低时相对容易产生静电。在干燥环境里,实验室的塑料制品、化纤织物、工作服、元件盒、仪器罩、打印纸等,都可能带上静电。

2. 静电的危害　静电危害有两个方面:①危及大型精密仪器的安全。由于现代仪器中大量使用高性能电子元件,很多元件对静电放电敏感,容易造成器件损坏或故障。②静电电击危害。静电电击能量较小,一般不会引起生命危险,但放电时会引起人摔倒、电子仪器失灵,放电的火花还可能引起易燃混合气体的燃烧爆炸,从而导致人员伤亡和财产损失。因此,在有汽油、苯、氢气等易燃物质的场所,要特别注意防止静电危害。

3. 防止静电危害的措施　减少静电的产生、设法导走或防止静电放电,是防止静电危害的主要途径。可采取以下几方面措施:①防静电区内应采用导电性地面,不要使用塑料地板、地毯或其他绝缘性好的地面材料,可以铺设防静电地板;②在易燃易爆场所,应穿导电纤维及材料制成的防静电工作服、防静电鞋、戴防静电手套,不要穿化纤类织物、胶鞋及绝缘鞋底的鞋;③高压带电体应有屏蔽措施,以防人体感应产生静电;④进入实验室前,应徒手接触金属接地棒,以消除人体从外界带来的静电;坐着工作的场合,必要时可戴接地腕带;⑤适度增加室内环境湿度,保持环境空气中的相对湿度在 65%~70% 以上,便于静电逸散;⑥必要时,可使用抗静电添加剂、静电中和器(也称静电消除器)来消除静电危险。

(三) 电起火的原因及预防

电起火的原因主要有以下几个方面:①电线、电器绝缘物老化;②照片灯具表面温度高,长时间接触易燃物后引发火灾;③电焊机产生火花或焊渣掉落在易燃物上引发火灾;④电器因长期未清洁等原因导致使用时散热不好,或超负荷使用电器设备致发热损坏,线路过热引起火灾。

防止电起火的措施有以下几方面:①保险丝型号与实验室允许的电流量必须相配;②负荷大的电器应接较粗的电线;③生锈的仪器或接触不良处,应及时处理,以免产生电火花;④如遇电线走火,切勿用水或导电的酸碱泡沫灭火器灭火,应立即切断电源,用沙或干粉灭火器灭火。

(四) 用电不当造成仪器设备损坏的原因及预防

用电不当造成仪器设备损坏的主要原因有:①电源线路安装不当、仪器设备接地、接零不符合要求;②供电不稳定;③操作不当,未按相应仪器操作规程开启或关闭设备;④设备绝缘物老化,超负荷使用电器设备;⑤静电、电起火、雷电等造成的损坏。

防止用电不当造成仪器设备损坏的主要措施有:①规范安装电源线路,防止短路。大型仪器须接地良好,对电线老化等隐患要定期检查并及时排除;②保证供电稳定,避免超负荷使用电器设备;③按相应操作规程操作仪器设备,出现故障应及时检修;④大功率或长期不断电运行的设备,应单独安装空气开关;⑤防静电、电起火;雷电多发地区采取一定雷电防护措施等。

四、常用仪器设备的安全使用

(一) 高压钢瓶

高压钢瓶(high-pressure steel cylinder)是一种在加压下贮存和运输气体的特殊压力容器,可反复使用。通常采用铸钢、低合金钢等材料制成。气体钢瓶具有种类齐全、压力稳定、纯度较高、使用方便等优点,实验室常用的压缩气体,如氧气、氢气、氮气等,都可通过气体钢瓶获得。由于钢瓶属于高压容器,在移动、搬动过程中受到震动、撞击及受热时,会增加其爆炸的风险;此外容器内往往充装有易燃、易爆、有毒气体等,使用者在使用过程中一般没有与之隔离或采取特殊的防护装置。因此,使用时必须严格遵守安全使用规程,才能防止事故发生。

1. 高压钢瓶内装气体的分类　按钢瓶内充装气体临界温度及物理性质的不同,可将钢瓶内装气体划分为:①压缩气体:临界温度低于10℃的气体,经高压压缩仍处于气态的,称为压缩气体,如氧、氮、氢等。②液化气体:临界温度≥10℃的气体,经高压压缩,转为液态并与其蒸气处于平衡状态者称为液化气体。其中:临界温度在－10~70℃者称为高压液化气体,如二氧化碳、氧化亚氮;临界温度高于70℃,且在60℃时饱和蒸气压大于0.1MPa的,称为低压液化气体,如氨、氯、硫化氢等。③溶解气体:有些单纯加高压压缩可产生分解、爆炸等危险性的气体,必须在加高压的同时,将其溶解于适当溶剂,并由多孔性固体物充盛,在15℃以下压力达0.2MPa以上,称为溶解气体(或称气体溶液),如乙炔。

此外,按钢瓶内充装气体的化学性质不同可分为:①可燃气体,如氢、乙炔、丙烷、石油气等;②助燃气体,如氧、氧化亚氮等;③不燃气体,如氮、二氧化碳等;④惰性气体,如氮、氖、氩等;⑤剧毒气体,如氟、氯等。

2. 高压钢瓶的标记 各种气体钢瓶的瓶身按规定均应有明确和规范的标记,标记的内容包括:①颜色标记:瓶身必须按规定漆上相应的标志色漆,并用规定颜色的色漆写上气瓶内容物的中文名称,画出横条标志(表2-1)。颜色标记有助于识别气瓶的种类,避免使用时发生混淆而导致安全事故。②钢印标记:每个气瓶肩部都有钢印标记,包括制造钢印标志和检验钢印标志。标明制造厂商、气瓶编号、设计压力及其他技术参数、制造年月、检验单位及检验日期等信息。气瓶必须定期作抗压试验,并由检验单位打上钢印。

表2-1 常见高压气体钢瓶的颜色标记

钢瓶名称	瓶身颜色	字样	标字颜色	横条颜色
氮气瓶	黑	氮	黄	棕
氧气瓶	天蓝	氧	黑	
氢气瓶	深绿	氢	红	红
压缩空气瓶	黑	压缩空气	白	
二氧化碳瓶	黑	二氧化碳	黄	黄
氦气瓶	棕	氦	白	
氩气瓶	灰	纯氩	绿	
氯气瓶	草绿	氯	白	白
乙炔气瓶	白	乙炔	红	

3. 高压钢瓶的安全使用 使用高压钢瓶时应注意以下几方面:①实验室室内存放的气体钢瓶不宜过多,气瓶应可靠地固定在支架上以避免倾倒,钢瓶须做好标识分类分处存放,严禁可燃性气体瓶和助燃性气体瓶混放(如氧气瓶和氢气瓶不能存放于同一室)。②贮存时不得将钢瓶放在烈日下暴晒或靠近热源,以免引起钢瓶爆炸。氧气瓶、可燃气体钢瓶严禁靠近明火,与明火距离应不小于10m,不能达到时,应采取可靠的隔热防护措施,距离不得小于5m。采暖期间,气瓶与暖气片距离不小于1m。③搬运及存放压缩气体钢瓶时,一定要将钢瓶上的安全帽旋紧,运输时不得将手扶在气门上,以防气门被打开。不得摔掷、敲击、滚滑或剧烈震动瓶身。④使用时为了降低压力并保持压力平稳,必须装置减压阀,各种气体钢瓶的减压阀不能混用。⑤开启高压气瓶时,操作者应站在气瓶出口的侧面,缓慢操作,以免气流过急冲出,发生危险。使用完毕后,应首先关闭气瓶开关阀,放尽减压阀进出口的气体后,

再将调节螺杆松开。⑥氧气瓶及其专用工具严禁与油类接触,操作人员也绝对不能穿戴沾有各种油脂或油污的工作服和手套,以免引起燃烧或爆炸。⑦瓶内气体不得全部用尽,剩余残压一般要保持在0.05MPa以上,可燃气体钢瓶应保留在0.2~0.3MPa或更高的气压。否则将导致空气或其他气体进入钢瓶,再次充气时将影响气体的纯度,甚至发生危险。⑧各种钢瓶必须定期进行技术检验。充装一般气体的钢瓶,每3年检验一次,对于充装腐蚀性气体的钢瓶每2年检验一次。在使用过程中,如发现有严重腐蚀或损伤,应提前进行检验。

（二）高压蒸汽灭菌器

高压蒸汽灭菌器(high-pressure steam sterilizer)是在密闭的容器内,利用高温高压的饱和压力蒸汽对物品进行消毒灭菌的设备。在使用灭菌器时,必须严格遵守操作规程,否则容易发生爆炸、烫伤等意外事故。实验室中常用的高压蒸汽灭菌器种类有重力置换式高压蒸汽灭菌器、燃料加热压力锅式高压灭菌器和预真空高压蒸汽灭菌器。

不论哪种类型的高压蒸汽灭菌器,使用时都应注意以下几个方面:①每次灭菌前,应检查灭菌器是否处于良好的工作状态、安全阀性能是否良好、水位是否符合要求等;②在灭菌器内摆放灭菌物品时,不宜过多过挤,严禁堵塞安全阀的出气孔,应保证其畅通放气;③不能使用高压蒸汽灭菌器消毒可燃物质、易燃易爆物质、氧化性物质和含碱金属成分的物质,否则会导致爆炸、腐蚀内胆和内部管道、破坏垫圈等;④含有盐分的液体漏出或溢出时,一定要及时擦干,密封圈一定要彻底擦干净,否则会腐蚀容器和管道;⑤灭菌完毕后,减压不要过快过猛,以免引起激烈的减压沸腾,使容器中的液体四溢。在打开盖子前,应确认压力已归于"零"位;⑥绝对不允许擅自改造高压蒸汽灭菌器;⑦不要在爆炸性气体或易燃液体附近使用此类设备;⑧除蒸馏水外,不要向容器内加入任何液体;⑨移动此类设备时,应将盖子锁上;移动盖时,不要拉盖子的手柄,否则盖子会变形,难以盖严,影响使用。

（三）加热设备

1. 微波消解炉　微波消解(microwave resolution)通常是指在密闭容器里利用微波快速加热样品及消解液(如各种酸、部分碱液及盐类等),在高温高压条件下使各种样品快速溶解消化的方法。与常规消解方法相比,用微波消解技术制备样品,具有试剂用量少、快速、安全、污染小等突出的优点。目前微波消解炉已得到了广泛的使用。

由于剧烈的消解反应是在高温高压(如1500psi,350℃)容器中进行的,因此,要求实验人员在使用微波消解炉时,应注意以下几方面问题:①了解实验过程中使用的各种材料的热力学特性,了解微波消解炉中所用试剂材料的特性;②禁止在密闭系统中消解易燃易爆物质;③严格控制样品量,每个消化罐中有机样品量应限制在2g以内、无机样品量不得大于10g;对于含有机物的混合样品,应视为有机样品处理。

2. 烘箱　烘箱(drying oven)是利用电热丝(管)加热使物体干燥的设备。它适用于比室温高10~300℃范围的烘焙、干燥、热处理等。烘箱的型号很多,但基本结构相似,一般由箱体、电热系统和自动控温系统三部分组成。

使用时应注意以下几方面:①用于植物杀青时温度不能超过105℃,烘干温度不要超过80℃;②样品放置不要太拥挤,要保证上下空气自然流通,最下层加热板上不得放置样品,禁止烘焙易燃、易爆、易挥发及有腐蚀性的物品;③样品不能与烘箱内温度传感器接触,更不能挤压传感器,否则将导致控温失灵,造成火灾;④烘箱在升温过程中,使用者不能离开烘箱,应随时观察温度变化。当温度达到所需的温度时,应注意观察指示灯是否在恒温状态,确认恒温后方可离开。使用时,温度不要超过烘箱的最高使用温度;⑤一旦遇到烘箱温度控制失灵的状况,特别是烘箱内冒烟时,应立即关掉电源(千万不能打开烘箱门),并立即报告实验室管理人员,等到温度降下来之后,再打开烘箱门,清理箱内残物。

3. 马弗炉　马弗炉(Muffle furnace)又称箱式电阻炉、高温马弗炉,是一种通用的加热设备,可分为箱式炉、管式炉和坩埚炉。主要用于样品灰化。

使用时应注意以下几方面:①马弗炉须放置在室内平整的工作台上,与电炉放置位置不宜太近,防止过热使电子元件不能正常工作;搬动温控器时,应将电源开关关闭,同时避免震动。②第一次使用或长期停用后再次使用时,应先进行烘炉,温度在200~600℃,时间约4小时。③使用时,炉膛温度不得超过最高使用温度,也不要长时间在额定温度以上工作。④禁止向炉膛内直接灌注各种液体及熔解金属,要经常保持炉膛内的清洁。⑤取放样品时,应先关闭电源,样品应轻拿轻放,以保证安全和避免损坏炉膛。⑥要定期检查电炉、温控器的导电系统各连接部分接触是否良好,发生故障时,应立即断电,由专业维修人员进行检修。

(四)离心机

目前,实验室常用的离心机(centrifugal machine)是电动离心机。电动离心机转动速度快,使用时要注意安全。特别要防止在离心机运转期间,由于不平衡或吸垫老化而使离心机边工作边移动,从实验台上掉下来;或因盖子未盖严,离心管因振动破裂后,玻璃碎片旋转飞出,造成事故。

在使用离心机时,必须注意以下几方面:①启动离心机前,必须将其放置在平稳、坚固的地面或台面上,盖上离心机顶盖后,方可慢慢启动;②不仅要保证静平衡,即对称的两管样品等重,还要保证动平衡(例如同时离心两个样品,一管是用蒸馏水稀释的,另一管是用60%蔗糖配制的,虽然两管质量相等,但由于比重不同,不可配成一对离心。必须另装一管水和一管60%蔗糖作为平衡物分别配重,否则离心机不能正常运转)。③离心过程中如有噪声或机身异常振动现象时,应立即切断电源,即时排除故障。④离心结束后,应将调速旋钮逐挡旋回至"0"挡,待离心机自动停止转动后,方可打开顶盖,取出样品,不可用外力强制其停止运动。⑤在使用高速离心机和低温离心机时,应严格按使用说明进行操作。

五、常用玻璃器皿的安全使用

实验室中经常使用各种玻璃器皿。由于玻璃质地脆弱,导热和导电性能差,因此,在使用过程中容易破碎,造成割伤、试剂泄漏而引发感染、中毒、起火、爆炸等事故。使用玻璃器皿应该注意以下几点:①在容易引起玻璃器皿破裂的操作中,如减压处理、加热容器等,要戴上安全眼镜;②不要使用有缺口或裂缝的玻璃器皿;③持取大的试剂瓶时,应一只手握住瓶颈,另一只手托住底部;④若实验需在高温高压的条件下进行,应选择耐高温高压的玻璃器皿。

第二节　放射实验安全

实验室工作人员可能接触到放射性物质,放射性物质释放的放射线及实验过程中产生的放射性废物等,会对人体产生危害、对环境造成污染。操作不当或管理不善等因素可导致放射性事故的发生。严格执行操作规程,加强对放射性物质的管理,做好实验室相关人员的放射性防护,避免发生实验室放射性事故。

一、电离辐射概述

电离辐射(ionizing radiation)是指能引起其所作用的物质发生电离的射线。电离辐射的种类很多,有电磁波型电离辐射(有 X 射线、γ 射线两种)和粒子型电离辐射(主要有 α 粒子、β 粒子、质子、中子等)。X 射线、γ 射线均由不带电荷的光子组成,由于波长极短、频率很高,具有很大的能量,能使物质发生电离,穿透能力很强。α 粒子、β 粒子、质子等属于高速带电粒子,可以直接引起物质电离,其中 α 粒子能量较高,电离作用很强,但穿透能力很弱;β 粒子与 α 粒子相比电离作用稍弱,但穿透能力稍强。中子是不带电粒子,在与物质作用时,中子和 X 射线、γ 射线一样,都是通过产生带电的"次级粒子",引起物质电离。

按照辐射的来源还可将电离辐射分为天然辐射和人工辐射。天然辐射存在于自然界,主要来源于天然放射性核素如:氡、铀、钍等释放的 α 粒子、β 粒子或 γ 射线;人工辐射主要来源于医用 X 射线、人工放射性核素如^{60}Co、核工业排放的放射性废物、工业用 γ 射线等。目前人工辐射已广泛应用于医学、核工业及其他工业等多种领域。我国放射防护现行标准 GB18871-2002《电离辐射防护与辐射源安全基本标准》强制要求,在放射工作场所控制区的进出口及其他适当位置处,应设立醒目的、符合标准规定的警告标志。

二、电离辐射的危害

(一) 电离辐射作用于人体的途径

在接触电离辐射的工作中,如果防护措施不当、违反操作规程或人体接受的照射剂量超过一定限度时,则会对人体造成放射性危害。电离辐射作用于人体的途径有两种:

1. 外照射(external irradiation)　是指体外辐射源对人体的照射。α 粒子穿透能力弱(一张纸就可以阻挡),一般不会引起外照射损伤。β 粒子穿透能力不强,容易被铝箔、有机玻璃等材料吸收,外照射时只能引起皮肤损伤。X 射线、γ 射线穿透能力虽然较强,但当吸收剂量在 0.25Gy 以下时,人体一般不会有明显的反应。若剂量再增加,就可能出现损伤。当达到几个戈瑞时,就可能引起死亡。接受同样数量的吸收剂量,照射时间越短,损伤越大;反之,则轻。

2. 内照射(internal irradiation)　不同的放射性核素进入机体,沉积在不同的器官中,可对机体产生内照射,会对机体造成不同程度的影响。例如,镭和钇都是亲骨性核素,但镭大多沉积在骨的无机质中,而钇主要沉积在骨小梁中,照射骨髓细胞后会出现很强的辐射毒性。内照射主要来源于 α 粒子和 β 粒子,其中 α 粒子能量较大,对机体细胞损伤较为严重。

(二) 电离辐射对人体的危害

电离辐射可破坏机体内蛋白质、DNA 等生物大分子,导致细胞功能受损、诱发基因突变和染色体畸变等。机体对电离辐射作用的反应程度,取决于电离辐射的种类、剂量、照射条件及机体的敏感性等。机体受到电离辐射照射后,可能导致放射病。放射病是机体的全身性反应,几乎所有器官、系统均会发生病变,尤其以造血器官、神经系统和消化系统的病变最为明显。机体接受大剂量照射时,能在几小时或几天内出现大范围的细胞死亡或病变,甚至导致机体死亡。

电离辐射对机体的损伤可分为急性放射损伤和慢性放射损伤。急性放射损伤是由于机体在短时间内接受了大剂量的照射所致,常见于意外核事故的受害者和接受放射治疗的病人,可表现为骨髓造血组织、胃肠道、脑组织损伤等;慢性放射损伤是由于机体在较长时间内累积接受了一定剂量的照射所致,可表现为白细胞减少、造血障碍、皮肤损伤、生育力受损等。另外,辐射还可致癌和引起胎儿的畸形或死亡。

三、电离辐射的防护

1. 外照射的防护措施　为了尽量减少外照射对人体的伤害,在辐射防护管理工作中,应主要考虑时间、距离和屏蔽防护三方面因素。

(1)尽可能减少辐射暴露时间:在辐射源的辐照强度等因素不变的情况下,机体所受照射剂量的大小与受照时间成正比。在辐射区域暴露时间越短,受照射剂量就越少,对人体的放射性危害就越少。因此,做好实验设计十分重要,应尽量缩短放射性工作的时间,以减少受照射剂量。实验前最好预作模拟或空白试验,提高操作的熟练度,不要使用放射性核素进行新技术和不熟悉的技术工作。有条件时,可以由几个人共同分担任务,以缩短在辐射区或实验室停留的时间。另外,要尽可能缩短实验室内放射性废物的处理周期。

(2)尽可能增大与辐射源之间的距离:辐射剂量率与距辐射源距离的平方成反比,与辐射源的距离越大,剂量率越小。在工作中应尽量远离辐射源,有研究表明:与辐射源之间的距离增加 1 倍,相同时间内的吸收剂量将减少为原剂量的 1/4。因此,可采用不同的装置或机械方法,尽可能增加操作人员与辐射源之间的距离,以减少吸收剂量。例如:使用长柄钳子、镊子或远程移液器等。

(3)屏蔽辐射源:是指在人体与辐射源之间安装防护屏障,以降低射线对人体的危害。常用的屏蔽材料有钢筋水泥、铅、铅玻璃等,射线穿过此类防护屏障时会被吸收大部分能量,人体所受的辐射剂量就减弱了。屏蔽辐射源应考虑两方面问题:一是辐射源的直接辐射,二是地板或天花板等处反射的辐射。屏蔽物有固定式和活动式两种。固定式屏蔽物指墙壁、防护门、观察窗、水井等;活动式屏蔽物指铅砖、铅玻璃、各种包装容器等。屏蔽物应尽量靠近辐射源。屏蔽物所用材料和厚度的选择取决于辐射的穿透力。1.3～1.5cm 厚的丙烯酸树脂屏障、木板或轻金属可以对高能量的 β 粒子起到屏障作用,高密度的铅可屏蔽高能量的 X 射线和 γ 射线。

(4)寻找替代方法:如果有其他技术可供使用时,就不要使用含放射性核素物质的实验方法。如果没有替代方法可用,则应使用穿透力较弱或能量较低的放射性核素。

2. 内照射的防护措施　要减少内照射对人体造成的损伤,应尽可能防止或减少放射性核素对工作环境和人体的污染,切断放射性核素进入人体的途径,加速体内放射性核素的排出。

(1)养成良好的工作习惯:做好个人防护,防止放射性核素通过口、皮肤进入人体。实验开始之前,应剪短指甲。若皮肤有伤口,必须包扎好,以避免放射性核素接触到伤口。工作时必须戴手套、口罩,穿防护服,以防止污染,必要时可使用遥控方法进行操作;不要用口吸取溶液或吹玻璃管;不得在实验室内进食、吸烟等;工作完毕后,应立即洗手、漱口;有条件时,可用放射性检测仪进行检测。

(2)遵守操作规程:降低空气中放射性核素浓度,防止放射性核素由呼吸道进入人体。实验室应有良好的通风条件;煮沸、烘干、蒸发等实验应在通风橱中进行;处理粉末物质应在防护箱中进行,必要时应戴过滤型呼吸器。实验室应经常用吸尘器或拖把清扫,以保持高度清洁。遇有污染物应慎重妥善处理。

(3)降低表面污染水平:一旦放射性核素对环境和人体造成污染,必须尽早去除污染物,去污方法依处理对象性质不同略有差别,一般可采用清水冲洗,或加软毛刷刷洗,或选用合适的去污剂进行清洗等。去污处理后,应及时对除污后的表面进行放射性检测,表面污染水平应符合国家相关规定。

本 章 小 结

实验室安全是实验室工作正常进行的基本条件。所有进入实验室人员,必须严格遵守实验室的各项规章制度和操作规程,需掌握实验室基本安全知识,正确使用电、气和火等物质,还需掌握危险化学试剂的管理与使用,以及常用仪器设备的使用安全,同时对电离辐射的危害和防护措施进行了解,以减少和避免实验室安全事故的发生。

复习思考题

1. 在管理和使用危险化学试剂时,需注意哪些方面的问题?
2. 如何做好实验室电离辐射安全防护工作?
3. 怎样做到实验室用电安全?

(杨　赟)

第三章　实验室生物安全管理

实验工作中可能会接触或使用到病原体,但防护不当会引起实验室工作人员感染或环境污染,甚至可能引起疾病流行而危及公众健康和生命安全。因此,实验室生物安全是实验室安全管理的重要工作之一。掌握实验室安全管理的相关知识,有助于实验室工作人员及相关人员正确理解和执行国家的有关规定,有效避免实验室安全事故的发生。

第一节　概　　述

目前,对生物安全的概念,主要有三种观点:一是认为生物安全是特指转基因生物体的环境释放以及外来物种入侵对生态环境,尤其是对生物多样性所造成的危害;二是认为生物安全是指生物技术及其产品对公众健康和生态环境所造成的危害;三是认为生物安全是专指微生物实验室的安全管理。

无论哪种观点,都应站在更高层次上审视生物安全问题。生物安全是国家安全的组成部分,它是指防范和控制与生物有关的各种因素对国家经济、社会、公众健康及生态环境所产生的危害或潜在风险。因此,掌握实验室生物安全的基本知识,熟悉生物安全相关的法律法规及实验室各种危害性警示标识,可将事故发生概率降低到最小。重视生物安全的意义,不只局限于实验室安全方面,还与国家发展与经济贸易有关,如随着进出口额的不断扩大,出入境中的生物危险防护不仅需要完善规章制度并加强管理,更要提高对各种生物危害的侦查能力、实验室检测能力以及对具有潜在威胁的未知病原微生物的检验能力。

一、实验室生物安全的有关概念

1. 微生物(microorganism,microbe)　是指活的生物因子,包括致病和非致病的微生物,主要指细菌、螺旋体、立克次体、衣原体、支原体、真菌、病毒和某些寄生虫等。

2. 事故(accidence)　造成死亡、疾病、伤害、损坏或其他损失的意外情况。

3. 病原微生物(pathogenic microorganism)　指可使人、动物和植物致病的生物因子。

4. 生物因子(biological agents)　指微生物和生物活性物质。

5. 生物危害(biohazard)　指由生物因子对环境及生物体的健康所造成的危害。

6. 危险废弃物(hazardous waste)　指具有潜在生物危险,可燃、易燃、有腐蚀性、有毒、有放射性,以及对人和环境有害的一切废弃物。

7. 气溶胶(aerosols)　指悬浮于气体介质中的粒径一般为 $0.001 \sim 100\mu m$ 的固态或液态微小粒子形成的相对稳定的分散体系。

8. 生物安全(biosafety)　是指生物性的传染媒介通过直接感染或间接破坏环境造成对人类、动物或者植物的真实或者潜在的危险,及对其所采取的一系列有效预防和控制措施。

目的是为了保护工作人员避免实验生物因子的伤害。

9. 实验室生物安全(laboratory biosafety) 指保证实验室的生物安全条件和状态不低于容许水平,避免实验室人员、来访人员、社区及环境受到不可接受的损害,符合相关法规、标准等对实验室保证生物安全责任的要求。

10. 实验室相关感染(laboratory-associated infection) 是指由于从事实验活动而发生的与操作的生物因子相关的感染。研究病原微生物存在一些风险,在管理和操作病原体中一旦有所疏漏或错误,就会发生实验室感染,造成威胁,从而造成病原体扩散或者传染病流行。

11. 生物安全实验室(biosafety laboratory,BSL) 通过防护屏障和管理措施,达到生物安全要求的生物实验室和动物实验室。

12. 实验室分区(laboratory area) 按照生物因子污染概率的大小进行的实验室分区。主要分为主实验室(main room)是生物安全实验室中污染风险最高的房间,常指生物安全柜或动物隔离器所在房间;污染区(contamination zone)是指在生物安全实验室中,致病因子污染风险最高的区域;清洁区(non-contamination zone)是指在正常情况下,生物安全实验室中无被致病因子污染风险的区域;半污染区(semi-contamination zone)是指生物安全实验室中具有被致病因子轻微污染风险的区域,是污染区和清洁区之间的过渡区域;缓冲间(ante-room)指设置在被污染概率不同的实验室区域间的密闭室,需要时,设置机械送风/排风系统,其门具有互锁功能,不能同时处于开启状态。

13. 生物安全防护(biosafety containment) 指是生物危害的反义词,是指避免生物危险因子,特别是偶然的和有意利用的生物因子对生物体(包括实验室工作人员在内)的伤害和对环境的污染的意识和措施。

14. 高效空气过滤器(high efficiency particulate air filter,HEPA) 通常以0.3μm微粒为测试物,在规定的条件下滤除效率高于99.97%的空气过滤器。

15. 安全罩(safety hood) 置于实验室工作台或仪器设备上的负压排风罩,以减少实验室工作者的暴露危险。

16. 生物安全柜(biological safety cabinet,BSC) 具备气流控制及高效空气过滤装置的操作柜,可有效降低实验过程中产生的生物性气溶胶对操作者和环境污染的风险。

17. 个人防护装备(personal protective equipment,PPE) 用于防止人员个体受到化学性、生物性或物理性等危险因子伤害的器材和用品。

18. 气锁(air lock) 具备机械送风/排风系统、整体消毒条件、化学喷淋(适用时)和压力可监控的气密室,其门具有互锁功能,不能同时处于开启状态。

19. 定向气流(directional airflow) 指从污染概率低区域流向污染概率高区域的受控制的气流。

二、实验室的生物危害

实验室人员在实验过程中需要处理大量的病原体,很容易造成相关人员感染。实验室相关感染的主要原因有:吸入气溶胶、被锐器刺伤、被动物咬伤或抓伤、生物危险及感染性材料处理不当等。但是随着实验室条件的改善及预防接种等措施的实施,实验室生物危害的因素将会得到改善,但至今仍不能完全排除。故要求工作人员进入实验室应严格按照相关规定和要求开展工作。

三、相关的法律法规和标准

（一）国际相关的法律法规和标准

1. WHO《实验室生物安全手册》　为了指导实验室生物安全,减少实验室事故的发生,1983 年世界卫生组织出版了《实验室生物安全手册》(第 1 版)。此后出版了该手册的第 2 版,由 7 个国家和 WHO 的生物安全专家和官员编写而成。2004 年正式出版了第 3 版。它对各个国家都有指导性作用,可以帮助制订并建立微生物学操作规范,确保微生物资源的安全,进而确保其可用于临床、科学研究和流行病学等各项工作。

2. 欧洲经济共同体(EEC)委员会指令 93/88　该指令对微生物危险等级的分类,仅限于对人有致病性的微生物,不包括对植物和动物有致病性的微生物。在这个指令中,微生物的危险等级只列出了 2~4 级,没有被列出的微生物应该归在危险度 I 级中。指令中也对从事这类病原微生物研究或工作的人员的预防免疫作出了相应的规定。

3. 各国(地区)制定的法律法规　美国《微生物和生物医学实验室生物安全手册》最早提出了把病原微生物和实验室活动分为四级的概念。

加拿大于 1990 年出版了第 1 版《实验室生物安全指南》;2004 年第 3 版出版,主要内容包括生物安全、感染材料的处理、实验室设计和物理防护要求、微生物大规模生产的操作标准和物理防护要求、实验室动物的生物安全、从事特殊危害工作的生物安全指南的选择、消毒、生物安全的使用、感染性病原体进出口的生物安全等。

英国根据目前对各种致病微生物的危害性的认识和其他国家的分类结果,1995 年修订了《根据危害和防护分类的生物因子的分类》。与别的国家在病原体危险度分类上不同的是,把危险度 III 中的肠道细菌单独列出,并强调其防护要求和危险评价等。

法国、比利时、荷兰、德国和瑞士等国家都有相应的病原体的分类标准,其标准是一致的,且病原体的分类主要依据病原体的危害程度进行分类。

（二）国内的相关法律法规和标准

在法律法规方面,2004 年 8 月 28 日第十届全国人民代表大会常务委员会第十一次会议修订的《中华人民共和国传染病防治法》中增加了病原微生物实验室生物安全方面的内容。2004 年 11 月 12 日国务院颁布了《病原微生物实验室生物安全管理条例》,这是我国第一个具有法律效力的病原微生物生物安全方面的法规。涉及病原微生物的法律相关法规还有《中华人民共和国国境卫生检疫法》及其实施细则、《中华人民共和国进出境动植物检疫法》、《突发公共卫生事件应急条例》、《医疗废物管理条例》和《中华人民共和国卫生部(第45 号)、可感染人类的高致病性病原微生物菌(毒)种或样本运输管理规定》等。

（三）我国病原微生物实验室的标准和指南

1. 中华人民共和国国家标准《实验室生物安全通用要求》(GB19489-2008)主要包括实验室生物安全防护屏障和水平分级,生物安全实验室的设施,生物安全动物实验室的设施,生物安全实验室的个人防护,生物安全动物实验室的个人防护、管理要求、事故处理,感染性样品的标志和运输、废物处理,生物安全柜的性能、分类、选择和使用,化学品安全,放射品安全,实验室生物安全标准操作规程等。《实验室生物安全通用要求》是国家实验室生物安全强制执行的标准,也是 BSL-3、BSL-4 生物安全实验室认可的国家标准。

2. 中华人民共和国国家标准《生物安全实验室建筑技术规范》(GB50346-2011)由中华人民共和国建设部于 2011 年 12 月 5 日颁布,2012 年 9 月 1 日实施。该规范由总则、术语、生物安全实验室分级和技术指标、建筑和装修、暖通空调和空气净化、给水排水与气体供应、电气和自控、安全和消防、施工验收 9 章组成，另外包括 3 个附录。该规范将用于指导生物安全实验室的设计、建造、系统和设备安装、装饰、空调净化、净化、电气和自控要求、检测验收等过程，为我国生物安全实验室的建设、医药和生物技术的发展创造良好的软件环境。

四、实验室的安全标识

为使实验室工作人员避免受到实验室的污染与伤害，国际上对生物危害、化学危害、火的危害、放射危害等均有专门的警示标识，对消防的疏散通道、紧急出口也有相应的标志。

（一）生物危害标识

使用的颜色是鲜艳的橙色，三条边可任意缠绕贴在装有生物危害材料盒子的不同部位，容易在物品上打印迹，易于识别与记忆。该标识张贴在实验室入口处，在标识上明确说明生物防护级别，实验室负责人姓名，紧急联络方式。见图 3-1。

（二）感染性物品标识　通常在保存、运输、操作含有感染性物质的物品外包装上贴有感染性物品标识，见图 3-2。

（三）其他安全标识见附录 2。

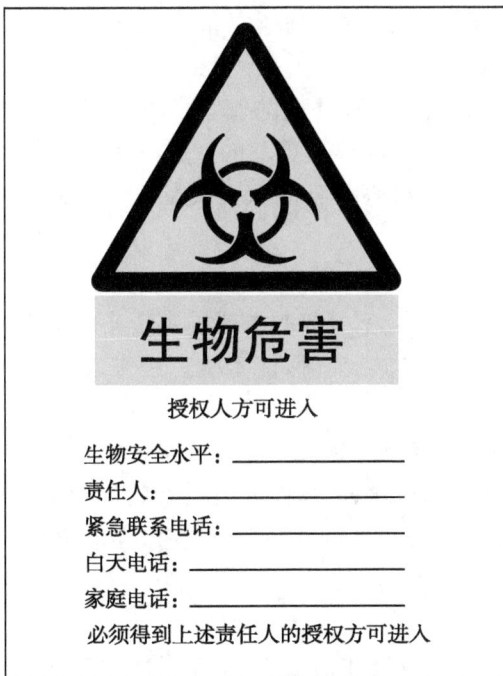

图 3-1　生物危害警告标识

图 3-2　感染性物品标识

第二节　实验室生物安全管理体系

生物安全管理体系是为实施实验室生物安全管理所需要的组织结构、程序、过程和资源。实验室除满足质量和能力要求外，还应符合安全要求。每个实验室都必须有完整的安全策略，即安全或操作手册。

完整的生物安全管理体系至少应做到：①防止所操作的病原微生物通过实验室暴露感染实验室工作人员；②防止传染性微生物感染至他人，造成社会危害；③防止病原微生物或受污染的物体离开实验室造成环境污染；④防止生物恐怖的攻击或利用。

一、生物安全组织管理体系

（一）实验室或其母体组织应有明确的法律地位和从事相关活动的资格

实验室应有明确的法律地位和从事相关活动的资格。实验室所在的机构应设立生物安全委员会，负责咨询、指导、评估、监督实验室的生物安全相关事宜。实验室负责人应至少是所在机构生物安全委员会有职权的成员。

（二）实验室负责人的职责

实验室负责人是实验室安全的第一责任人，对所有实验室工作人员和实验室来访者的安全负责，主要责任应包括以下方面：

1. 实验室负责人应负责安全管理体系的设计、实施、维持和改进。

2. 为实验室所有人员提供履行其职责所需的适当权力和资源。

3. 建立机制以避免管理层和实验室工作人员受任何不利于其工作质量的压力或影响（如财务、人事或其他方面），或卷入任何可能降低其公正性、判断力和能力的活动。

4. 规定实验室工作人员的职责、权力和相互关系。

5. 应对所有实验室工作人员、来访者、合同方、社区和环境的安全负责。应主动告知所有实验室工作人员、来访者、合同方可能面临的风险。应尊重员工的个人权利和隐私。

6. 应保证实验室设施、设备、个体防护设备、材料等符合国家有关的安全要求，并定期检查、维护、更新，确保不降低其设计性能。

7. 为实验室工作人员提供符合要求的适用防护用品、实验物品和器材。

8. 保证实验室工作人员不疲劳工作和不从事风险不可控的或国家禁止的工作。

9. 为实验室工作人员提供持续培训及继续教育的机会，保证实验室工作人员可以胜任所分配的工作。

10. 为实验室工作人员提供必要的免疫计划、定期的健康检查和医疗保障。

11. 指定一名安全负责人，赋予其监督所有活动的职责和权力，包括制订、维持、监督实验室安全计划的责任，阻止不安全行为或活动的权力，直接向决定实验室政策和资源的负责人报告的权力。

（三）生物安全负责人的职责

1. 负责制订并向实验室负责人提交活动计划、风险评估报告、安全及应急措施、实验室工作人员培训及健康监督计划。

2. 负责实验室生物安全保障以及技术方面的咨询工作。

3. 定期对实验室生物安全进行检查。

4. 负责实验室应急预案的演练与实施等。

5. 负责实验室工作人员的培训、考核及其日常工作的监督。

6. 纠正违反生物安全操作规程的行为。

7. 对实验室发生的生物安全事故或存在的生物安全隐患应及时向实验室负责人和生物安全委员会汇报，协助事故的调查及处理等。

（四）实验室工作人员责任

1. 应充分认识和理解所从事工作的风险，自觉遵守实验室的管理规定和要求。
2. 在身体状态许可的情况下，应接受实验室的免疫计划和其他的健康管理规定。
3. 应按规定正确使用设施、设备和个体防护装备。
4. 应主动报告可能不适于从事特定任务的个人状态。
5. 不应因人事、经济等任何压力而违反管理规定。
6. 有责任和义务避免因个人原因造成生物安全事件或事故。
7. 如果怀疑个人受到感染，应及时分析查找原因，并立即报告。

二、生物安全管理体系文件

（一）生物安全管理体系文件编写要求

实验室要按照《实验室生物安全通用要求》标准，结合实验室人力资源和工作范围，建立、实施与保持适用于实验室的生物安全管理体系，确保实验室全体工作人员知悉、理解、贯彻执行生物安全管理体系文件，以保证实验室的生物安全工作符合规定要求。体系文件的编写一般都采用四层"金字塔"建构：第一层《生物安全管理手册》，主要叙述生物安全原则、方针、意图和指令等；第二层是《程序文件》，是将生物安全管理指令、意图转化为行动的途径和相关联的行动；第三层是《安全手册、标准操作规程》（SOP），是用来指导相关活动的实验操作技术细节性文件；第四层是《记录》，用于生物安全管理体系运行信息传递及其运行情况的证实，它可追溯性提供结果的证据。

（二）生物安全管理体系文件编写原则

生物安全管理体系文件编写的原则为：结合本单位实验室的实际情况，以安全为主，尽可能涵盖生物安全的一切要素，编写的文件要相互对应、统一协调便于管理和使用。

（三）生物安全管理体系文件

1. 生物安全管理手册　是实验室从事实验活动应遵循的文件，是实验室生物安全管理体系建立和运行的纲领。生物安全管理手册的核心是生物安全方针、目标、原则、组织机构及各组成要素的描述。

生物安全管理手册编写通常应包括以下部分：封面、批准页、修订页、目录；实验室遵守国家以及地方相关法规和标准的承诺；实验室遵守良好职业规范、安全管理体系的承诺；实验室安全管理的宗旨；前言、适用范围、定义；手册的管理、生物安全方针、目标、原则；组织机构、生物安全管理体系要素描述、记录及支持性文件等。可参照 GB/T 17025 或 ISO 15189 标准中质量手册的有关生物安全要求的内容组织编写。

生物安全管理手册中对组织结构、人员岗位及职责、安全及安保要求、安全管理体系、体系文件架构等进行规定和描述。安全要求不能低于国家和地方的相关规定及标准的要求。应明确规定管理人员的权限和责任，包括保证其所管人员遵守安全管理体系要求的责任。

2. 生物安全管理程序文件　程序文件是生物安全管理手册的执行文件，程序文件需与生物安全管理手册相互对应，生物安全管理程序文件是对生物安全活动进行全面策划和管理，是对各项生物安全管理活动的方法所作的规定，不涉及纯技术性细节。程序文件一般包括文件标题、目的、适用范围、职责、工作流程、记录表格目录和支持性文件等。

生物安全管理程序文件至少应包括下列内容：①实验室生物安全管理程序；②实验室生

物安全工作程序;③传染性样本的采集和运送程序;④职业暴露的管理程序;⑤意外事件、伤害和事故处理程序;⑥实验室消毒灭菌程序;⑦可疑高致病性病原微生物处理程序;⑧高压灭菌器事故应急处理程序;⑨生物危险物质溢洒处理程序;⑩实验室废弃物处理程序。

3. 安全手册、标准操作规程　其原则应是针对性及实用性强;要针对不同的实验对象和检测或研究任务的不同而分别编写;便于实验室工作人员查阅。

(1)安全手册应以安全管理体系文件为依据,制定实验室安全手册(快速阅读文件);应要求所有员工阅读安全手册并在工作区随时可供使用;安全手册应包括(但不限于)以下内容:紧急电话、联系人;实验室平面图、紧急出口、撤离路线;实验室标识系统;生物安全;化学品安全;辐射;机械安全;电气安全;低温、高热;消防;个体防护;危险废物的处理和处置;事件、事故处理的规定和程序;从工作区撤离的规定和程序。

安全手册应简明、易懂、易读,实验室负责人应至少每年对安全手册评审和更新。

(2)标准操作规程(standard operating procedure,SOP)应包括(但不限于)以下内容:说明及操作规程应详细说明使用者的权限及资格要求、潜在危险告知、设施设备的功能、活动目的和具体操作步骤、防护和安全操作方法、应急措施、文件制定的依据等。不同病原体的实验操作最好分开,单独成册;仪器设备标准操作规程;个人防护装备标准操作规程,可单独成册也可分散到其他 SOP 或程序文件中。在编写实验室工作程序和操作规程中的安全要求应以国家主管部门和世界卫生组织、世界动物卫生组织、国际标准化组织等机构或行业权威机构发布的指南、标准等为依据;任何新技术在使用前应经过充分验证,使用时应得到国家相关主管部门的批准。

4. 记录　记录是实验室活动过程和生物安全管理体系运行情况的证明,生物安全管理记录可采用表格形式,表格形式的记录清晰明了、方便简单且易于改进,便于查阅和理解。

三、生物安全管理规章制度

生物安全管理规章制度是保证实验室安全管理的重要步骤。每个实验室工作人员必须自觉地遵守各项安全管理制度,才能保证安全管理工作的落实,保证实验室工作人员、环境及样本的安全。

1. 建立安全管理制度的基本原则　生物安全管理制度必须根据相关的法律法规、标准,并结合本实验室情况进行制订。同时还应考虑其科学性、合理性和可操作性,以达到控制源头、切断途径、避免危害的目的。

2. 规章制度应包括(但不限于)以下内容:①实验室安全管理制度;②生物安全防护制度;③内务清洁制度;④实验室消毒灭菌制度;⑤安全培训制度;⑥微生物实验室菌(毒)种管理制度;⑦传染病病原体报告制度;⑧防火、防电、防意外事故管理制度;⑨尖锐器具安全使用制度;⑩实验室废弃物处理制度。

四、生物安全管理规范

实验室生物安全管理内容涉及很多方面,不仅要有管理组织体系、系统的体系文件、规章制度等,还必须对某些工作和行为建立严谨的规范化管理。

实验室或者实验室的设立单位应当每年定期对工作人员进行培训,保证其掌握实验室技术规范、操作规范、生物安全防护知识和实际操作技能,并进行考核。工作人员经考核合格的,方可上岗。《病原微生物实验室生物安全管理条例》还规定,对实验室相关人员,包括实验室操作人员、保洁人员等也要进行岗前培训和考核,持证上岗。同时要进行周期性生物安全知识的继续教育,并记入个人技术档案。

五、记录管理

记录,就是将所取得的结果或所完成的活动以记录方式形成的文件,它可追溯性提供证据,是实验室活动的表达方式之一。记录还可以为纠正措施、预防措施的验证提供证据。实验室采取纠正措施、预防措施的过程与效果,都可以通过相对的记录予以验证。

(一)记录的编写原则

因记录是活动发生及其效果(结果)的客观证据,又是一种历史性资料,也是实验室活动过程和生物安全管理体系运行情况的证明故要注意记录不要缺项,做到实验室的每一项活动都有相应的记录。

(二)记录的要求

记录的标识唯一性,便于识别;格式应包括记录的方式和形式;应有目录或索引;明确查取的方式和权限。生物安全管理记录可采用表格形式。内容包括记录的前后情况,还应有修改者的标识、记录保存方式、责任人及保留时间与销毁、记录的维护以及安全措施,以便查阅和理解。原始记录应真实并可以提供足够的信息,保证可追溯性。对原始记录的任何更改均不应影响识别被修改的内容,修改人应签字和注明日期。

(三)记录的类型

记录包括(但不限于)以下类型:

1. 职业性疾病、伤害、不利事件记录。
2. 危险废弃物处理和处置记录。
3. 事件、伤害、事故和职业性疾病的报告(含处理、预防及治疗措施)。
4. 工作人员培训、考核记录;工作人员健康监护记录;人员、物品出入记录。
5. 实验活动记录;试剂、耗材购置、配制、使用记录。
6. 监控(含人员监督)记录。
7. 空调系统运行记录;重要仪器设备使用、维护记录和工作状况记录。
8. 安全检查记录;安全计划的审核和检查记录。
9. 职业暴露记录(含处理、预防及治疗措施)。
10. 实验室消毒记录以及其他记录(如管理体系文件发放、回收记录、人员档案等)。

(刘晓莉)

第三节　实验室生物安全风险评估

实验室生物安全涉及病原微生物、建筑设计工程、防护材料、空气动力、实验仪器、管理等多个学科领域。实验室生物安全风险评估,是通过分析风险的来源、程度,设计实验室分区布局,制定相应标准操作程序与管理规程,确定实验室安全级别、个人防护程度、应急预案等安全措施,以减少或避免实验室生物安全事故的发生。

实验室生物安全风险评估工作主要针对实验室管理和组织体系、危险因素暴露的风险评估、微生物名录及相关信息、实验室安全措施、实验室操作技术和工作人员操作技能、个体防护装备、个人行为习惯、卫生保健、意外事件发生预案、紧急反应措施、事件和事故调查、设施结构、设备维修校准、消毒和灭菌、运输及保障等。

一、生物因子危害程度分级

生物因子危害程度决定着实验室采取何种安全防护措施。WHO 将生物因子危害等级由低至高分为Ⅰ~Ⅳ级，分级主要依据生物因子对个体和群体的危害程度，包括生物因子的传染性、致病性、预防与治疗的有效性等。我国《病原微生物实验室生物安全管理条例》将病原微生物分为四类，与 WHO 分级排序相反，即危害程度由高至低为一至四类。

根据 WHO 生物因子危害程度分级如下：

1. 生物因子危害性Ⅰ级　不会导致健康工作者和动物致病的细菌、真菌、病毒和寄生虫等生物因子，即对个体危害和群体危害处于较低水平。

2. 生物因子危害性Ⅱ级　病原体能引起人或动物发病，但一般情况下对实验室工作人员、社区人群、家畜或环境不会引起严重危害。具备有效治疗和预防措施，并且传播风险有限。对个体具有中等危害性，对群体危害有限。

3. 生物因子危害性Ⅲ级　能引起人或动物严重疾病，但通常不能因偶然接触而在个体间传播，对病原体具有有效的预防和治疗方法。对个体危害性高，但对群体危害低。

4. 生物因子危害性Ⅳ级　很容易引起人或动物的严重疾病，病原体在人与人、人与动物，或动物与动物之间很容易发生直接、间接或因偶然接触的传播。无有效的疫苗预防和治疗方法，对个体和群体均具有很高的危害性。

危害性Ⅲ级和Ⅳ级的病原微生物统称为高致病性病原微生物。危险生物因子分级见表3-1。

表 3-1　部分危险生物因子分级表

生物因子种类	危险度Ⅱ级	危险度Ⅲ级	危险度Ⅳ级
细菌	龟分枝杆菌，弯曲菌（空肠、唾液、胎儿），产气荚膜梭菌，幽门螺杆菌，嗜肺军团菌，肠沙门菌，伤寒沙门菌，甲、乙、丙型副伤寒沙门菌，金黄色葡萄球菌，鼠伤寒沙门菌，志贺菌属，链球菌属，蜡样芽胞杆菌，脆弱拟杆菌，百日咳博德特菌，不动杆菌（鲁氏、鲍氏），嗜水气单胞菌/杜氏气单胞菌/嗜水变形菌，艰难梭菌，肉毒梭菌，破伤风梭菌，致病性大肠埃希菌，阴道加德纳菌，流感嗜血杆菌，单核细胞增生利斯特菌，麻风分枝杆菌，奈瑟菌（淋病、脑膜炎），类志贺气单胞菌，变形菌（奇异、变形），铜绿假单胞菌，创伤弧菌，小肠结肠炎耶尔森菌，酵米面黄杆菌，副溶血性弧菌	炭疽芽胞杆菌、布氏菌、结核分枝杆菌、鼻疽假单胞菌、鼠疫耶尔森菌、霍乱弧菌（流行株）、土拉热弗朗西斯菌、牛型分枝杆菌	

生物因子种类	危险度Ⅱ级	危险度Ⅲ级	危险度Ⅳ级
病毒	腺病毒伴随病毒、冠状病毒、EB 病毒、各种肝炎病毒、流行性感冒病毒、麻疹病毒、轮状病毒、急性出血性结膜炎病毒、柯萨奇病毒、巨细胞病毒、登革病毒、埃可病毒、肠道病毒、单纯疱疹病毒、传染性软疣病毒、流行性腮腺炎病毒、狂犬病毒(固定毒)、风疹病毒、水痘-带状疱疹病毒水疱性口炎病毒、黄热病毒(疫苗株,17D)、腺病毒、人 T 细胞白血病病毒、人乳头瘤病毒、呼吸道合胞病毒、风疹病毒、水痘-带状疱疹病毒、瘙痒病因子	疯牛病、人克-雅氏病、SARS 冠状病毒、狂犬病毒(街毒) 、脊髓灰质炎病毒 、流行性出血热病毒、汉坦病毒、口蹄疫病毒、引起肺综合征的汉坦病毒、引起肾综合征出血热的汉坦病毒、高致病性禽流感病毒、艾滋病毒(Ⅰ型和Ⅱ型)、乙型脑炎病毒、新城疫病毒、口疮病毒、西尼罗病毒	天花病毒、黄热病毒、克里米亚刚果出血热病毒(新疆出血热病毒)、拉沙热病毒、东、西方马脑炎病毒、埃博拉病毒、马尔堡病毒、蜱传脑炎病毒
其他微生物	疏螺旋体(伯氏、达氏、回归热)、牛型放线菌、衣原体(肺炎、鹦鹉热、沙眼)、问号钩端螺旋体、梅毒密螺旋体、解脲脲原体、交链孢霉属、节菱孢霉属、黄曲霉、烟曲霉、构巢曲霉、白假丝酵母菌、头孢霉属、新生隐球菌、白色假丝酵母菌、絮状表皮癣菌、串珠镰刀菌、黄绿青霉、岛青霉、马内菲青霉、卡氏肺孢菌、木霉属、单端孢霉属、红色毛癣菌、三线镰刀菌	荚膜组织胞浆菌、粗球孢子菌、巴西副球孢子菌、立克次体属	粗球孢子菌、夹膜组织胞浆菌、杜波氏组织胞浆菌

注:依据原卫生部制定的《人间传染的病原微生物名录》编制

二、生物安全风险评估

生物安全风险是指由生物体本身及生物体表达产物对实验室环境和实验室人员产生危害的风险。

(一)生物危害评估

生物安全工作的核心是对生物因子危害的评估。当实验室活动涉及传染或潜在传染性生物因子时,应进行危害程度评估。对传染性生物因子危害程度评估应至少包括下列内容:

1. 生物因子的种类(已知的、未知的、基因修饰的或未知传染性的生物材料)、来源。
2. 生物因子的传染性、致病性、传播途径、感染剂量、浓度。
3. 生物因子暴露与易感宿主的关系。
4. 实验室操作所致的其他感染途径。
5. 生物因子在环境中的稳定性。
6. 生物因子的动物实验数据。
7. 基因操作的可控性。
8. 现场是否具备有效的预防或治疗措施。

9. 相关信息记载和交流平台。

根据危险度评估的结果,确定研究工作的生物安全水平级别,选择合适的个体防护装备,并结合其他安全措施制订标准操作规范,以确保在最安全的水平下进行实验室操作。

（二）生物安全风险评估的组织与实施

实验室主任或项目负责人应当负责确保进行充分和及时的危险度评估,同时也有责任与所在机构和生物安全工作人员密切合作,以确保有适当的设备和设施来进行相关的评估工作。危险度评估一旦进行,还应当考虑收集与危险程度相关的新资料以及来自科学文献的新信息,以便必要时对危险度评估结果进行定期检查和修订。

（三）感染性生物因子生物安全风险评估方法

生物危险评估是以生物危害等级为基础。在生物危险评估中可借助多种方法对某一个特定操作程序或实验进行,其中最重要的是专业判断。危险度评估应当由那些最熟悉微生物特性、设备和规程、动物模型以及防护设备和设施的专业人员来进行。

1. 生物安全风险评估基本程序

（1）危害识别:根据实验室操作的生物因子生物学特征、理化特性、致病性、传播途径、临床研究、人群流行病学调查等资料来确定该生物因子是否会对人体健康造成潜在的危害。

（2）危害特征描述:该生物因子引起感染的临床表现和体征,疾病危害,分析评价感染剂量与暴露之间的关系。

（3）暴露评估:通过实验室管理体系、实验室建筑、实验环境、实验仪器设备、防护措施、实验室工作人员技术操作等,确定生物因子对人体可能的暴露风险。

（4）风险特征描述:确定该生物因子对人体健康造成危害的概率及范围。

2. 生物安全风险评估的准备工作

（1）确定评估时间、地点。邀请熟悉病原微生物生物安全的风险管理人员、被研究单位的运营协调部门负责人及实验室的管理员参加。

（2）预先确定需要询问的问题,编制评估调查表和问题调查表。

3. 生物安全风险的现场评估 在得到被评估单位的同意下,评估人员到达现场。首先了解概况,再与实验室人员及相关管理人员座谈,并对建筑物逐层逐室观察、巡视,以了解实验室工作的开展情况及相关内容。内容包括:

（1）建筑布局:三区划分,门禁设施,门锁自动装置,生物安全标志,可视窗。

（2）实验室内设施:洗手设施,洗眼装置,试验台,生物安全柜,实验仪器,冰箱,通讯工具,利器盒等。

（3）实验室人员:培训与技术操作,个人防护设施。

（4）消毒:手消毒设施,空气消毒设施,高压蒸气灭菌设施。

（5）样品与试剂:盛放样品与试剂的容器质量与安全性,样品试剂的标识。

（6）菌毒种:放置地点,安全锁,双人管理制。菌毒种相关信息记录。

（7）废弃物:收集箱,存放地点,登记与处理方法。

4. 初步确认生物安全风险 进行风险分析,讨论并初步确定风险因素。

5. 生物安全风险报告 撰写被评估实验室的风险调查报告,说明风险情况,提出改进和完善措施。

（四）重组基因生物体的风险评估方法

由不同目的进行的重组 DNA 技术,产生许多自然界以前可能不曾有过的遗传修饰生物体(genetically modified organisms,GMOs)。针对这些生物体可能出现的不良性状,对其进行风险评估,以确定安全操作所要求的生物安全水平,有效使用生物学和物理防护系统。

目前,利用重组 DNA 技术已获得遗传修饰生物体的转基因和基因敲除的微生物、动物和植物,广泛用于工农业和药业生产、疾病治疗与预防、疾病检验与监测,以及分子生物学使用的各种基因载体。对于 GMOs 风险评估必须考虑到科学的最新进展,进行适当的风险评估可确保重组体 DNA 技术有益于人类。

1. 遗传修饰生物体分类

(1)病原微生物相关的遗传修饰生物体:相关病原特性,所有潜在危害可能性。

(2)转基因遗传修饰生物体:供体生物的特性,将要转移的 DNA 序列的性质,受体生物的特性,环境特性。

(3)生物表达系统:

1)表达载体:如果表达载体来源于非致病性微生物,不在健康人和动物体内持久克隆,插入的外源性基因表达产物是安全的,表达载体可以在一级生物安全水平下进行操作。但生物安全水平要求较高的有:①来自病原生物的基因序列,其表达有可能增加 GMO 的危害性;②插入的基因序列性质不确定;③基因产物具有潜在未知的生物学或药理学活性;④毒素的编码基因。

2)基因转移载体:转移载体用于将基因有效地转移到其他细胞。涉及生物安全的基因转移载体主要是病毒载体,如腺病毒载体、慢病毒载体等。病毒载体缺少病毒复制的某些基因,能在特定的细胞株内繁殖。病毒载体在使用中有可能污染可复制病毒,所以操作时应采用与病毒野毒株相同的生物安全水平。

(4)转基因和基因敲除动物

1)转基因动物:携带外源性遗传信息的动物。转基因动物应在外源性基因产物特性的防护水平下进行操作。表达病毒受体的转基因动物,如果从实验室逃离并将转移基因传给野生动物群体,理论上可以产生储存这些病毒的动物宿主。在建立表达病毒受体的转基因动物模型时,应当对动物的病毒感染途径、感染所需的病毒接种量以及感染动物传播病毒的范围作出生物安全评价,并采取一切措施以确保对受体转基因动物的严密防护。

2)基因敲除动物:特定基因被有目的地删除的动物。一般不表现特殊的生物危害。

(5)转基因植物:为增加抵抗病虫害能力、耐受除草剂、改变自然成熟节律、特定表达产物用以改善食品营养或特定成分等目的所培育的植物。转基因植物的食物安全性、种植对生态环境的影响是转基因植物风险评估的主要内容。

2. 遗传修饰生物体的危险性评估

对 GMOs 进行危险行评估,应包括遗传物供体的评价和接纳外源性基因宿主生物体特性的评价。

(1)导入遗传物质的直接危害:当已知插入基因产物有可能造成危害的生物学或药理学活性时,则必须进行危险度评,同时涉及达到生物学或药理学活性所需的表达水平的评估。插入基因产物包括:①变态反应原;②抗生素耐药性;③激素;④细胞因子;⑤毒素;⑥毒力因子或增强子;⑦致瘤基因序列;⑧基因表达调节剂。

(2)宿主生物体的危害:生物安全评价包括宿主菌株毒力、感染性和毒素产物的危害性,宿主的易感性,接受外源性基因后宿主范围的变化和具有的免疫特性等。

（3）病原体性状改变的危害:许多遗传修饰并不涉及有害的基因编码产物,但导入的外源性基因或正常的基因修饰,有可能使原本非致病性或致病性特征发生改变,出现潜在的危害性。为了识别这些潜在的危害,生物安全危险性评估应涉及的内容有:

1）病原体经遗传修饰后其感染性或致病性是否增高;

2）受体的任何失能性突变是否可以因插入外源基因得以修复;

3）外源基因是否可以编码其他生物体的致病决定簇;

4）如果外源基因确实含有致病决定簇,是否可以预知该基因能否造成 GMO 的致病性;

5）是否具有有效的治疗方法;

6）遗传修饰后的 GMO 是否会影响对抗生素或其他治疗方法的敏感性;

7）体内或体外是否可以完全清除 GMO。

第四节　实验室生物安全防护

一、实验室生物安全防护类型

实验室生物安全防护措施对应于病原微生物危害程度分级。对于操作危险程度 I 至 IV 级微生物的实验室,都要求具有相应的生物安全防护等级(biosafety level, BSL),即 BSL-1、BSL-2、BSL-3、BSL-4 实验室生物安全防护,动物实验室也具有相应动物生物安全防护水平(animal biosafety level, ABSL) , 为 ABSL-1、ABSL-2、ABSL-3、ABSL-4。

操作危险度 I 级的生物因子应在具有一级生物安全防护水平的实验室进行。以公共卫生、临床或医院为基础的诊断和实验室必须具有二级或二级以上生物安全防护水平。与微生物危险度等级相对应的生物安全水平、操作和设施要求见表3-2。

实验室在接收标本时可能存在标本信息不完善的情况,使实验室工作人员可能接触比预期更高危险度的微生物,采取实验室生物安全防护时应充分考虑这种可能性。

表3-2　与微生物危险度等级相对应的生物安全水平、操作和设施

危险度等级	实验室类型	实验室操作	安全设施
I 级 基础实验室	基础的教学、研究	标准微生物实验操作（GMT）	开放实验台,需在现场设置高压灭菌器。
II 级 基础实验室	初级卫生服务诊断、研究	GMT 加防护服、生物危害标志、"锐器"警告、生物安全手册限制无关人员进入实验室	开放实验台,此外需 BSC 用于防护可能生成的气溶胶。需在现场设置高压灭菌器。
III 级 防护实验室	特殊的诊断、研究	在二级生物安全防护水平上增加特殊防护服、进入制度、定向气流、抽取实验室操作人员的血清样本	BSL-2 安全设施以及:公共走廊分隔;自动连锁装置,双门结构设计;外排气体不能循环负压实验室;实验室内最好有高压灭菌器

续表

危险度等级	实验室类型	实验室操作	安全设施
Ⅳ级 最高防护 实验室	危险病原体研究	在三级生物安全防护水平上增加气锁入口、出口淋浴、污染物品的特殊处理	BSL-3 相关安全设施以及：与一般建筑物分开/或者建筑物内单独区域；专用供气/排气及去污系统；需要Ⅱ级 BSC（用于正压服型实验室）并穿着正压服；需要Ⅲ级 BSC（用于安全柜型实验室）；实验室内的双开门高压灭菌器（穿过墙体）；经过滤的空气

（一）一级实验室生物安全防护

一级生物安全防护是针对危险度Ⅰ级微生物类别,一般不引起人类或动物疾病的微生物。实验室基本要求为:

1. 无须特殊选址的普通建筑物,应有防止节肢动物和啮齿动物进入的设施。

2. 每个实验室应设洗手池,并位于靠近出口处。

3. 在实验室门口处应设挂衣装置,个人便装与实验室工作服分开设置。

4. 实验室的墙壁、天花板和地面应平整、易清洁、不渗水、耐化学品和消毒剂的腐蚀。地面应防滑,不得铺设地毯。

5. 实验台面应防水,耐腐蚀、耐热。实验室中的橱柜和实验台应牢固。橱柜、实验台彼此之间应保持一定距离,以便于清洁。

6. 实验室如有可开启的窗户,应设置纱窗。

7. 实验室内应保证工作照明,避免不必要的反光和强光。

8. 应有适当的消毒设备。

（二）二级实验室生物安全防护

二级生物安全防护针对危险度Ⅱ级微生物类别,实验室工作人员必须有准入前的体检、病史记录及职业健康评估,具有疾病和缺勤记录。对育龄期女性实验人员采取正确的防护措施。

1. 实验室进入准许

(1)实验室在操作危险度Ⅱ级或更高危险度级别时,门上必须标有国际通用的生物危害警告标志(见图3-1)。

(2)只有得到准许的工作人员,才可以进入实验室工作区域。拒绝儿童进入。与实验室工作无关的动物不得带入实验室。

(3)实验室的门应保持关闭。

(4)初次进入实验室工作人员需接受生物安全知识培训,包括生物安全操作规范和实验室操作指南。

2. 实验室人员防护

(1)在实验室工作时,必须穿着连体衣、隔离服或工作服。为保护眼及面部不受感染物喷溅、用品意外引发的破裂或人工紫外线辐射的伤害,必须戴护目镜、面罩或其他防护设备等。

（2）在进行可能具有潜在感染性材料或动物操作时，应戴一次性手套。实验室结束后以及离开实验室之前，均应该摘除手套并彻底洗手。用过的一次性手套应该与实验室的感染性废弃物一起消毒处理。

（3）严禁穿实验室防护服离开实验室；严禁在实验室穿露脚趾的鞋子；禁止在实验室工作区域进食、饮水、吸烟、化妆和处理隐形眼镜；禁止在实验室工作区域储存食品和饮料；在实验室内不得将用过的防护服和日常服装放在同一柜子内。

（4）需要带出实验室的手写文件必须保证在实验室内没有受到污染。

3. 实验室基本要求

（1）实验室有足够的空间来保证安全运行、清洁和维护；实验室内严禁摆放和实验无关的物品。

（2）实验台面为防水性，可耐受消毒剂、酸、碱、有机溶剂和中等热度。实验室墙壁、天花板和地板应当光滑、易清洁、防渗漏并耐化学品和消毒剂的腐蚀。

（3）实验室内所有活动照明充足。

（4）有足够的储存空间摆放随时使用的物品，在实验室工作区外还应当提供另外的可长期使用的储存间。有专门的空间或设施储存溶剂、放射性物质、压缩气体或液化气。

（5）每个实验室都应有洗手池，并安装在出口处，尽可能用自来水。

（6）实验室的门应有可视窗，并达到适当的防火等级，最好能自动关闭。

（7）在靠近实验室的位置配备高压灭菌器或其他清除污染的工具。

（8）具有可靠的消防、供电、应急淋浴以及洗眼设施。配备具有适当装备并易于进入的急救区或急救室。

（9）具有机械通风系统，以使空气向内单向流动。如果没有机械通风系统，实验室窗户应当能够打开，同时应安装防虫纱窗。

（10）为防止实验室成为恶意破坏的目标，实验室须使用坚固的门、窗以及门禁系统。

（11）实验室工作区外应有存放外衣和私人物品的设施和有进食、饮水和休息的场所。

（三）三级实验室生物安全防护

实验室三级生物安全防护是为处理危险度Ⅲ级微生物和大容量或高浓度的、具有高度气溶胶扩散危险的危险度Ⅱ级微生物的工作而设计的，其首先必须达到一级和二级生物安全水平的防护，并对以下内容作了更严格的要求：

1. 实验室进入准许 实验室入口门上具有国际生物危害警告标志，注明生物安全级别以及管理实验室出入的负责人姓名，说明进入该区域的所有特殊条件，如免疫接种状况。

2. 个人安全防护

（1）实验室防护服必须为正面不开口的或反背式的隔离衣、清洁服、连体服、带帽的隔离衣，必要时穿着鞋套或专用鞋。不得使用前系扣式实验服。实验室防护服必须在清除污染后再清洗。当操作某些感染性病原体时，可脱下日常服装换上专用的实验服。

（2）开启各种潜在感染性物质的操作均必须在生物安全柜或其他基本防护设施中进行。

（3）有些实验室操作，或进行受感染动物操作时，必须配备呼吸防护装备。

3. 实验室基本要求

（1）实验室设隔离区和隔离门，或经缓冲间进入。缓冲间是一个在实验室和邻近空间保持压差的专门区域,其中应设有分别放置洁净衣服和脏衣服的设施,而且也可能需要有淋浴设施。缓冲间的门可自动关闭且互锁,以确保某一时间只有一扇门是开着的。应当配备能击碎的面板供紧急撤离时使用。

(2)实验室为密封空间,建有空气管道通风系统以进行气体消毒。窗户应关闭、密封、防碎。实验室的墙面、地面和天花板必须防水,并易于清洁。

(3)实验室每个出口附近安装非手控制式的洗手池。

(4)具有空气定向流动的可控通风系统,并有直观的监测系统,监测系统可带也可不带警报系统。

(5)通风系统保证从三级生物安全实验室内排出的空气不会逆流至该建筑物内的其他区域。空气经高效空气过滤器过滤、更新后,方可在实验室内再循环使用。当实验室空气(来自生物安全柜的除外)排出到建筑物外时,远离该建筑及进气口。根据所操作的微生物因子不同,空气可以经 HEPA 过滤器过滤后排放。注意防止实验室出现持续正压,可采取取暖、通风和空调系统(HVAC),并安装视听警报器以监测系统故。应注意所有的 HEPA 过滤器均可进行气体消毒和检测。

(6)生物安全柜的安装位置应远离人员活动区,且避开门和通风系统的交叉区。避免干扰安全柜的空气平衡及建筑物排风系统的设置。

(7)实验室配置用于污染废弃物消毒的高压灭菌器。如果感染性废弃物需运出实验室处理,则必须根据国家或国际的相应规定,密封于不易破裂的、防渗漏的容器中。

(8)供水管必须安装防逆流装置。真空管道和真空泵应采用装有液体消毒剂的防气阀和 HEPA 过滤器进行保护。

(9)三级生物安全水平的防护实验室设施设计和操作规范应予存档。

(四)四级实验室生物安全防护

实验室四级生物安全防护适用于进行危险度Ⅳ级微生物相关的工作。这种实验室在建设和投入使用前,应充分咨询有资质机构。四级生物安全水平的最高防护实验室的运作应在国家或其他有关的卫生主管机构的管理下进行。

1. 实验室管理

(1)实行双人工作制,任何情况下严禁任何人单独在实验室内工作。

(2)在进入实验室之前以及离开实验室时,要求更换全部衣服和鞋子。

(3)工作人员要接受人员受伤或疾病状态下紧急撤离程序的培训。

(4)四级生物安全实验室中的工作人员与实验室外面工作人员之间,具有常规情况和紧急情况下的联系方法。

2. 实验室基本要求　三级生物安全水平的防护实验室的要求也适用于四级生物安全水平的最高防护实验室,但需增加以下内容:

(1)基本防护:Ⅲ级生物安全柜型实验室和防护服型实验室。

1)Ⅲ级生物安全柜型实验室:实验室配备带有内外更衣间的个人淋浴室。对于不能从更衣室携带进出安全柜型实验室的材料、物品,应通过双门结构的高压灭菌器或熏蒸室送入。只有在外门安全锁闭后,实验室内的工作人员才可以打开内门取出物品。高压灭菌器或熏蒸室的门采用互锁结构,除非高压灭菌器运行了一个灭菌循环,或已清除熏蒸室的污染,否则外门不能打开。

2)防护服型实验室:自带呼吸设备的防护服型实验室。实验室人员需穿一套正压的、供气经 HEPA 过滤的连身防护服。防护服的空气必须由双倍用气量的独立气源系统供给，以备紧急情况下使用。身着防护服人员可以由更衣室和清洁区经由装有密封门的气锁室进入实验区域。实验室配备清除防护服污染的淋浴室，以供人员离开实验室时使用。还配备有内外更衣室的独立的个人淋浴室。实验室内安有报警系统，以备发生机械系统或空气供给故障时使用。

（2）通风系统：设施内应保持负压。供风和排风均需经 HEPA 过滤。

1）Ⅲ级生物安全柜型实验室：通入Ⅲ级生物安全柜的气体可以来自室内，并经过安装在生物安全柜上的 HEPA 过滤器，或者由供风系统直接提供。安全柜型实验室为专用的直排式通风系统。

2）防护服型实验室：需要配备专用的房间供风和排风系统。通风系统中的供风和排风部分相互平衡，实验室内气流定向地由最小危险区流向最大潜在危险区。配备强的排风扇，排风时须经过两个串联的 HEPA 过滤器过滤后释放至室外，或者在经过两个 HEPA 过滤器过滤后循环使用，但仅限于防护服型实验室内。以确保设施内始终处于负压。必须监测防护服型实验室内部所有的 HEPA 过滤器必须每年进行检查、认证。HEPA 过滤器支架的设计应使过滤器在拆除前可以原地清除污染。也可以将过滤器装入密封的、气密的容器中以备随后进行灭菌和／或焚烧处理。

（3）污染废弃物的消毒与处理：源自实验室、用于清除污染的浴室的污水，在最终排往下水道前，必须经过净化消毒处理。首选高压灭菌法。污水在排出前，还需将 pH 值调至中性。个人淋浴室和卫生间的污水可以不经任何处理直接排到下水道中。

（五）实验动物设施的生物安全防护

动物实验室生物安全设施主要根据所研究微生物的危险度评估结果和危险度等级命名，分为一至四级动物设施生物安全水平。

实验动物室生物安全防护与动物实验室中使用的微生物有关，如微生物的正常传播途径、动物感染剂量、感染途径及排除途径。另外还与实验动物自身状况有关，如动物的自然特性（攻击性和抓咬倾向性）、自然存在的体内外寄生虫、易感疾病、过敏原携带等。

1. 一级生物安全水平的动物设施　适用于饲养大多数经过检疫的储备实验动物（灵长类除外），以及专门接种了危险度Ⅰ级微生物的动物。要求应用微生物学操作技术规范（GMT）。

2. 二级生物安全水平的动物设施　适用于专门接种了危险度Ⅱ级微生物的动物，必须符合一级生物安全水平动物设施的所有要求。需要进行下列安全防护：

（1）在门及其他适宜的地方张贴生物危害警告标志。授权人员方可进入。

（2）实验室仅用于接纳实验用动物。设施易于清洁和管理。

（3）门必须向内开，并可以自动关闭。要有适宜的温度、通风和照明。

（4）如果采用机械通风，则气流的方向必须向内。排出的空气要排到室外，不得在建筑物内循环使用。

（5）采取必要措施防止节肢动物和啮齿类动物的进入。

（6）可能产生气溶胶的工作必须使用生物安全柜（Ⅰ级或Ⅱ级）或隔离箱，隔离箱要带有专用的供气和经 HEPA 过滤的排气装置。

（7）现场或附近备有高压灭菌器。进行高压灭菌、焚烧的物品应装在密闭容器中安全运输。

（8）清理动物的垫料时必须尽量减少气溶胶和灰尘的产生。所有废料和垫料在丢弃前必须先清除污染。

（9）尽可能限制锐利器具的使用。

（10）动物笼具在使用后必须清除污染。动物尸体必须焚烧。

（11）在设施内必须穿着防护服和其他装备，离去时脱下。具有洗手设施。人员离开动物设施前必须洗手。

（12）如发生伤害，无论程度轻重，必须进行适当的治疗，且要报告并记录。

（13）禁止在设施内进食、饮水、吸烟和化妆。

（14）所有人员必须接受适当的培训。

3. 三级生物安全水平的动物设施　适用于专门接种了危险度Ⅲ级微生物的动物，或根据危险度评估结果来确定。所有系统、操作和规程每年都需要重新检查及认证。需要执行下列安全防护措施：

（1）必须符合一级和二级生物安全水平动物设施的所有要求。

（2）严格控制进入。

（3）由双门入口构成的缓冲间进入设施，以便与实验室的其他部分及动物房隔开。缓冲间配备洗手及淋浴设施。

（4）设施必须采用机械通风，室内空气必须经 HEPA 过滤排出到室外，不得循环使用。系统的设计必须可以防止意外逆流及动物室内出现正压。

（5）在存在生物学危害的动物室内，必须在方便的位置安装高压灭菌器。感染性废弃物在移至设施的其他区域前需高压灭菌。

（6）现场应当就近备有焚烧炉，或由主管部门另作安排。

（7）感染危险度Ⅲ级微生物的动物的饲养笼具，必须置于隔离器或在笼具后装有通风系统排风口的房间中。

（8）垫料应尽量无尘。

（9）所有的防护服在洗烫前必须先清除污染。

（10）窗户必须关闭、封严、抗破损。

（11）工作人员应进行适当的免疫接种。

4. 四级生物安全水平的动物设施

（1）必须符合一级、二级及三级生物安全水平动物设施的所有要求。

（2）严格限制进入，只有主任指定的工作人员方有权进入。

（3）禁止单独工作，必须遵守双人工作制度。

（4）工作人员必须已经接受过最高水平的微生物学培训，熟悉其工作中所涉及的危险以及必要的预防措施。

（5）饲养感染危险度Ⅳ级微生物因子的动物的区域，必须遵照四级生物安全水平的最高防护实验室的防护标准。

（6）必须通过气锁缓冲室才能进入设施，气锁缓冲室的洁净侧与限制侧之间必须由更衣室、淋浴室分开。

（7）进入设施时，工作人员必须脱下日常服装，并换上专用防护服。工作结束后，必须脱下防护服进行高压灭菌，淋浴后再离去。

（8）设施必须安装带有 HEPA 过滤器的排风系统进行通风，以确保室内负压（向内气流）。

（9）通风系统必须能防止气体逆流及出现正压。

（10）必须配备双门高压灭菌器来传递物品，洁净端在防护室外的房间内。

（11）必须配备传递气锁舱以供传递不能高压灭菌的物品，其洁净端在防护室外的房间内。

（12）在进行感染危险度Ⅳ级微生物的动物的操作时，均必须在四级生物安全水平的最高防护实验室中进行。

（13）所有动物必须饲养在隔离器内。

（14）所有垫料和废弃物在清除出设施前必须经高压灭菌处理。

（15）工作人员必须进行医学监测。

无脊椎动物设施的生物安全等级由所研究的或自然存在的微生物危险程度等级决定，或根据风险评估结果来确定。对于某些节肢动物，如飞行昆虫，必须采取以下预防措施：①已感染和未感染动物应分房饲养；②房间密闭，可进行熏蒸消毒，备有喷雾型杀虫；③应配备制冷设施，必要时降低昆虫活动性；④缓冲间内应安装捕虫器，所有通风管道和可开启的窗户、门均要安装纱网；⑤水槽和排水管上的存水弯管内不能干涸；⑥所有废弃物应高压灭菌；⑦对会飞、爬、跳跃的节肢动物的幼虫和成虫应坚持计数检查。放置蜱螨的容器应竖立置于油碟中；⑧已感染或可能感染的飞行昆虫必须收集在有双层网的笼子中；⑨必须在生物安全柜或隔离箱中操作已感染或可能感染的节肢动物，并在冷却盘上操作。

二、常用生物安全设备

（一）生物安全柜

生物安全柜（biological safety cabinet，BSC）是为在操作培养物、菌毒株以及诊断性标本等具有感染性的实验材料时，用以保护操作人员、实验室环境以及实验材料而设计的实验设备。生物安全柜的正确使用能有效减少由于气溶胶暴露所造成的实验室感染和培养物交叉污染，并保护实验室环境的安全。

1. 生物安全柜工作原理　利用高效空气过滤器对空气中微小粒子的阻留特性，结合负压环境和专门设计的气体流动模式，实现对危害性生物气溶胶的屏蔽。

生物安全柜通过风机运转，将柜内空气向柜外排出，柜内形成负压，新鲜空气从操作口进入，在操作口处形成气幕，气幕和柜内负压防止气溶胶外逸，使操作人员免受污染。经送风 HEPA 过滤后的空气送至工作台面，形成无菌工作区域；流经操作面受样品污染的空气经排风 HEPA 过滤后排出柜外，确保工作环境的生物安全性。

2. 生物安全柜分类

（1）Ⅰ级生物安全柜（BSC-Ⅰ）：房间空气从前面的开口处低速进入安全柜，空气经过工作台表面，并经排风管排出安全柜。定向流动的空气可以将工作台面上可能形成的气溶胶迅速带离实验室而被送入排风管内。

安全柜内的空气可以通过 HEPA 过滤器按下列方式排出：①排到实验室中，然后再通过实验室排风系统排到建筑物外面；②通过建筑物的排风系统排到建筑物外面；③直接排到建筑物外面。HEPA 过滤器可以装在生物安全柜的压力排风系统（the exhaust plenum）里，也可以装在建筑物的排风系统里。见图 3-3。

Ⅰ级生物安全柜能够为人员和环境提供保护，但因未灭菌的房间空气通过生物安全柜正面的开口处直接吹到工作台面上，因此Ⅰ级生物安全柜无法有效保护操作的标本和材料。

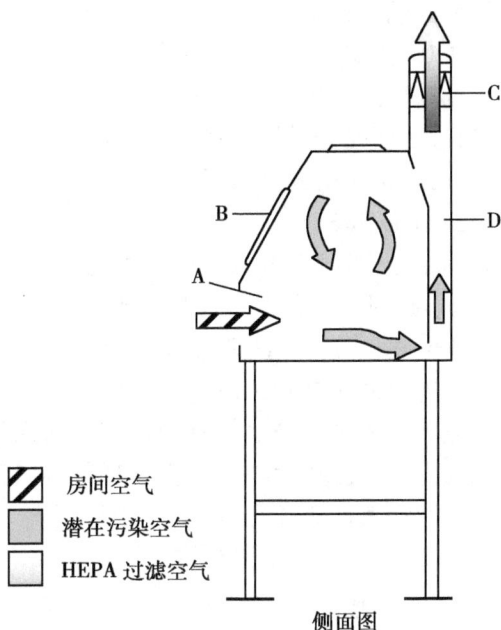

房间空气

潜在污染空气

HEPA 过滤空气

侧面图

图3-3 BSC-Ⅰ生物安全柜原理图

（2）Ⅱ级生物安全柜（BSC-Ⅱ）：BSC-Ⅱ有四种类型：A1、A2、B1 和 B2 型，使无菌空气流经工作台面，在设计上不但能提供个体防护，而且能保护工作台面的物品不受房间空气的污染。可用于操作危险度Ⅱ级和Ⅲ级的感染性物质。在使用正压防护服的条件下，Ⅱ级生物安全柜也可用于操作危险度Ⅳ级的感染性物质（图3-4）。

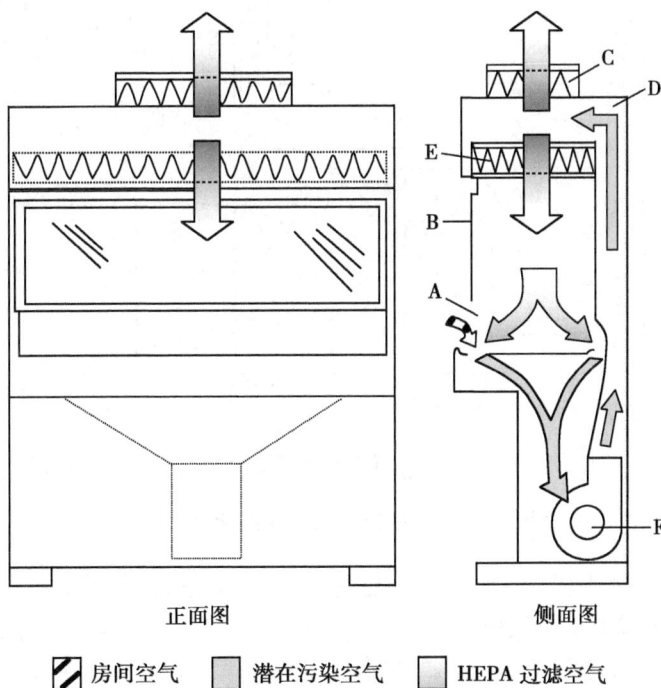

正面图

侧面图

房间空气

潜在污染空气

HEPA 过滤空气

图3-4 BSC-ⅡA1 型生物安全柜原理图

内置风机将房间空气经前面的开口引入安全柜内并进入前面的进风格栅。在正面开口处的空气流入速度至少应该达 0.38m/s。然后,供气先通过供风 HEPA 过滤器,再向下流动通过工作台面。空气在向下流动到距工作台面大约 6 ~ 18cm 处分开,其中的一半会通过前面的排风格栅,而另一半则通过后面的排风格栅排出。所有在工作台面形成的气溶胶立刻被这样向下的气流带走,并经两组排风格栅排出,从而为实验对象提供最好的保护。气流接着通过后面的压力通风系统到达位于安全柜顶部、介于供风和排风过滤器之间的空间。由于过滤器大小不同,大约 70% 的空气将经过供风 HEPA 过滤器重新返回到生物安全柜内的操作区域,而剩余的 30% 则经过排风过滤器进入房间内或被排到外面。

Ⅱ级 A1 型生物安全柜排出的空气可以重新排入房间里,也可以通过连接到专用通风管道上的套管或通过建筑物的排风系统排到建筑物外面。

安全柜所排出的经过加热和 / 或冷却的空气重新排入房间内使用时,与直接排到外面环境相比具有降低能源消耗的优点。有些生物安全柜通过与排风系统的通风管道连接,还可以进行挥发性放射性核素以及挥发性有毒化学品的操作。

外排风式 BSC-Ⅱ A2 型、BSC-Ⅱ B1 型和 BSC-Ⅱ B2 型生物安全柜都是由Ⅱ级 A1 型生物安全柜设计改造而来(图 3-5)。

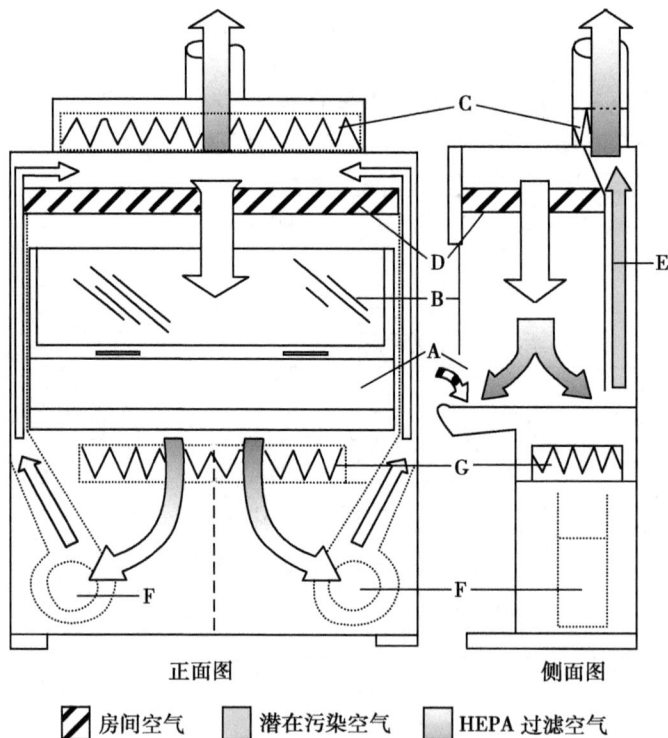

正面图　　　　　　　　　　侧面图

◩ 房间空气　　　▢ 潜在污染空气　　　▢ HEPA 过滤空气

图 3-5　BSC-ⅡB1 型生物安全柜原理图

(3)Ⅲ级生物安全柜(BSC-Ⅲ):BSC-Ⅲ为负压封闭式操作环境,由一个外置的专门的排风系统控制气流,安全柜内部始终处于负压状态(大约 124.5Pa)。操作人员通过固定在安全柜窗口的橡胶手套,进行工作台面的操作。BSC-Ⅲ备有可灭菌的、装有 HEPA 过滤排风装置的传递箱。与一个双开门的高压灭菌器相连接,并用它来清除进出安全柜的所有物品的污染。Ⅲ级生物安全柜适用于三级和四级生物安全水平的实验室。用于操作危险度Ⅳ级的微生物材料(图3-6)。

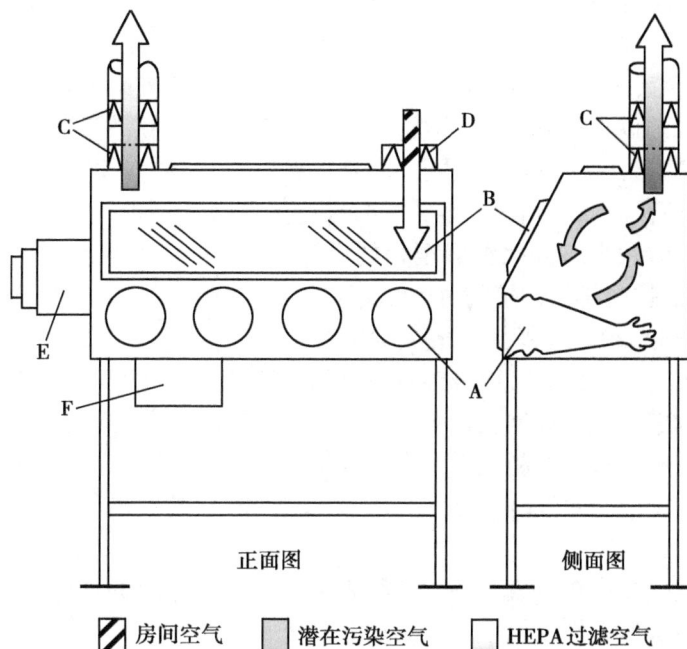

图 3-6　BSC-Ⅲ生物安全柜原理图

3. 生物安全柜的通风连接　A1 型和外排风式 A2 型Ⅱ级生物安全柜的设计使用了"套管(thimble)"或"伞形罩(canopy hood)"连接。套管安装在安全柜的排风管上,将安全柜中需要排出的空气引入建筑物的排风管中。在套管和安全柜排风管之间保留一个直径差通常为 2.5cm 的小开口,以便让房间的空气也可以吸入到建筑物的排风系统中。建筑物排风系统的排风能力必须能满足房间排风和安全柜排风的要求。套管必须是可拆卸的,或者设计成可以对安全柜进行操作测试的类型。一般来讲,建筑物气流的波动对套管连接型生物安全柜的功能不会有太大的影响。

B1 型和 B2 型生物安全柜通过硬管,亦即没有任何开口、牢固地连接到建筑物的排风系统,或者最好是连接到专门的排风系统。建筑物排风系统的排风量和静压必须与生产商所指定的要求正好一致。对硬管连接的生物安全柜进行认证时,要比将空气再循环送回房间或采用套管连接的生物安全柜更费时。

4. 生物安全柜使用要求

(1)实验环境:生物安全柜需安放在清洁环境中,安放位置应远离人员活动、物品流动以及可能扰乱气流的地方。在安全柜的后方以及每一个侧面要尽可能留有 30cm 的空间,以利于对安全柜的维护。安全柜上方应留有 30~35cm 的空间,以便准确测量空气通过排风过滤器的速度,并便于排风过滤器的更换。生物安全柜须有专用、稳定的供电电源。以避免由于线路故障引起的生物安全事故。

(2)操作规范

1)操作人员:维持生物安全柜开口处气流的完整性。移动双臂进出安全柜前面的开口时,双臂应垂直缓慢地进出。进入后手和双臂在生物安全柜中等待约一分钟,才可开始对物品进行处理。操作人员要求在开始实验前将所有必需的物品置于安全柜内,以尽可能减少双臂进出前面开口的次数。

2）物品放置：是保证安全柜内气体正常流动的重要环节。①生物安全柜前后气格栅不能被任何物品阻挡；②放入安全柜内的物品应采用70%酒精清除表面污染；③所有物品应尽可能地放在工作台后部靠近工作台后缘的位置，可产生气溶胶的设备（例如混匀器、离心机等）应靠近安全柜的后部放置；④有生物危害性的废弃物袋、盛放废弃吸管的盘子以及吸滤瓶等体积较大的物品，应该放在安全柜内的某一侧，不应放在安全柜外面；⑤工作台面上的实验操作应该按照从清洁区到污染区的方向进行。

3）生物安全柜运行：大多数生物安全柜的设计允许24小时运行。向房间中排风或通过套管接口与专门的排风管相连接的A1型及A2型生物安全柜，在不使用时可以关闭。B1型和B2型生物安全柜，须始终保持空气流动以维持房间空气的平衡。在开始工作以前以及完成工作以后，应让安全柜运行数分钟将污染的空气排出安全柜。

4）紫外灯：生物安全柜中如需使用紫外灯的话，应该每周对紫外灯进行清洁，以除去灯管上的灰尘和污垢，避免影响杀菌效果。在安全柜核查时，要检查紫外线的强度，以确保有适当的光发射量。实验操作时应使紫外灯处于关闭状态，以防止紫外线伤害实验操作人员眼镜和皮肤。

5）明火：生物安全柜内为无菌环境，应避免使用明火而导致的气流影响。对接种环进行灭菌时，可以使用微型燃烧器。

6）溢出物处理：操作中有可能发生感染性物品溢出。当感染性物品溢出到生物安全柜时，在安全柜保持工作状态下，用有效消毒剂立即进行清理，并尽可能减少气溶胶的生成。所有接触溢出物品的材料都要进行消毒或高压灭菌。

7）保持洁净：在实验结束时，生物安全柜里的所有物品都应清除表面污染，并移出安全柜。每天实验结束时，应擦拭生物安全柜的工作台面、四周以及玻璃的内外侧等部位清除表面的污染。可用70%酒精消毒，如使用氯类等腐蚀性消毒剂后，还须用无菌水再次进行擦拭。

8）个人防护：在进行一级和二级生物安全水平的操作时，可穿普通实验服。在进行三级和四级生物安全水平操作时，使用前面加固处理的反背式实验隔离衣。手套应套在隔离衣的外面，可以戴加有松紧带的套袖来保护操作人员的手腕。有些操作还需戴口罩和安全眼镜。

9）警报器：生物安全柜采用两种警报方式，窗式警报器提示操作者将滑动窗移到了不当位置（过高或过低），只要将滑动窗移到适宜的位置即可。气流警报器表明安全柜的正常气流模式受到了干扰，操作者或物品处于危险状态。气流警报响起时，应立刻停止工作，并通知实验室主管。

（3）使用维护：生物安全柜所有维修工作均应由有资质的专业人员来进行。在生物安全柜操作中出现的任何故障都应该报告，并应在再次使用之前进行维修。

5. 生物安全柜的维护校验　生物安全柜在安装时以及每隔一定时间，应由有资质的专业人员按照生产商的说明对每一台生物安全柜的运行性能以及完整性进行维护校验，检查其是否符合国家及国际的性能标准，并对安全柜防护效果进行评估，评估内容包括安全柜的完整性、HEPA过滤器的泄漏、向下气流的速度、正面气流的速度、负压/换气次数、气流的烟雾模式以及警报和互锁系统进行测试。还可选择进行漏电、光照度、紫外线强度、噪声水平以及振动性的测试。

6. 生物安全柜的选择　主要根据所需保护的类型来选择适当的生物安全柜,其中包括实验对象保护、操作危险度Ⅰ~Ⅳ级微生物时的个体防护、暴露于放射性核素和挥发性有毒化学品时的个体防护;以及各种不同防护的组合。

操作挥发性或有毒化学品时,不能使用将空气重新循环排入房间的生物安全柜,即不与建筑物排风系统相连接的 BSC-Ⅰ生物安全柜,或 BSC-Ⅱ A1 型和 BSC-Ⅱ A2 型生物安全柜。BSC-Ⅱ B1 型安全柜可用于操作少量挥发性化学品和放射性核素。BSC-Ⅱ B2 型安全柜也称为全排放型安全柜适用于操作大量放射性核素和挥发性化学品。

（二）负压柔性薄膜隔离装置

是一种对生物学危害性材料提供最佳防护的基本防护装置。该装置可以装在移动架上,将工作空间用透明聚氯乙烯(PVC)完全包裹起来悬挂在钢架结构上,并使隔离装置的内压始终维持在低于大气压力的水平。该装置入口处的空气要经一个 HEPA 过滤器过滤,而出口处的空气则要通过两个 HEPA 过滤器过滤,因此不必再用管道将空气排到建筑物外面。

该隔离装置可以配备培养箱、显微镜和其他实验室仪器,例如离心机、动物笼具、加热设备等。实验物品可以通过进样和取样口运入或运出隔离装置,而不影响其微生物学安全性。操作时戴套袖外加一次性手套。要安装压力计来检测隔离装置内的压力。

在常规的生物安全柜不能或不适合安装或维护的现场,可以采用柔性薄膜隔离装置来进行高危险生物体(危险度Ⅲ级或Ⅳ级)的操作。

（三）实验仪器与实验材料

详细内容见本节生物实验室技术规范-实验室仪器与器具操作。

三、个人安全防护用具

（一）个人安全防护装备

应根据风险评估结果等级制定相应的防护措施,并选择下列防护装备:

1. 实验服、隔离衣、连体衣、围裙　主要用于防止衣服的污染。实验服最好应该能完全扣住。而长袖、背面开口的隔离衣、连体衣的防护效果优于实验服,更适用于在微生物学实验室以及生物安全柜中的工作。在必须对血液、培养液等化学或生物学物质溢出提供进一步防护时,应该在实验服或隔离衣外面穿上围裙。

实验服、隔离衣、连体衣或围裙不得穿离实验室区域,且衣物洗烫工作应在实验场所或就近完成。

2. 护目镜、安全眼镜和面罩　主要避免污染物的碰撞与喷溅。

(1)护目镜:为避免因实验物品飞溅对眼睛和面部造成的危害。护目镜应该戴在常规视力矫正眼镜或隐形眼镜的外面来对飞溅和撞击提供保护。

(2)安全眼镜:制备屈光眼镜(prescription glasses)或平光眼镜配以专门镜框,将镜片从镜框前面装上,这种镜框用可弯曲的或侧面有护罩的防碎材料制成。需注意安全眼镜即使侧面带有护罩也不能对喷溅提供充分的保护。

(3)面罩(面具):采用防碎塑料制成,形状与脸型相配,通过头带或帽子佩戴。

护目镜、安全眼镜或面罩均不得戴离实验室区域。

3. 口罩及防毒面具　防止吸入有害生物、化学和放射性物质的气溶胶。

(1)口罩:根据风险评估结果选择使用防护口罩。口罩不得戴离实验室区域。

(2)防毒面具:①进行高度危险性的操作(如清理溢出的感染性物质)时,可采用防毒面具进行防护。②根据危险类型来选择防毒面具。具有一体性供气系统的配套完整的防毒面具或一次性防毒面具。③防毒面具不得戴离实验室区域。

4. 手套　实验操作时戴合适型号的手套以防生物危险、化学品、辐射污染,防止冻伤、烫伤、刺伤、擦伤和动物抓咬伤,并防止检测标本的污染。手套应按所从事操作的性质符合舒服、合适、灵活、握牢、耐磨、耐扎和耐撕的要求,并应对所涉及的危险提供足够的防护。应对实验室工作人员进行选择手套,使用前及使用后的配戴及摘除等进行培训。

（1）手套的选择:实验室操作时,当处理感染性物质、血液和体液时,应广泛地使用一次性乳胶、乙烯树脂或聚腈类材料的手术用手套。应保证所戴手套无漏损。戴好手套后可完全遮住手及腕部,必要时应覆盖实验室长罩服或外衣的袖子。使用中撕破、损坏或怀疑内部受污染时要更换手套。

（2）手套的处理:在工作完成或实验终止后手套应消毒、摘掉并安全处置。过的一次性手套应该与实验室的感染性废弃物一起处理。

（3）不锈钢网孔手套:在进行尸体解剖等可能接触尖锐器械的情况下,应该戴不锈钢网孔手套。但这样的手套只能防止切割损伤,而不能防止针刺损伤。

需注意手套为实验室工作专用,不得戴离实验室区域。

5. 鞋　主要避免污染物的碰撞与喷溅。鞋应舒适,鞋底防滑。推荐使用皮制或合成材料的不渗液体的鞋类。在从事可能出现漏出的实验操作时可穿一次性防水鞋套。在实验室的特殊区域,如有防静电要求的区域或 BSL-3 和 BSL-4 实验室要求使用专用鞋,如一次性或橡胶靴子。

（二）免疫接种

要根据实验室人员具体操作微生物或生物体的危险性,首先评估一旦发生暴露时当地可以提供使用的疫苗和治疗药物情况,意外感染后必要的临床处理的设备,并对实验室人员以往感染史、疫苗接种史及临床健康作出评估。依据评估结果,确定实验室操作人员是否接受相应的疫苗接种。

四、生物实验室技术规范

实验室伤害以及与工作有关的感染主要是由于人为失误、不规范的实验技术操作以及仪器使用不当造成的。以下简要介绍实验室规范操作技术和方法。

（一）标本的安全操作

1. 标本收集　收集标本的容器要求坚固,最好使用塑料制品以防止意外坠落或冻融过程中破损。标本在容器内不得超过总体积的 50%,盖子或塞子盖好后无泄漏,在容器外无残留物。容器上粘贴标签以便于识别。标本要求或说明书与标本分开放置,并置于防水袋中。

2. 标本运输　标本在设施内运输或传递要求使用二级容器,即在标本容器外使用可高压灭菌或耐受化学消毒剂的盒子,使标本容器固定并保持直立。

3. 标本处理　接收大量标本的实验室应当安排专门的房间或空间。实验室人员在打开标本时应了解标本的潜在危害,并接受过标准防护方法的培训,掌握破碎或泄漏容器的处理方法。需要注意标本的内层容器需在生物安全柜内打开,并准备好消毒剂。

（二）实验室仪器与器具操作

1. 移液管和移液器　使用移液管和移液器时应注意:①使用移液管时应使用吸球或定

量移液器;②移液管应带有棉塞以减少移液器具的污染;③为减少气溶胶的产生,应避免向含有感染性物质的溶液中吹入气体,避免将移液管中的液体用力吹出,刻度移液管不需要排出最后一滴液体;④污染的移液管需完全浸入盛有消毒液的防碎容器中消毒至规定时间。盛放废弃移液管的容器应放在生物安全柜内;⑤打开封口瓶子时应使用移液管的工具,避免使用皮下注射针头和注射器;⑥为避免感染性物质从移液管中滴出而扩散,在工作台面应放置浸有消毒液的布或吸有消毒液的纸,使用后按感染性废弃物处理;⑦在每阶段工作结束后,必须采用适当的消毒剂清除工作区的污染。

2. 微生物接种环　要求直径 2~3mm 并完全封闭,柄的长度小于 6cm 以减小抖动。使用封闭式微型电加热器消毒接种环,或使用一次性接种环。

3. 生物安全柜　使用生物柜应注意:①须具有生物安全柜书面规章、使用操作说明或安全手册;②生物安全柜应在运行正常时使用,所有工作必须在工作台面的中后部进行;③安全柜内应尽量少放置器材或标本,避免任何物品阻挡安全柜内前后的空气格栅,避免影响安全柜后部压力排风系统的气流循环;④尽量减少操作者身后的人员活动,避免操作者手臂在安全柜里反复移出和伸进,以防干扰安全柜气流;⑤在安全柜内的工作开始前和结束后,安全柜的风机应至少运行 5 分钟;⑥实验完成后以及每天工作结束时,应使用适当的消毒剂对生物安全柜的表面进行擦拭;⑦在生物安全柜内操作时,不得进行文字工作。

4. 离心机、匀浆器、组织研磨器、摇床、搅拌器和超声处理器
避免气溶胶及标本的溢出,保证仪器正常运行是使用这些仪器的基本原则。

(1)离心机:离心机运行操作、离心管标本装量与配平、离心机维护等内容见第二章常用仪器设备安全使用。操作具有生物危害的样本时,需要特别注意:①离心桶的装载、平衡、密封和打开必须在生物安全柜内进行。操作危险度Ⅲ级和Ⅳ级的微生物,必须使用可封口的离心桶(安全杯)。②应每天检查离心机内转子部位的腔壁是否被污染,以评估离心操作规范。每次使用后,要清除离心桶、转子和离心机腔的污染。

(2)匀浆器、组织研磨器、摇床、搅拌器和超声处理器:使用以上仪器时应注意:①使用专门提供实验室用的以上仪器。确认仪器运转正常。②由于玻璃可能破碎而释放感染性物质并伤害操作者,建议使用塑料容器,如聚四氟乙烯(PTFE)容器。③用匀浆器、摇床和超声处理器时,应该用结实透明的塑料箱覆盖设备,并在用完后消毒。可能的话,这些仪器可在生物安全柜内覆盖塑料罩进行操作。④使用玻璃研磨器时要求戴手套并用吸收性材料包住。建议使用塑料研磨器。⑤操作结束后,应在生物安全柜内打开容器。⑥超声处理器操作人员应采取听力保护措施。

5. 冰箱　实验室冰箱应明确其规定用途。使用中应注意:①冰箱、低温冰箱和干冰柜应当定期除霜和清洁,应清理出所有在储存过程中破碎的安瓿和试管等物品。清理时应戴厚橡胶手套并进行面部防护,清理后要对内表面进行消毒。②储存在冰箱内的所有容器应当清楚地标明内装物品的科学名称、储存日期和储存者的姓名。未标明的或废旧物品应当高压灭菌并丢弃。③应当建立冻存物品清单。④除非有防爆措施,否则冰箱内不能放置易燃溶液。冰箱门上应明确标示。

6. 玻璃器皿和锐器　实验室中尽可能用塑料制品代替玻璃制品。必须使用玻璃器皿时只能用实验室级别的玻璃,任何破碎或有裂痕的玻璃制品均应丢弃。实验过程中不得将注射针作为移液管使用,减少使用注射器和针头。如必须使用注射器和针头时,采用锐器安全装置。严禁重新给用过的注射器针头戴护套。实验中尽量用巴斯德塑料吸管代替玻璃

吸管。

7. 装有冻干感染性物质安瓿开启与储存

（1）安瓿开启：安瓿开启应在生物安全柜内进行，开启前消毒安瓿外表面。用砂轮在安瓿冻干物远端中部锉一痕迹，取酒精浸泡的棉花将安瓿包起来以保护双手，然后手持安瓿从标记的锉痕处打开。小心移去安瓿顶部，如果安瓿内装有棉花，用消毒镊子除去。弃去物均按污染材料处理。缓慢向安瓿中加入液体来重悬冻干物，避免出现泡沫。

（2）安瓿储存：装有感染性物品的安瓿不得浸入液氮中，以避免有裂痕或密封不严的安瓿在取出时破碎或爆炸。建议将感染性物品真空冷冻干燥，储存于 −80℃ 冰箱或干冰中。从冷藏处取出安瓿时，实验室人员应当进行眼睛和手的防护。

8. 感染性物品的操作

（1）血样采集：由受过培训的人员采集病人或动物血样。采集静脉血时，使用一次性安全真空采血管取代传统的针头和注射器。所有操作均必须戴手套。装有标本的试管应置于二级容器中运至实验室，并在实验室内部转运。检验申请单应当分开放置在防水袋或信封内，接收人员不应打开这些袋子。

（2）血清分离：操作人员需经过严格培训。操作时应戴手套以及眼睛和黏膜的保护装置。实验操作中避免或尽量减少气溶胶的产生。血液和血清应小心吸取，不得倾倒。严禁用口吸液。带有血凝块等废弃标本管，加盖后放于防漏容器内高压灭菌。操作前应准备相应种类的消毒剂，用于及时处理可能喷溅和溢出的标本。

（3）涂片、盖玻片、组织及组织切片：用于显微镜观察的血液、唾液、尿液、粪便、分泌物和骨髓标本在固定和染色时，不必杀死涂片上的所有微生物和病毒。所使用的载玻片、盖玻片、染色及洗液等废弃物均应按污染物进行处理，并经相应消毒液浸泡或高压灭菌后再丢弃。组织标本应用甲醛或多聚甲醛固定。应当避免冷冻切片。如果必须进行冷冻切片，应当使用安全罩，操作者要戴安全防护面罩。清除污染时，仪器温度要求升至 20℃。

（4）朊蛋白（prion）相关组织：操作过程必须在生物安全柜中进行，在生物安全柜的工作台面使用一次性防护罩。实验人员必须穿戴一次性防护服（隔离衣和围裙）和手套，病理学家应戴特制的具有钢丝网的两层橡胶手套。尽可能地使用一次性塑料器具，使用专用仪器设备，不与其他实验室共用仪器。

含有朊蛋白的组织标本暴露于 96% 甲酸 1 小时可以基本失活。实验废弃物，包括一次性手套、隔离衣和围裙，均应当采用多孔负荷蒸汽灭菌器在 134 ~ 137℃ 高压灭菌 18 分钟一个循环，或高压灭菌 3 分钟六个循环，然后再焚烧。

朊蛋白的感染性废液应当用终浓度含 20g/L 有效氯的次氯酸钠处理 1 小时。污染的生物安全柜和其他表面可以采用含 20g/L 有效氯的次氯酸钠处理 1 小时来清除污染。不能高压灭菌的用具可以反复用含 20g/L 有效氯的次氯酸钠润湿超过 1 小时来进行清洁，并要求用水冲洗以清除残留的次氯酸钠。

操作朊蛋白相关组织还应注意：①钢丝网手套由于不是一次性用品，必须进行污染物的清除。②朊蛋白对紫外线照射也具有抵抗力。虽然甲醛不能有效降低标本中朊蛋白感染性，但安全柜仍必须用标准方法来清除污染（如甲醛蒸气），以灭活可能存在的其他微生物因子。③HEPA 过滤器摘除后需要在至少 1000℃ 的温度下焚烧。

（三）实验室个人行为要求

个人物品、服装、食品和饮料只应存放于非实验室区域内指定的专用处。实验室内禁止吸烟、喝水、吃东西。禁止在工作区内使用化妆品和处理隐形眼镜。长发应束在脑后。在工作区内不应配戴戒指、耳环、腕表、手镯、项链和其他珠宝。

五、生物实验室的消毒与灭菌

消毒和灭菌方法能有效预防和处理感染物对实验室环境和实验人员产生的可能的生物危害,这里所述的消毒和灭菌的基本原则适用于所有已知不同级别的微生物病原体。

消毒剂的作用时间与消毒剂种类、被消毒的物品或材料以及生产商有关。所有消毒剂使用方法须遵守生产商的产品使用说明。

(一)实验器具和材料的清洁原则

实验器具和材料的清洁是指去除污垢、有机物和污渍。清洁的目的是去除可能影响抗菌剂、化学杀菌剂、消毒剂作用的因素,达到有效的消毒和灭菌目的。清洁方法包括刷、吸、干擦、洗涤或清洁剂浸泡等。这一过程也称消毒前的清洁处理。

消毒前的清洁处理须注意与以后使用的杀菌剂在化学性质的匹配,通常使用相同的化学杀菌剂进行清洁和消毒。

(二)化学消毒剂

化学消毒剂在实验室使用广泛,一般用于处理感染物意外溢出或局部污染、废弃物的无害化处理等。由于一些化学消毒剂对特定材质存在腐蚀剂,所以一般不用于地面、墙壁、设备和家具的常规清洁,但在控制疾病暴发时的特定场所可以使用。

1. 含氯消毒剂　广谱、低毒、腐蚀性强、受有机物影响大,稳定性差。常用的含氯消毒剂有:次氯酸钠、二氯异氰尿酸钠、三氯异氰尿酸,适用于餐具、环境、水、疫源地等消毒。常用的消毒方法有浸泡、擦拭、喷洒与干粉消毒等。

低效消毒用 500mg/L,作用 10 分钟以上,主要用于一般污染。高效消毒用(1000～2000)mg/L,作用 30 分钟以上,主要用于血迹污染。对经血传播病原体、结核分枝杆菌和细菌芽胞污染的物品,用(2000～5000)mg/L,作用 30 分钟以上。

(1)次氯酸钠(NaClO):强碱性,能腐蚀金属,可使有机物(蛋白质)活性明显减弱。根据次氯酸钠工作液的初始浓度、容器的类型(如有无盖子)和大小、使用的频率和特性以及室内温度,确定更换频率。

次氯酸钠可用于普通目的的消毒剂及浸泡非金属类的污染材料。在紧急情况下也可以用终浓度含(1～2)mg/L 有效氯的漂白剂来消毒饮用水。

但需注意次氯酸钠在使用过程中释放氯气,而氯气具有强毒性,所以次氯酸钠只能在通风良好的地方储存和使用。并且,次氯酸钠不能与酸混合以避免氯气快速释放。氯的许多副产物可能对人体及环境有害,应该避免滥用。

我国市场上销售的 84 消毒液主要成分为次氯酸钠,有效氯含量 5.5%～6.5%,使用时依据商品说明书,根据消毒目的选用不同的使用浓度。

(2)二氯异氰尿酸钠(NaDCC):NaDCC 粉剂含有 60% 的有效氯。用 NaDCC 粉剂配制的浓度为 1.7g/L 和 8.5g/L 的溶液将分别含有 1g/L 和 5g/L 的有效氯。NaDCC 片剂一般每片含有 1.5g 的有效氯,将 1 片或 4 片溶于 1 升水将分别获得浓度约为 1g/L 和 5g/L 的溶液。粉剂或片剂的 NaDCC 储存既方便又安全。

血液或其他生物危害性液体溢出时,可以使用固体 NaDCC,并使其作用至少 10 分钟后再除去,然后对污染区进行进一步的清理。

（3）氯胺：氯胺粉剂含有大约25%的有效氯。氯胺释放氯的速度较次氯酸慢，因此如果需要获得同次氯酸相同的效力，就需要较高的初始浓度。有机物对氯胺溶液的影响小于次氯酸溶液，在普通消毒和处理污染情况下都推荐使用20g/L的浓度。

使用中应注意：虽然氯胺溶液无臭味，但浸泡过氯胺的物品必须彻底清洗，以除去加入到氯胺-T（甲苯磺酰氯醛甲酰胺钠）粉剂中的填充剂的残留物。

（4）二氧化氯：为高效快速杀菌剂、防腐剂和氧化剂。二氧化氯气体不稳定，其水溶液性质稳定。二氧化氯能氧化大多数的有机物，可作用于还原性硫化物、仲胺、叔胺以及其他强还原性和反应活性的有机物。在有机物较多的情况下，使用适量的二氧化氯比臭氧和氯更有效。

2. 醛类消毒剂

（1）甲醛（HCHO）：是一种能够杀死所有微生物及其孢子的气体。但甲醛对朊蛋白没有杀灭活性。甲醛起效较慢，相对湿度要求约70%。加热或加入一定量的高锰酸钾都可以产生气体，用于封闭空间的清除污染和消毒。甲醛溶液（5%甲醛水溶液）可以作为液体消毒剂。

使用时应注意，甲醛具有刺鼻的气味，其气体能够刺激眼睛和黏膜，因此必须在通风橱或通风良好的地方储存和使用。

（2）戊二醛［$OHC(CH_2)_3CHO$］：对繁殖的细菌、孢子、真菌和病毒具有活性。戊二醛无腐蚀性，比甲醛作用迅速。戊二醛溶液浓度约20g/L，绝大部分产品使用前需要加入与产品一同提供的碳酸氢盐混合物进行碱化。

使用戊二醛应注意：①如果戊二醛溶液变混浊，就应当将其废弃；②戊二醛具有毒性，对皮肤和黏膜具有刺激性，须在通风橱或通风良好的地方使用；③戊二醛适用于不耐热的医疗器械和精密仪器等的浸泡消毒与灭菌；④不建议采用其喷雾剂或溶液来清除环境表面的污染。

3. 酚类化合物　　三氯酚和氯二甲酚是酚类化合物中最常用的抗菌剂，作用于繁殖细菌和具有包膜的病毒，一定浓度时对分枝杆菌也有活性。但对孢子没有作用，对无包膜病毒作用效果不确定。

许多酚类产品可用于清除环境表面的污染，三氯酚常作为洗手用品。主要作用于细菌繁殖体，对皮肤和黏膜是安全的。

水的硬度可影响某些酚类化合物作用，并可导致失活，须用去离子水进行稀释。

不建议在食物接触的表面和幼儿活动场所使用酚类化合物。它们可能被橡胶吸收，也可能渗透皮肤。必须遵守国家化学品安全规定。

4. 季铵盐类化合物　　季铵盐类化合物可作用于细菌繁殖体和有包膜病毒。某些类型（如苯扎氯铵）也用作防腐剂。季铵盐类化合物大多混合使用，也经常与醇类等其他杀菌剂联合使用。有些季铵盐类化合物的杀菌作用会受有机质、水的硬度以及阴离子去污剂的显著影响，使用时要认真选择预清洁所用的品种。但需注意，有些具有潜在危害性的细菌能够在季铵盐化合物溶液中生长。

5. 乙醇（C_2H_5OH）和异丙醇［$(CH_3)_2CHOH$］　　具有相似的灭菌特性。它们可作用于细菌繁殖体和有包膜病毒，但不能灭活孢子，对无包膜病毒作用效果不确定。其水溶液最有效的使用浓度约为70%（v/v）；更高或更低的浓度均不适宜杀菌。醇类溶液的主要优点是处理后物品不会留下任何残留物。

乙醇溶液可以用于消毒皮肤、实验台和生物安全柜的工作台面,以及浸泡小的外科手术器械。在不便于或不可能进行彻底洗手的情况下,推荐使用含乙醇的擦手液对轻度污染的手进行消毒。由于乙醇可以使皮肤干燥,所以经常与润滑剂混合使用。

乙醇与其他试剂混合使用优于单独使用,如70%(v/v)乙醇与100g/L的甲醛混合,或使用含有2g/L有效氯的乙醇。

使用乙醇应注意:①70%(v/v)乙醇易挥发、易燃,不能在明火附近使用;②其工作液应储存在适当的容器内以避免醇类挥发;③乙醇可以硬化橡胶并溶解某些胶质;④含有乙醇溶液的瓶子必须清楚标记以避免被意外高压灭菌;⑤必须使用医用乙醇,严禁使用工业乙醇消毒和作为原料配制。

6. 碘和聚维酮碘(碘伏) 属中效消毒剂,速效、低毒、对皮肤黏膜无刺激,稳定性好。适用于皮肤、黏膜等的消毒。常用消毒方法有擦拭、冲洗等。

碘类抗菌剂一般不适于医疗或牙医器械的消毒。碘不能在铝或铜上使用。含有有机碘的产品必须于4~10℃储存,以避免有潜在危害性的细菌在里面生长。

7. 过氧化氢(H_2O_2)和过氧乙酸(CH_3COOOH) 为强氧化剂,广谱杀菌剂。对人和环境较氯更为安全。

过氧化氢用于清除实验台和生物安全柜工作台面的污染,较高浓度的溶液适于清除不耐热的医疗或牙医器械的污染。在特定的设备中用过氧化氢或过氧醋酸熏蒸消毒不耐热的医疗或牙医器械。

过氧化氢为即用型的3%的溶液,或是用无菌水稀释5~10倍体积后使用的30%的水溶液。但是,那种只含有3%~6%过氧化氢的溶液杀菌作用缓慢而有限。

过氧化氢和过氧醋酸能腐蚀铝、铜、黄铜和锌等金属,也能使纤维、头发、皮肤及黏膜褪色。经它们处理的物品必须经过彻底的漂洗后才能接触眼睛和黏膜。它们应当储存在避热和避光的地方。

(三)生物实验室的消毒与灭菌

1. 实验室局部污染的消毒与灭菌 实验室空间、用具和设备污染的清除需要液体和气体消毒剂的联合应用。

清除表面污染时可使用次氯酸钠溶液;普通的环境卫生设备可用含有1%有效氯的溶液,高危环境,建议使用高浓度(5g/L)溶液;环境污染处理也可用含有3%过氧化氢溶液。

甲醛蒸气熏蒸用以清除实验室空间和仪器的污染。产生甲醛蒸气前,房间采取密封措施,熏蒸时的室温建议不低于21℃、相对湿度70%。熏蒸时间不低于8小时。熏蒸后,该区域必须彻底通风后才允许人员进入。在通风之前进入房间时,必须戴适当的防毒面具。也可以采用气态的碳酸氢铵来中和甲醛。小空间也可采用过氧化氢溶液气雾熏蒸。如使用专门的蒸气发生设备,需要由专门培训的专业人员来进行。

2. 生物安全柜的消毒与灭菌 清除Ⅰ级和Ⅱ级生物安全柜的污染时,要使用能让甲醛气体独立发生、循环和中和的设备。

消毒与灭菌的步骤:①将适量的多聚甲醛放在加热板上面的长柄平锅中。将含有比多聚甲醛多10%的碳酸氢铵置于另一个长柄平锅中并放到第二个加热板上。在生物安全柜外通过开关插头电源对加热板进行控制。②如果相对湿度低于70%,需要在安全柜内部放置一个盛有热水的开口容器。③密封生物安全柜前部封闭板,如果前部没有封闭板,可用大块塑料布粘贴覆盖在前部开口和排气口以保证气体不会泄漏进入房间。同时供电线穿过前封闭板的穿透孔须用管道胶带密封。④开启多聚甲醛平锅的加热板插头电源,使空气中的终浓度达到0.8%。在多聚甲醛完全蒸发时关闭插头电源,使生物安全柜熏蒸时间不低于6小时。⑤开启放有碳酸氢铵的第二个平锅的加热板插头电源,使其蒸发,然后关闭插头电源。⑥接通生物安全柜电源两次,每次启动约2秒钟循环碳酸氢铵气体。使生物安全柜静置30分钟。⑦摘除熏蒸前粘贴的密封条或密封使用的大块塑料布。使用前擦掉生物安全柜表面上的残渣。

3. 手污染的消毒与灭菌 处理生物危害性材料时,必须戴合适的手套。处理完生物危害性材料和动物后以及离开实验室前均必须洗手。

一般情况下用普通的肥皂和水彻底冲洗手部。在进行高危操作后,建议使用杀菌肥皂,搓洗至少10秒,用干净流水冲洗后再用干净的纸巾或毛巾擦干,如有条件可使用暖风干手器。

建议使用脚控、肘控或为感应式的水龙头。如果没有安装,应使用纸巾或毛巾去关闭水龙头,以防止再度污染洗净的手。在没有条件彻底洗手或洗手不方便,建议用酒精擦手来清除双手的轻度污染。

（四）热力消毒和灭菌

加热是最常用的清除病原体污染的物理方法。主要分为干热法和湿热法。干热法可分为干烤法和焚烧法,湿热法分为煮沸法和高压蒸汽灭菌法。干烤法可用来处理可耐受160℃或更高温度2~4小时的实验器材或物品。高压蒸汽灭菌法则是最为有效的灭菌方法。煮沸法不能有效杀死细菌芽胞和某些病原体,在不能使用其他方法(化学杀菌、清除污染、高压灭菌)或没有条件时,可作为一种基础消毒措施。

1. 高压蒸气灭菌法

(1)压力、温度和时间:压力饱和蒸汽灭菌是对实验材料进行灭菌的最有效和最可靠的方法。灭菌温度和时间应根据灭菌的物品种类和目的加以选择,如对实验使用的玻璃器皿、陶瓷类、金属类、橡胶类、纸制、纤维类制品多选择121℃、20~30分钟;含某些糖类培养基或缓冲液多选择115℃、15~30分钟;对某些对热具有耐受的微生物可以选择134℃、8~30分钟。

(2)高压蒸汽灭菌器的类型:

1)重力置换式("下排气式")高压灭菌器:蒸汽在压力的作用下进入灭菌器,由上而下置换较重的空气并通过灭菌器的排气阀排出。

2)预真空式高压灭菌器:灭菌器通过HEPA过滤器在蒸汽进入前排出气体。在灭菌结束时,蒸汽自动排出。高压灭菌可以在134℃下进行,灭菌周期可以缩短至3分钟。预真空式高压灭菌器对多孔性物品的灭菌效果较好,但由于灭菌器形成的预真空状态,所以不适于液体的高压灭菌。

3)燃料加热压力锅式高压灭菌器:只有在没有重力置换式高压灭菌器的情况下才使用这一种灭菌器。从其顶部装载物品,通过燃气、电力或其他燃料来加热容器底部的水来产生蒸汽,由下而上置换空气并经排气孔排出。当所有的空气排出后,关闭排气孔的阀门,缓慢加热使压力和温度上升到安全阀预置的水平。此时记为灭菌开始时间。灭菌结束后停止加热,温度下降到80℃以下再打开盖子。

(3)高压灭菌器的装载:为了利于蒸汽的渗透和空气排出,高压灭菌物品应松散包装放置在灭菌器内。所有要高压灭菌的物品都应放在空气能够排出并具有良好热渗透性的容器中。

（4）高压灭菌器的使用注意事项：①高压灭菌器的操作人员应经过专业培训持证上岗。②有资质人员定期检查灭菌器柜腔、门的密封性以及所有的仪表和控制器。③不得将腐蚀性、易燃易爆物放入高压灭菌器中灭菌。④当灭菌器内部加压时，互锁安全装置可以防止门被打开，而没有互锁装置的高压灭菌器，应当关闭主蒸汽阀并待温度下降到80℃以下时再打开门。操作者在打开门时应当戴适当的手套和面罩进行防护。⑤高压灭菌液体时，由于取出液体时可能因过热而沸腾，应采用慢排式设置。⑥应常规进行高压灭菌效果监测，采用生物指示剂、化学显色法或热电偶计，以确定灭菌程序是否恰当。⑦如有灭菌器排水过滤器，应当每天拆下清洗。如为下排气型高压灭菌，排气出口应放置消毒剂。⑧应确保高压灭菌器的安全阀没有被高压灭菌物品堵塞。

2. 焚烧法　焚烧法适用于处理经过或未经清除污染的动物尸体、解剖组织、实验室废弃物。只有在实验室可以控制焚烧炉操作时，才能用焚烧法代替高压灭菌法来处理感染性物质。

焚烧需要有效控制温度，并配备二级焚烧室时才能实现彻底焚烧。一级焚烧室的温度至少应达到800℃，二级焚烧室的温度至少应达到1000℃。需要焚烧的材料（包括已清除污染的材料）应装入塑料袋中运送到焚烧室。负责焚烧的工作人员应接受关于装载和控制温度等培训。还需要注意在焚烧过程中被焚烧物品的正确混合。

另外需要强调单级焚烧室不能满足处理感染性物质、动物尸体和塑料制品的要求，这些材料可能不能完全销毁，微生物、有毒化学品和烟尘还可能通过烟囱排放而污染大气。

实验室和医学废弃物的处理要遵守各个地区、国家和国际的规定。一般情况下，焚烧炉内的灰烬可以作为普通家庭废弃物处理并由地方有关部门运走。高压灭菌过的废弃物可以在其他地方焚烧后处理，或在指定垃圾场掩埋处理。

第五节　生物材料的安全运输

运输高致病性病原微生物菌（毒）种或样本，应当通过陆路运输；没有陆路通道，必须经水路运输的，可以通过水路运输；紧急情况下或者需要将高致病性病原微生物菌（毒）种或者样本运往国外的，可以通过民用航空运输。

一、生物材料运输的要求与管理制度

1. 运输目的　高致病性病原微生物的用途和接收单位符合国务院卫生主管部门或者兽医主管部门的规定。

2. 运输许可　运输高致病性病原微生物菌（毒）种或者样本，应当经省级以上人民政府卫生主管部门或者兽医主管部门批准。在省、自治区、直辖市行政区域内运输的，由省、自治区、直辖市人民政府卫生主管部门或者兽医主管部门批准；需要跨省、自治区、直辖市运输或者运往国外的，由出发地的省、自治区、直辖市人民政府卫生主管部门或者兽医主管部门进行初审后，分别报国务院卫生主管部门或者兽医主管部门批准。出入境检验检疫机构在检验检疫过程中需要运输病原微生物样本的，由国务院出入境检验检疫部门批准，并同时向国务院卫生主管部门或者兽医主管部门通报。

3. 运输高致病性病原微生物菌（毒）种或样本，应当由不少于2人的专人护送，并采取相应的防护措施。有关单位或者个人不得通过公共电(汽)车和城市铁路运输病原微生物菌(毒)种或者样本。

4. 需要通过铁路、公路、民用航空等公共交通工具运输高致病性病原微生物菌(毒)种或者样本的,承运单位应当凭相关的批准文件予以运输。承运单位应当与护送人共同采取措施,确保所运输的高致病性病原微生物菌(毒)种或者样本的安全,严防发生被盗、被抢、丢失、泄漏事件。

5. 高致病性病原微生物菌(毒)种或者样本在运输、储存中被盗、被抢、丢失、泄漏的,承运单位、护送人、保藏机构应当采取必要的控制措施,并在 2 小时内分别向承运单位的主管部门、护送人所在单位和保藏机构的主管部门报告,同时向所在地的县级人民政府卫生主管部门或者兽医主管部门报告,发生被盗、被抢、丢失的,还应当向公安机关报告。

6. 任何单位和个人发现高致病性病原微生物菌(毒)种或者样本的容器或者包装材料,应当及时向附近的卫生主管部门或者兽医主管部门报告。

二、生物材料运输的包装

高致病性病原微生物菌(毒)种或者样本的容器应当密封,容器或者包装材料还应当符合防水、防破损、防外泄、耐高(低)温、耐高压的要求。容器或者包装材料上应当印有国务院卫生主管部门或者兽医主管部门规定的生物危险标识、警告用语和提示用语。

国际民航组织《危险物品航空安全运输技术细则》将感染性物质分为 A、B 两类。A 类感染性物质指在运输过程中,人或动物接触后能造成永久性残疾或致命感染性物质。A 类感染性物质的联合国编号为 UN2814,运输专用名称为危害人的感染性物质,使动物染病的 A 类感染性物质的联合国编号为 UN2900。B 类感染性物质是指那些不属于 A 类的感染性物质,B 类感染性物质联合国编号为 UN3373,运输专用名称为诊断标本,临床标本或生命物质 B 类。

1. 包装要求　主要目的是防止生物材料在运输过程中发生包装损坏,减少由此导致生物材料对环境的污染和人群的危害。

2. 包装材料　对感染性及潜在感染性物质运输应选择三层包装系统。感染性物质包装的体积及重量在运输中也有特定的要求。

(1)内层包装:装载标本的内层容器,防水、防漏并贴上指示内容物的适当标签。

(2)第二层包装:具有防水、防漏的特性,用以保护内层容器。足量的吸收性材料可在内层容器打破或泄漏时吸收溢出的所有液体。

(3)外层包装:保护第二层包装在运输中的安全性。外层包装应有识别或生物材料的特性描述,有明确的发货人、收货人和生物材料的详细信息。

3. 样本运输包装标识

(1)高致病性病原微生物危险标签(图3-7):

(2)高致病性病原微生物运输登记表:需详细填写发送样品和接收样品的部门或单位,双方的详

图 3-7　高致病性病原微生物危险标签

细地址、邮政编码、联系人及联系人电话。

（3）外包装放置方向标识（图3-8）。

图3-8　包装放置方向标识

注：图3-7、图3-8引自原中华人民共和国卫生部2006版《可感染人类的高致病性病原微生物菌（毒）种或样本运输管理规定》。在航空运输时，包装标记、标签以国际民航组织《危险物品航空安全运输技术细则》相关规定为准

三、生物材料运输泄漏的处理方法

当发生感染性或潜在感染性物质溢出时，应采用下列溢出清除规程：

1. 戴手套，穿防护服，必要时需进行脸和眼睛防护。用布或纸巾覆盖并吸收溢出物。

2. 向纸巾上倾倒适当的消毒剂，并立即覆盖周围区域（通常可以使用5%漂白剂溶液；但在飞机上发生溢出时，则应该使用季铵类消毒剂）。

3. 使用消毒剂时，从溢出区域的外围开始，朝向中心进行处理。

4. 根据泄漏物质的危害等级选择消毒剂的作用时间，消毒后将所处理物质清理掉。如果含有碎玻璃或其他锐器，则要使用簸箕或硬的厚纸板来收集处理过的物品，并将它们置于可防刺透的容器中以待处理。

5. 对溢出区域再次清洁并消毒（如有必要，重复第2～5步）。

6. 将污染材料置于防漏、防穿透的废弃物处理容器中。

7. 在成功消毒后，通知主管部门目前溢出区域的清除污染工作已经完成。

四、生物材料运输的豁免

有些生物材料或经过无害化处理的感染性物质因其危害性较低，可免于执行危险性货物相关的要求和规定。这些生物材料包括：

1. 不含感染性物质的物质，或不会引起人或动物疾病的物质；

2. 含有不会使人或动物致病的微生物的物质；

3. 运输中存在的病原体均已被中和或灭活，不会危及人和动物的健康；

4. 不具有显著感染风险的环境样品（包括食物和水样品）；

5. 为了输血和（或）移植而采集并运输的血液和（或）血液成分；

6. 用于筛查的干血滴和粪便潜血试验标本；

7. 清除污染后的医疗或临床废弃物。

五、生物危险性物质运输的相关规定和条例

1. 空运　由国际民航组织（International Civil Aviation Organization，ICAO）发布的《危险

货物航空安全运输技术规范》是具有法律约束力的国际规定。国际航空运输协会(International Air Transport Association,IATA)发布的《危险货物运输条例》收录了 ICAO 的规定,并增加了一些限制条款。ICAO 的规则适用于所有国际航班。对于国内航班,国家民用航空主管部门可应用国内法规,这些国内法规通常是基于 ICAO 的规定,但可作一定改动。国家和运营商对 ICAO 条款的改动可参见 ICAO 的《技术规范》和 IATA 的《危险货物运输条例》。

2. 铁路 《国际铁路运输危险货物规则》(RID)的相关规定适用于欧洲、中东和北非国家。根据《理事会指令 96/49/EC》,RID 也适用于欧盟 25 国的国内运输。

3. 公路 《关于国际公路运输危险货物的欧洲协议》(the European Agreement concerning the International Carriage of Dangerous Goods by Road,ADR)适用于 40 个国家。此外,该规定的修订版也在南美和东南亚的一些国家使用。根据《理事会指令 94/55/EC》,ADR 也适用于欧盟 25 国的国内运输。

4. 海路 《国际海运危险货物规则》由国际海事组织(International Maritime Organization,IMO)发布,所有《国际海上生命安全公约》(International Convention for Safety of Life at Sea,SOLAS)的缔约国或地区都强制性适用此《规则》。

5. 邮政 由万国邮政联盟(Universal Postal Union,UPU)发布的《信件邮寄手册》反映了联合国《建议书》的内容,该《建议书》以 ICAO 的规定作为运输的依据。

国际空运协会每年发布《感染性物质运输指南》(Infectious Substances Shipping Guidelines)。世界卫生组织为危险性货物运输的联合国专家委员会(United Nations Committee of Exports on the Transport of Dangerous Goods,UNCETDG)提供咨询联合国关于感染性物质运输规章范本。

本章小结

实验室生物安全是实验室管理的一个重要组成部分,因此掌握实验室生物安全的基本知识,熟悉生物安全相关的法律法规,对每个实验室工作人员都至关重要。本章介绍了实验室生物安全的有关概念,生物危害,相关的法律法规和标准,生物安全标识,实验室生物安全管理体系建立。通过对实验室生物安全风险评估、生物安全防护水平分级、生物实验室设施和主要设备、个人安全防护装备要求、生物实验室技术规范、生物材料运输与管理、实验室生物危险物质溢洒处理等简述,使实验室工作人员认识和掌握实验室生物安全的重要性。

复习思考题

1. 阐述实验室生物安全的意义。
2. 叙述实验室生物安全管理体系的构成。
3. 生物安全风险评估意义与内容是什么?
4. 实验室生物安全防护类型有哪些?

(姚 苹)

第四章 实验室废弃物管理

　　实验室检测的样品复杂多样,所以实验过程中产生的废弃物中不乏剧毒物质、致癌物质、含致病性微生物的物品以及放射性物质等。如实验过程中可能产生有害气体,直接影响实验工作人员的身体健康,也会对大气造成污染;实验室排出的废液和固体废弃物,若不经处理而直接排放到下水道或垃圾箱中,将会污染环境,还会直接或间接地危害周围人群健康,而这些情况常常被人们所忽视。所以,妥善处理废弃物不仅是实验室重要的工作内容,也是保护环境、保证工作人员健康和安全的重要任务。

　　为保障实验室工作人员的健康和安全,减少对环境的污染,实验室必须建立 ESH 管理体系。健康、安全、环境的一体化管理简称为 ESH 管理体系,即环境(Environment)、安全(Safety)和健康(Health)三位一体的管理体系。实验室应可能减少废弃物量、减少污染,使废弃物排放符合国家有关环境排放标准,努力构建健康、安全的实验室。

第一节 实验室废弃物的分类

一、实验室废弃物的分类

(一) 含义

　　实验室废弃物的含义包括广义和狭义两种。广义的实验室废弃物是指实验室废弃不用的物质的总称,包括气体、液体、固体药品、生物制品、放射性物品以及垃圾、橱柜、电器等。狭义的实验室废弃物则是指实验过程所产生的有毒有害的气体、废液、废渣、实验材料、耗材等。

(二) 分类

　　制定统一、恰当的分类标准是实验室废弃物管理中最为关键的环节,直接关系到废弃物的收集和处理能否顺利进行。根据实验室 ESH 管理体系要求,应遵循安全性、方便性和经济性的原则,关注废弃物的危险特性及其相容性,禁止将不相容或会发生反应的废弃物存放在一起。分类要为实际操作和后续处理提供方便,尽可能考虑收集和处理的经济性。

　　实验室废弃物的成分和污染程度不同,分类形式也不同。根据其污染程度、主要成分和基本性质,分类如下:

　　1. 化学废弃物

　　(1)废气:主要是实验过程中经化学反应产生的气体,如硫化物、氰化物、碳化物。此外,还有液体药品的挥发物,如浓盐酸、冰醋酸的挥发物。

　　(2)废液:是指实验中产生的液体状或流体状的废弃物,包括洗涤废水、实验分析残液、生物反应液以及仪器设备使用的制冷剂或润滑剂残液等,该溶液中含有机物、无机物或有害微生物等。

（3）废渣：是指固体废弃物，包括多余样品、反应产物、残留或失效的化学试剂等。

2. 生物废弃物　主要是动植物的组织、器官、尸体，微生物（细菌、真菌和病毒等）及其培养基等。

3. 放射性废弃物　指含有放射性核素或者被放射性核素污染的物品，其浓度或者活度大于国家的清洁解控水平，预期不再使用的废弃物。

4. 实验器械弃物　有废弃的实验仪器，包括电脑、电冰箱等；消耗或破损的实验用品，如玻璃器皿、纱布、试纸、刀片、吸嘴、离心管等。

二、实验室废弃物的危害

1. 对环境的危害　实验室排放的废弃物中包括剧毒的致突变、致畸形、致癌污染物、酸、碱化合物以及大量危害环境的有机溶剂；含有害微生物的培养液和培养基，大都未经处理直接排入地下管网或混入生活垃圾。这些废弃物中部分被土壤和植物吸收，或滋生细菌流入到大海和河流中，无论是哪一种结果对环境的危害都是巨大的。

2. 对人的危害　实验室中，很多未经处理的微生物废弃物被直接丢弃，容易造成病原体侵害人体事故发生。微生物在实验室的特殊条件下可能造成基因突变，形成新生物种。若新生物种对人体的危害严重，而针对这种实验的废弃物处理不当，将会带来不可估量的后果。

3. 其他危害　实验室中一些酸液、碱液的随意排放，会腐蚀下水管道系统，造成下水管道破裂，影响正常市政工程系统，同时还容易使得土壤酸化或者碱化，从而破坏土壤结构，造成寸草不生的恶果。尤其现存很多实验室的下水道与民用下水道相通，污染物通过下水道形成交叉污染，最后流入河中或者渗入地下，污染水资源和生态环境，最终危害人类的健康。

第二节　化学废弃物的管理

化学废弃物是对含有或者被化学有机试剂或无机试剂污染的实验室废弃物的统称，包括含有或者被化学有机试剂或无机试剂污染的液体、固体和气体等。

化学废弃物具有易燃性、腐蚀性或毒性的特征。具有易燃性特征的化学试剂包括燃烧点低于60℃的液体、在常温下易自燃的固体、易氧化的物质、易燃压缩气体，如乙醇、硝酸钠、二甲苯和丙酮等。pH≥12.5 或 pH≤2 的溶液具有强腐蚀性；重金属能引起人体中毒；溴化乙锭（EB）、焦碳酸二乙酯（DEPC）和巯基乙醇具有很强的诱变致癌性；丙烯酰胺是神经毒剂，可引起神经中毒。

根据实验室化学废弃物的特点，对化学废弃物的处理一般遵循专人负责、分类收集、定点存放、统一处理的原则。处理方法应简单易操作，处理效率高且投资较少。根据废弃物的性质选择合适的容器和存放点，禁止混合储存，以免发生剧烈化学反应而造成事故。废液应用密闭容器储存，贴上标签，标明种类和贮存时间等，容器应防渗漏、防止挥发性气体逸出而污染环境。剧毒、易燃、易爆、高危废弃物的贮存应按相应规定执行。

一、化学废弃物处理的原则

（一）减少产生

有效控制废弃物的生成是处理废弃物的重要环节。因此，实验室工作要尽可能采用生成废弃物少的途径;实验药品、试剂要购买适合工作需求的包装量;多余的实验药品、试剂要实现实验室间的共用,减少废弃物的生成。

(二)及时收集

实验室产生的废弃物必须及时收集,形成"即生即收"的观念和制度,减少其扩散、污染的时间。尤其有毒性的废弃物更应该及时处理,应遵循"即生即处"的原则。

(三)集中收集

在实验室内应该设立指定的废弃物收集区,集中收集实验室产生的废弃物。如宾夕法尼亚大学将集中收集废弃物的位置命名为微小收集区(satellite accumulation area,SAA),在收集区放置专用的容器,并贴有醒目标注,以便减少废弃物污染的范围。

(四)分类处理

由于实验室化学废弃物复杂多样,要依据废弃物的性质、形态特征进行分类,以便于对不同性质和形态的废弃物采用不同的方法进行定期安全处理。同时,不同废弃物间可能会发生化学反应或交叉污染,应分别处理,避免造成二次污染。

二、气体废弃物的处理

相对于液体和固体废弃物,实验室中气体废弃物较少,但常含有刺激气味或具有麻醉作用,易引起眼睛或呼吸道疾病,或者麻醉人的中枢神经,甚至可使人失去意识或死亡。

对于实验室产生的气体废弃物有回收价值的气体应回收处理,如回收三氧化硫用于制硫酸。少量气体废弃物可通过通风橱的通风管道与空气充分交换混合,稀释后直接排向室外,但通风橱的通风管道应加设过滤器。实验过程中产出的大量有毒气体必须要通过合理的措施,如经过酸或碱性溶液吸收处理,或有氧燃烧处理,降低或消除其毒性后排放。对于碱性气体(如 NH_3)用回收的废酸进行吸收,对于酸性气体(如 SO_2、NO_2、H_2S 等)用回收的废碱进行吸收处理。有毒气源及挥发性溶剂应妥善保管,加强安全生产教育,杜绝事故性排放。如色谱实验中常用的流动相二氯甲烷,对鼻和喉咙有轻微刺激,并可损害人中枢神经和呼吸系统。

总之,产生有毒有害气体的实验应在通风橱中进行。若排放量较大,建议参考工业上废气处理办法。在排放前进行预处理,采用吸附、吸收、氧化(与氧充分燃烧)、分解等方法通过特定管道经空气稀释后排出,减少无组织排放。同时,还应制定实验室废弃物处理与处置管理办法,加强实验室工作人员的环境意识教育,提高自身素质。

三、液体废弃物的处理

从实验室排出的废液,虽与工业废液相比数量少,但由于其种类多且成分复杂多变,最好不要集中处理,而应由实验室根据废弃物的性质和成分,分类分别加以处理。

(一)酸碱废液的处理

可直接或稀释后排放到下水道,或者储存起来循环利用,以达到节约和环保的双重收益。还可根据酸、碱中和反应的原理进行处理。实验室设置废酸、废碱的废液缸,将废液中和至 pH 为 6~9,用水稀释后即可排放至下水道。

(二)有机污染废液的处理

含甲醇、乙醇、醋酸类的可溶性溶剂可以用大量的水稀释后排放,因为这些溶剂能被细菌分解。三氯甲烷和四氯化碳等废液可以用水浴蒸馏,收集馏出液,密闭保存,回收再利用,达到无害化处理以及节约的双重目的。烃类及其含氧衍生物最简单的处理方法就是用活性炭吸附,具体方法为:先将废液分为有机、无机两相,向有机相中加入活性炭,然后经活性炭吸附去除有机物。目前,有机污染物最广泛最有效的处理方法是生物降解法和活性污泥法等。

(三) 重金属污染废液的处理

重金属废液处理方法可分成化学沉淀法、离子交换法、吸收法、膜过滤法、凝胶和絮凝法、体系浮选法和电化学处理法等。这些方法在实际处理重金属废液中都得到广泛应用,其中低成本的吸附剂或生物吸附剂的吸附法,被认为是一种可以替代活性炭而对处理低浓度重金属废液有效且经济的方法。膜过滤技术具有很高的去除重金属效率,但成本较高。选择哪种方法处理含重金属的废液,要依据实际情况(金属的初始浓度、废液中金属的主要组成部分、实验室运营成本、操作的灵活性和可靠性以及对环境的影响)来决定。而一般采用化学沉淀之后,含 NO_3^-、PO_4^{3-}、NO_2^- 等阴离子的溶液可经水稀释之后喷洒在土壤中供绿色植物吸收。

(四) 含氰废液的处理

主要的方法有氯碱法、电解氧化法、普鲁士蓝法(是以生成铁氰化合物而使之沉淀的方法)、臭氧氧化法以及铁屑内电解法等。如氯碱法具体操作过程:先用碱溶液将溶液调到 pH > 11 后,加入次氯酸钠或漂白粉,充分搅拌,氰化物分解为二氧化碳和氮气,放置 24 小时后排放。

废液的回收及处理是实验室中每一个工作人员的重要任务。同时,实验工作人员还必须加深对防止公害的认识,自觉采取措施,防止污染环境,以免危害自身或者危及他人。

四、固体废弃物的处理

实验室固体废弃物复杂多样,相对数量较多,包括多余的实验材料、实验产物、残留或过期失效的试剂药品、一次性实验耗材(如滤纸、离心管、PE 手套、移液器等)、凝固的琼脂糖凝胶及培养皿等。固体废弃物常常被化学试剂或生物危害剂污染,含有大量危害公众环境的有机溶剂、有害微生物等,如果按照生活垃圾处理,势必会引起严重的环境污染,危害人类的健康。

针对实验室固体废弃物应尽量回收利用,或送到政府指定的专门处理实验药品报废处处理,或采用如提纯、降解、送化工厂作原料等。对于一般固体废弃物,实验室应用塑料袋、纸箱等物包装,并贴上标签,注明废弃物的名称、单位、数量等,由实验室暂时存放于安全位置。对于实验后产生的有毒有害以及对人体和环境可能造成严重损害或污染的固体废弃物,实验室首先应对其进行化学处理,然后按一般固体废弃物进行处理。待接到处理固体废弃物的通知之后,各实验室可将需处理的实验废弃物归拢,列好清单,在清单上注明废弃物的名称、单位、数量,统一收集进行处理。

固体废弃物的处理技术有如下几方面:

(一) 固体废弃物的预处理

对固体废弃物进行综合利用和最终处理之前,往往需要实行预处理,以便于进行下一步处理。预处理主要包括固体废弃物的破碎、筛分、粉磨、压缩等工序。

(二) 物理法处理固体废弃物

利用固体废弃物的物理和物理化学性质,从中分选或分离有用或有害物质。根据固体废弃物的特性可分别采用重力分选、磁力分选、电力分选、光电分选、弹道分选、摩擦分选和浮选等分选方法。

（三）化学法处理固体废弃物

通过固体废弃物发生化学转换回收有用物质和能源。煅烧、焙烧、烧结、溶剂浸出、热分解、焚烧、电力辐射都属于化学处理方法。

（四）生物法处理固体废弃物

利用微生物的作用处理固体废弃物。其基本原理是利用微生物的生物化学作用，将复杂有机物分解为简单物质，将有毒物质转化为无毒物质。沼气发酵和堆肥即属于生物处理法。

（五）固体废弃物的最终处理

没有利用价值的有害固体废弃物需进行最终处理。最终处理的方法有焚化法、填埋法、海洋投弃法等。固体废弃物在填埋和投弃海洋之前应进行无害化处理。

根据实验室 ESH 管理体系要求，化学废弃物处理时应做好个人防护，确保实验室工作人员的安全和健康。工作人员应定期进行体检，发现疾病要及时治疗。

为了保证实验人员的健康及防止环境污染，实验室三废的排放也应遵守《中华人民共和国环境保护法》、《中华人民共和国大气污染防治法》和《中华人民共和国水污染防治法》等法规的有关规定。

第三节　生物废弃物的管理

在实验室生物安全管理的各环节中，感染性废弃物的处理是控制实验室生物安全的关键环节。切实安全地处理感染性废弃物，必须充分掌握生物安全废弃物的分类，并严格执行相应的处理程序，从而保证对实验室感染和周围环境影响的有效控制。生物实验室除了有毒有害的废弃物对环境造成污染外，活的生物废弃物对环境也会造成污染，对人类可能构成极大的危害。所以，生物废弃物的管理是实验室安全与管理的重要任务。

生物安全实验室感染性废弃物必须严格按照《中华人民共和国传染病防治法》、《中华人民共和国固体废弃物污染环境防治法》和《医疗卫生机构医疗废弃物管理办法》的相关规定进行处置。

一、生物废弃物的概述

（一）生物废弃物的含义

生物废弃物一般可以分为无害性生物废弃物和危害性生物废弃物。无害性生物废弃物主要指农作物秸秆、牲畜粪便、城市绿化废弃物以及部分家政和餐饮废弃物等不具有生物危害性或者生物危害性极低的生物性或生物质废弃物。其研究历史较长，各类处理处置的研究和应用也相对较为成熟。后来随着研究的深入和现代生物技术的飞速发展，危害性生物废弃物逐步将生理学和病理学实验室以及转基因产业产生的危害废弃物包括进来，成为今天广义的危害性生物废弃物。综合目前世界各国对于危害性生物废弃物的相关描述和概括，本文将广义的危害性生物废弃物定义为在工业生产、农业生产、医疗诊治、教学实验、技术研发等过程中产生的，具有较高传染性、较大生物危害性以及较强潜在风险性的生物性废弃物或生物性相关废弃物。而实验室生物废弃物主要为细菌、病毒、衣原体、寄生物、重组物、致敏物、培养的动物细胞以及实验动物感染诊断样本和组织、废弃血样等。

（二）生物废弃物的危害

生物废弃物主要产生于医学、生命科学院校或科研机构的实验室，其多数带有生物活性物质，因此成为引起疾病传播和生物安全隐患的潜在原因。如工程菌因具有抗生素抗性极易在环境中繁殖，致敏物及实验动物废弃物常会引起人类或动物的感染，可能会直接引起疾病的传播，甚至会产生前所未有的突发病例，带来无法应对的灾难。生物废弃物对自然界植物的影响也是巨大的，通过污染地下水源、土壤或直接干扰植物本身，可能会造成植物大面积死亡，引起某些种群植物的消逝灭绝，改变特定区域内的植物群落，造成自然界生态系统的改变，进而影响全球气候变化。转基因植物植株的不合理废弃，可能会引起外源基因漂移，造成超级杂草的出现，同样存在引起特定区域内植物群落改变的危害。

（三）生物废弃物的分类

实验室生物废弃物按照组成一般分为以下 7 类：①人体血液或血液制品、体液、细胞或组织；②培养基及其他相关实验器皿；③微生物类废弃物；④病理学废弃物；⑤重组 DNA 类废弃物；⑥动物尸体或组织等废弃物；⑦锋利物等。生物废弃物按不同性质也可分为 2 大类：第 1 类是源于人体或可感染人、植物、动物的组织和细胞，或被生物危害剂污染的废弃物，包括实验过程中被生物危害剂污染的培养皿、培养液、移液管、Tip 头、生物反应废液、废弃的实验动物、实验动物组织、细胞和血液等，以及感染性培养物、大肠杆菌工程菌株、转基因植物细胞和植株等。第 2 类生物废弃物也被称为类似废弃物，是指未被污染的动物组织细胞、细胞培养物、植物再生植株、培养皿等。生物安全实验室涉及的感染性废弃物主要为医学标本、患者血液和其他体液；实验室的菌毒株以及带有菌毒株污染的物品，如培养基等。

二、消毒灭菌

清洁、消毒、灭菌是实验室生物安全的一个重要内容。其效果直接关系到实验结果的准确性、实验工作人员的健康以及环境的安全。

（一）消毒灭菌的基本概念

1. 消毒（disinfection） 杀灭或清除传播媒介上病原微生物，使其达到无害化的处理（不一定杀灭芽胞）。

2. 灭菌（sterilization） 杀灭或清除传播媒介上所有微生物的处理（包括芽胞）。

3. 消毒剂（disinfectant） 用于杀灭微生物使其达消毒或灭菌要求的化学制剂，但不一定杀灭孢子。消毒剂常用于非生命物体或其表面。

4. 灭菌剂（sterilant） 可杀灭一切微生物（包括细菌芽胞）使其达到灭菌要求的化学制剂。

5. 有效氯（available chlorine） 有效氯是衡量含氯消毒剂氧化能力的标志，是指与含氯消毒剂氧化能力相当的氯量（非指消毒剂所含氯量），其含量用 mg/L 或% 浓度表示。

6. 高效（水平）消毒剂 杀灭所有微生物，除了大量细菌芽胞。

7. 中效（水平）消毒剂 杀灭除了细菌芽胞以外的所有微生物，包括分枝杆菌与亲水病毒。

8. 低效（水平）消毒剂 杀灭多数细菌繁殖体和亲脂性病毒。

（二）实验室消毒和灭菌原则

1. 明确消毒的主要对象 应具体分析引起感染的途径、涉及的媒介物及病原微生物的种类,有针对性地使用消毒剂。

2. 采取适当的消毒方法　根据消毒对象选择简便、有效、不损坏物品、来源丰富、价格适中的消毒方法。

3. 控制影响消毒效果的因素　许多因素会影响消毒剂的作用,而且各种消毒剂对这些因素的敏感性差异很大。所以依据具体的消毒对象选择合适的消毒剂。

4. 消毒顺序　清洁区、半污染区和污染区应分别进行清洁、消毒处理;各区域按先上而下、先左后右的程序,依次进行消毒。

5. 消毒剂量　受结核分枝杆菌、亲水性病毒与芽胞污染的环境与表面以及操作不同的病原微生物前的消毒,选用消毒剂量范围中的高浓度与长时间。受细胞、培养液、体液或血液等有机物污染,有效氯含量加大至5000mg/L。

（三）常用的消毒灭菌方法

1. 干热灭菌法

(1)干烤:利用干烤箱,160～180℃加热2小时,可杀死一切微生物,包括芽胞菌。主要用于玻璃器皿、瓷器等的灭菌。

(2)烧灼和焚烧:烧灼是直接用火焰杀死微生物,适用于微生物实验室的接种针等不怕热的金属器材的灭菌。焚烧是彻底的消毒方法,但只限于处理废弃的污染物品,如无用的衣物、纸张、垃圾等。焚烧应在专用的焚烧炉内进行。

(3)红外线:红外线辐射是一种0.77～1000μm波长的电磁波,有较好的热效应,尤以1～10μm波长的热效应最强。亦被认为一种干热灭菌。红外线由红外线灯泡产生,不需要经空气传导,所以加热速度快,但热效应只能在照射到的表面产生,因此不能使一个物体的前后左右均匀加热。红外线的杀菌作用与干热相似,利用红外线烤箱灭菌的所需温度和时间亦同于干烤。人受红外线照射较长会感觉眼睛疲劳及头痛;长期照射会造成眼内损伤。因此,实验人员至少应戴能防红外线伤害的防护镜。

(4)微波:微波是一种波长为1mm到1m左右的电磁波,频率较高,可穿透玻璃、塑料薄膜与陶瓷等物质,但不能穿透金属表面。微波能使介质内杂乱无章的极性分子在微波场的作用下,按波的频率往返运动,互相冲撞和摩擦而产生热,介质的温度可随之升高,因而在较低的温度下能起到消毒作用。一般认为其杀菌机制除热效应以外,还有电磁共振效应,场致力效应等的作用。消毒中常用的微波有2450MHz与915MHz两种。微波长期照射可引起眼睛的晶状混浊、睾丸损伤和神经功能紊乱等全身性反应,因此必须关好门后才开始操作。

2. 湿热灭菌法

(1)煮沸法:100℃煮沸5分钟,能杀死一般细菌的繁殖体。许多芽胞需经煮沸5～6小时才死亡。水中加入2%碳酸钠,可提高其沸点达105℃。既可促进芽胞的杀灭,又能防止金属器皿生锈。煮沸法可用于饮水和一般器械(刀剪、注射器等)的消毒。

(2)流通蒸汽灭菌法:利用100℃左右的水蒸气

进行消毒,一般采用流通蒸汽灭菌器,加热15～39分钟,可杀死细菌繁殖体。消毒物品的包装不宜过大、过紧以利于蒸汽穿透。

(3)间歇灭菌法:利用反复多次的流通蒸汽,以达到灭菌的目的。一般用流通蒸汽灭菌器,100℃加热15～30分钟,可杀死其中的繁殖体;但芽胞尚有残存。取出后放37℃孵箱过夜,使芽胞发育成繁殖体,次日再蒸一次,如此连续三次以上。本法适用于不耐高温的营养物(如血清培养基)的灭菌。

（4）巴氏消毒法（Pasteurization）：利用热力杀死液体中的病原菌或一般的杂菌，同时不致严重损害其质量的消毒方法。61.1~62.8℃加热半小时，或71.7℃加热15~30秒。

（5）高压蒸汽灭菌法：压力蒸汽灭菌是在专门的压力蒸汽灭菌器中进行的，是热力灭菌中使用最普遍、效果最可靠的一种方法。其优点是穿透力强，灭菌效果可靠，能杀灭所有微生物。目前使用的压力灭菌器可分为两类：下排气式压力灭菌器和预真空压力灭菌器。适用于耐高温、耐水物品的灭菌。

3. 化学消毒灭菌法　利用化学药物渗透细菌的体内，使菌体蛋白凝固变性，干扰细菌酶的活性，抑制细菌代谢和生长或损害细胞膜的结构，改变其渗透性，破坏其生理功能等，从而起到消毒灭菌作用。所用的药物称化学消毒剂。有的药物杀灭微生物的能力较强，可以达到灭菌，又称为灭菌剂。常用化学消毒灭菌方法包括：

（1）浸泡法：选用杀菌谱广、腐蚀性弱和水溶性消毒剂，将物品浸没于消毒剂内，在标准的浓度和时间内，达到消毒灭菌目的。

（2）擦拭法：选用易溶于水和穿透性强的消毒剂擦拭物品表面，在标准的浓度和时间里达到消毒灭菌目的。

（3）熏蒸法：加热或加入氧化剂使消毒剂呈气体，在标准的浓度和时间里达到消毒灭菌目的的方法。适用于室内物品、精密贵重仪器和不能蒸煮或浸泡的物品，均可用此法消毒。①纯乳酸常用于实验室空气消毒。每100m³空间用乳酸12ml加等量水，放入治疗碗内，密闭门窗，加热熏蒸，待蒸发完毕，移去热源，继续封闭2小时，随后开窗通风换气。②食醋（5~10）ml/m³加热水1~2m³，闭门加热熏蒸到食醋蒸发完为止。因食醋含5%醋酸可改变细菌酸碱环境而有抑菌作用，对实验室的空气可进行消毒。还可应用甲醛或过氧乙酸等进行熏蒸灭菌。

（4）喷雾法：借助普通喷雾器或气溶胶喷雾器，使消毒剂产生微粒气雾弥散在空间，进行空气和物品表面的消毒。如用1%漂白粉澄清液或0.2%过氧乙酸溶液作空气喷雾。对细菌芽胞污染的表面，每立方米喷雾2%过氧乙酸溶液8ml，经30分钟（在18℃以上的室温下），可达99.9%杀灭率。

（5）环氧乙烷气体密闭消毒法：将环氧乙烷气体置于密闭容器内，在标准的浓度、湿度和时间内达到消毒灭菌目的。环氧乙烷是广谱气体杀菌剂，能杀灭细菌繁殖体及芽胞，以及真菌和病毒等。穿透力强，对大多数物品无损害，消毒后可迅速挥发，特别适用于不耐高热和温热的物品，如精密器械、电子仪器、光学仪器、书籍文件等，均无损害和腐蚀等副作用。环氧乙烷沸点为10.8℃，只能灌装于耐压金属罐或特制安瓿中。

三、生物废弃物的处理方法

实验室生物废弃物按其性质又分为固体和液体，其处置方法也不尽相同。

（一）固体生物废弃物的处理

《实验室生物安全通用要求》（GB19489-2008）针对不同生物安全等级的实验室废弃物，提出不同处理要求。对于实验室的固体废弃物，要求应在实验室防护区内设置生物安全型压力蒸汽灭菌器，对实验室防护区内不能用压力蒸汽灭菌的物品应有其他消毒及灭菌措施。实验室操作中产生的感染性废弃物应经过压力蒸汽灭菌后方可运离防护区，但经过消毒剂处理的感染性废弃物仍需进行压力蒸汽灭菌处理。

在实验室工作中，根据实验对象及消毒物品的不同选择不同的消毒剂，但有些消毒剂在使用过程中会对压力蒸汽灭菌器以及环境产生较大的影响。如含氯消毒剂、过氧化氢等高效消毒剂,可很快杀灭病原微生物。这类消毒剂的消毒效果是通过氧化作用实现的,在高温、高压条件下,其氧化能力会进一步增强,造成压力蒸汽灭菌器甚至实验室围护结构的氧化,从而降低灭菌器的使用寿命,也可能破坏实验室的密封性。另外,有些消毒剂如醛类,在压力蒸汽灭菌过程中会产生大量刺激性气味,对环境和工作人员不利。实验室实验操作中产生的固体废弃物应尽量避免采用氧化性和刺激性强的消毒剂。根据实验室操作的病原微生物特性,经过实验测试,选择环境友好的消毒剂。

(二)液体生物废弃物的处理

液体感染性废弃物是实验室操作中产生的主要废弃物之一。《实验室生物安全通用要求》提出实验室应使用可靠的方式处置液体感染性废弃物。实验室所有的液体感染性废弃物需经过压力蒸汽灭菌后方可排出,且切实达到灭菌效果。

应使用硬质、防漏且耐高温高压的容器盛装液体感染性废弃物,以防止液体意外泼洒,同时也便于表面消毒。实验结束后,容器口密封后方可移出生物安全柜,以免液体或气溶胶外溢;但在进行压力蒸汽灭菌前应适当松开容器口,以利蒸汽进入(注意个人防护)。实验过程如采用消毒剂对液体感染性废弃物进行消毒,除前面提及的对灭菌器的影响因素外,还应考虑液体对消毒剂的稀释作用,确保消毒剂浓度达到消毒效果。液体感染性废弃物经压力蒸汽灭菌时,切忌采用真空模式,以防未经灭菌的液体被抽离灭菌器内室,对灭菌器管道造成损害;动物尸体或器官灭菌时,也不宜采用真空模式,以防油脂或体液堵塞灭菌器管道,应采用缓慢进、排气方式。

(三)微生物污染的废液处理

通常采用热力消毒灭菌法与化学药剂消毒灭菌法。热力消毒灭菌法,通过处理设备的加热使废水温度升高,达到或超过某些有害微生物存活温度的最高极限,从而杀灭它们。化学药剂消毒灭菌法,利用化学药剂对废水中的有害微生物进行杀菌消毒处理。热力消毒灭菌具有效果可靠、对自然环境无污染、操作使用方便且易于控制的优点,而化学药剂消毒灭菌具有种类多且选择面大、杀菌力强、杀菌谱广、但对环境有再次污染的可能性的特点,因此,可以采用热力和化学药剂相结合的消毒灭菌方式,各取其利,安全有效地处理此类废液。

(四)含外来物种的废液的处理

对于含有外来物种的一些废液,要先将外来物种清除干净。而对于废液中的繁殖体根据其生物学特性,采取相应的措施将其中的卵或孢子灭活杀死。另外,对一些微生物致病菌可采用微生物污染废液处理原则所述的方法进行处理。

(五)消毒灭菌后生物废弃物的处置

实验室生物废弃物的成分和性状相对复杂,是实验室废弃物中最具综合性的一类,必须对生物危害性废弃物产生至焚烧处理全过程进行严格管理。为了保证实验室安全,对生物危害性废弃物的管理考虑如下:

1. 应确保生物性废弃物经灭菌处理后方可移出防护区,任何消毒灭菌处理的手段都应经过验证,而不应由操作人员随意选定。压力蒸汽灭菌器需定期由具资质的第三方卫生管理机构检测和备案,并时常进行灭菌生物学自检,以保证灭菌的有效性。

2. 实验室内应配备标志醒目的分类收集容器,并对所有操作人员进行分类收集指导。生物废弃物收集容器如果需要连同感染性内容物共同就地灭菌和进行室外运输,按照国家规定,容器应具有不易破裂、防渗漏、耐高温高压和可密封特性。尤其是锐器收集容器,本身需兼具保护实验者的功能,制造材料更需有韧性,耐扎耐划。

3. 实验室内不允许堆积贮存生物性废弃物,管理人员应及时清理处置。根据《医疗卫生机构医疗废弃物管理办法》要求,医疗废弃物贮存不得超过 2 天。在废弃物转运过程中,操作人员需做好相应的个人防护。

4. 生物性废弃物视同医疗废弃物,以集中处理为原则,采用焚烧方式处理。应交由具有生物性废弃物焚化资质的公司执行,同时接受当地卫生主管部门和环境保护部门监督。

第四节　放射性污染物的处理

一、放射性污染物的概述

(一)放射性污染物的含义

放射性污染物是指各种放射性核素污染物。由核工业、核动力、核武器生产和试验以及医疗、机械、科研等单位在放射性核素应用时排放的含放射性物质的粉尘、废水和废弃物。其中常见的放射性元素有镭(^{226}Ra)、铀(^{235}U)、钴(^{60}Co)、钋(^{210}Po)、氘(^{2}H)、氩(^{41}Ar)、氪(^{35}Kr)、氙(^{133}Xe)、碘(^{131}I)、锶(^{90}Sr)、钷(^{147}Pm)、铯(^{137}Cs)等。放射性物质能放射出穿透力很强、人类感觉器官不能觉察到的射线。这些射线对人体健康的损害与接触放射性物质的剂量有关,与大剂量放射性物质接触时能严重损害人体健康。我国于 2007 年 3 月 1 日起实施《放射性核素与射线装置安全评定管理办法》,明确规定了放射性物质的安全管理。随着放射性物质与仪器在实验应用方面的日益发展,实验室放射性废弃物量迅速增加,因此,控制和防止实验室放射性废弃物污染,是保护实验室人员与环境的一种重要方面。

(二)放射性污染物的危害

在大剂量的照射下,放射性物质对人体和动物存在着某种损害作用。如在 4Gy 的照射下,受照射的人有 5% 死亡;若照射 6.5Gy,则人 100% 死亡。照射剂量在 1.5Gy 以下,死亡率为零,但并非无损害作用,往往需经 20 年以后,一些症状才会表现出来。放射物产生的电离辐射能杀死生物体的细胞,妨碍正常细胞的分裂和再生,并引起细胞内遗传信息的突变。人体受到射线过量照射所引起的疾病称为放射性病,分急性和慢性两种。急性放射性损伤:照射超过 1Gy 时可引起急性放射病或局部急性损伤;在剂量低于 1Gy 时,少数人可出头晕、乏力、食欲下降等轻微症状;剂量在 1～10Gy 时,出现以造血系统损伤为主;剂量在 10～50Gy 出现以消化道症状为主,若不经治疗,在两周内可 100% 死亡;50Gy 以上出现脑损伤症状为主,可在 2 天死亡。慢性放射性损伤:受辐射的人在数年或数十年后,可能出现白血病、恶性肿瘤、白内障、生长发育迟缓、生育能力降低等远期躯体效应;还可能出现胎儿性别比例变化、先天畸形、流产、死产等遗传效应。

二、放射性实验室的去污

(一)去污的基本概念

1. 去污的定义

去污是用物理、化学或生物的方法去除或降低放射性污染过程。从广义来说,去污就是把放射性物质从不希望其存在的部位去除或全部去除。去污实际上只是改变了放射性核素存在形式和位置,可用式 4-1 表示:

$$S * C' + D \longrightarrow S + D * C' \tag{4-1}$$

式中,$S * C'$为被污染的物体;C'为污染的放射性核素;D为去污剂;$D * C'$为二次废弃物;S为经过去污净化的物体。

从式4-1可以看出,去污并未从根本上消除放射性核素,只是放射性核素存在的位置或方式发生了改变,去污过程会产生二次废弃物。

2. 去污的作用和意义

(1)降低放射性水平,减少实验人员受照剂量,保护公众和环境;

(2)便于维修和拆卸活动,降低屏蔽和远距离操作的要求;

(3)降低或消除对探测的干扰影响;

(4)使设备、工具、材料、建筑物和场址有可能再利用;

(5)减少废弃物贮存、运输和处置的费用;

(6)减少需要处置废弃物的体积或使废弃物可以降级处置;

(7)有可能回收易裂变材料;

(8)方便事故处理。

3. 去污方法选择原则　放射性污染物可能是离子、分子态,颗粒物或胶体。污染核素的载体可能是垢物、氧化膜层、油漆或涂料。放射性污染的形成机制,可以分为:①沉积和附着作用;②吸附和离子交换作用;③表面静电作用;④扩散渗透作用。根据放射性污染的形成机制,去污方法的选择要重视安全性、经济性和可实现性,应优选:①去污效率高,能够快速有效地去除放射性;②安全可靠,没有或者有少量有害物释入环境,无燃爆危险;③不会因腐蚀而导致泄露;④产生二次废弃物少,二次废弃物易于处理与处置;⑤适合实验室情况和条件;⑥设备易得,操作简便;⑦成本较低。理想的去污工艺,应有最大的去污因子、最少的二次废弃物、最少的受照剂量和环境影响。

(二)放射性实验室的去污方法

放射性实验室的去污方法主要有:机械-物理法、化学法、电化学法、熔炼法、生物法。在实际操作过程中这些方法又是可以交叉、复合使用的。

1. 机械-物理法　机械法是利用擦、刷、磨、刮、削、刨、共振等作用去除物体表面的锈斑、污垢或表面涂层、氧化膜。主要包括:吸尘、冲洗(水洗、去污剂洗涤)、机械擦拭、高压射流、超声去污、激光去污和等离子体去污等。

(1)高压射流去污:高压射流是指利用射流的打击、冲蚀、剥离、切除等作用来除垢、除锈斑、清焦和清洗,去除污染的放射性核素。高压射流特别适合于难以实现擦洗的物体或擦洗工作量太大的物体表面的去污。对水磨石地板、油漆地面、塑料地面的去污效果较差。为了提高去污率,在高压水中加入化学试剂,还有用高压喷射蒸汽,或喷射砂、干砂、氧化铝、锆氧砂、微钢珠、塑料珠、干冰等磨料。

(2)超声去污:超声去污是利用超声的空化效应、加速度效应、声流效应对清洗液和污垢的直接和间接作用,使垢层分散、乳化、剥离,而达到去污目的。超声去污的主要作用是空化效应。超声波空化气泡瞬时破裂,会产生上千个大气压的冲击力,破坏污染物,并使他们分散在清洗液中,去污效果很好。适用于阀芯、阀杆、泵、过滤器花板、切割工具等小工件和仪表杆的去污。去污效果好、效率高、二次废弃物少、可远距离操作。

2. 化学法　化学法是利用化学药剂溶解除去放射性污染物。化学法基于溶解、氧化、还原、配合(络合、螯合)、钝化、缓蚀、表面湿润等化学作用,除去带有放射性核素的污垢物、

油漆涂层、氧化膜层,保护基体材料。常用的化学去污方法有:

(1)化学凝胶去污法:将化学凝胶用作去污剂的载体,喷涂在待去污物体的表面上。使去污剂与污染表面维持较长时间的接触。作用一定时间后,用水漂洗或通过喷淋除去凝胶物,物体表面得到去污。此法优点是二次废弃物量较少。

(2)泡沫去污法:泡沫去污将去污剂和湿润剂加压喷涂在待去污的物体的表面,形成泡沫层,使去污剂与污染表面维持较长时间的接触。经过一定时间后,用水漂洗或喷淋,除去泡沫得到表面去污。

(3)可剥离膜去污法:利用由化学去污剂和成膜剂做成的具有多种官能团的高分子膜进行去污。因为加入各种络合剂、乳化剂、浸润剂,可剥离膜有较强的去污能力和成膜性能,成膜前它是一种高分子溶液或水性分散乳液,用喷雾法或涂刷法将其施加于待去污物体的表面,干燥后成膜。成膜过程中高分子链上的官能团以及其中的络合剂与污染核素发生作用,污染核素萃取进膜中,剥掉涂膜便达到去污目的。

(4)超临界萃取去污法:超临界萃取去污是用超临界流体萃取核素。超临界流体是处于临界温度和临界压力以上的流体,它兼有气、液双重特性。既有气体的高扩散性、低粘性、可压缩性和渗透性,又有与液体相近的密度和溶解能力。

3. 电化学去污

电化学去污是利用电解或电抛光技术,在电回路中的直流电作用下发生阳极溶解除去金属表面的薄膜层,这相当于电镀的相反过程。污染物作为阳极,电解槽作为阴极,通过高密度电流(100~2000)A/m^2 不断更新电解液,不仅除去金属表面污染物,还使得其表面变得光滑。电化学去污也可在充满电解液的管道内,用一移动电极进行抛光。电化学去污方式有:①浴式浸泡法适于小件物品;②电解隔离法适用于局部区域(如部分工具或部件)或很大的表面;③电解液抽吸法适用于反应堆主回路部件(如蒸汽发生器管头、管道)或其他与安全有关的部件。

4. 生物去污法 除细胞壁和细胞膜的吸附作用、沉积作用、离子交换作用、诱捕作用外,微生物的去污净化功能还可能因为具有:①甲基化作用;②脱羟作用;③氧化还原作用;④催化作用;⑤降解作用;⑥有些细菌能产生 H_2S,有些细菌能产生 HPO_4^{2-},对溶度积小和容易形成硫化物、磷酸盐沉淀的元素就容易被沉淀下来;⑦有些微生物能吞噬顺磁性或铁磁性元素的硫化物或磷酸盐,因此通过微生物可用强磁性分离器达到分离和浓缩。生物去污法选择性强,适用于大体积、低浓度的放射性、重金属和有机污染物的去污。

(三)人体的放射性污染去污

人体污染是体表污染放射性核素或放射性核素通过吸入、食入以及伤口、皮肤进入体内。较多发生的是因与放射性物质接触而造成的体表的污染,而主要危害则是放射性核素进入体内。

主要的去污方法:擦洗、刷洗、冲洗等。去污考虑因素:①具有高的去污效果;②对皮肤刺激小,对机体无伤害;③不促进体表对放射性核素的吸收;④去污剂温度以 40℃ 为宜;⑤去污次数不宜过多,以免损伤皮肤黏膜。体表污染核素不明了,又难以去除时,可用 6.5% 高锰酸钾水溶液或 0.4mol/L 硫酸溶液刷洗 3~5 分钟,再用 10%~20% 盐酸羟胺刷洗 2~3 分钟,一般均可除去污染。

服用促排剂对消除或降低放射性核素的体内污染有一定效果,理想的放射性核素促排剂应符合以下条件:①在人体的 pH 环境中能形成配合物;②形成的配合物稳定性高;③毒性低;④不参与人体代谢过程,也不发生任何变化;⑤易经肠胃吸收且通过细胞膜。如 DT-PA(乙二烯三胺五乙酸)是效果好、用途广的配合剂。碘化钾是碘体内污染时最有效的促排药物。

三、放射性污染物的处理

放射性废弃物中的放射性物质,采用一般的物理、化学及生物学的方法都不能将其消灭或破坏,只有通过放射性核素的自身衰变才能使放射性衰减到一定的水平。而许多放射性元素的半衰期十分长,并且衰变的产物又是新的放射性元素,所以放射性废弃物与其他废弃物相比在处理和处置上有许多不同之处。

(一)放射性废水的处理

放射性废水的处理方法主要有稀释排放法、放置衰变法、混凝沉降法、离子变换法、蒸发法、沥青固化法、水泥固化法、塑料固化法以及玻璃固化法等。

(二)放射性废气的处理

1. 实验过程中所产生废气、粉尘,一般可通过改善操作条件和通风系统得到解决。

2. 实验室放射性废气,通常是进行预过滤,然后通过高效过滤后再排出。

3. 燃料后处理过程的废气,大部分是放射性碘和一些惰性气体。

(三)放射性固体废弃物的处理和处置

放射性固体废弃物主要是被放射性物质污染而不能再用的各种物体。处理方法主要有:

1. 物理法

(1)吸尘法:用真空吸尘器吸除降落在物件表面上的污染物。此法简单易行,但对固定性的核污染去除的效果较差。

(2)机械擦拭法:利用特殊设计的设备对不复杂污染面进行远距离擦拭或打磨,并配备排气净化系统除去擦拭过程中产生的气溶胶。

(3)高压喷射法:利用高压喷头射出水或者蒸汽,用机械力破坏污染层,压力可高达 $1000kg/cm^2$。也可在水或压缩空气中加入氧化铝、碳化硅、钢、玻璃等磨料,用磨料冲刷受污染表面,达到去污的目的。但这些磨料不但会损伤设备表面,而且会造成二次污染。

(4)超声法:该法利用 18~100kHz 机械振动在固液交界面产生空化作用达到去污的目的,但受容器尺寸的限制。

2. 化学法 化学去污就是利用化学清洗剂溶解带有放射性核素的污腻物、油漆涂层或剥离氧化膜层,从而达到去污的目的。所用化学药品包括无机酸类、有机酸类、氧化还原类、螯合剂类、碱类、表面活性剂以及溶剂、缓蚀剂、促进剂等。去污效果与去污剂种类、浓度、作用时间、湿度、搅拌情况等很多因素有关。一般多种清洗剂交替去污比单一清洗剂连续重复使用效果好。更换去污剂时,漂洗不可少,以防止试剂相互干扰。

3. 电化学法 该法将去污部件作阳极,电解槽作阴极,在电流作用下污染表面层均匀溶解,污染核素进入电解液中。此方法去污效率高,电解液可重复使用,二次废弃物量少,可用于结构复杂部件去污,可远距离操作,在 1000~2000A 电流下可使部件表面光滑均匀,但费用大,需严格控制操作,不能对非金属部件去污。

4. 物理-化学联用法 该法利用化学药剂的溶解作用加之机械力去除放射性污染物,相对单一的方法效果要好得多。

5. 微生物清除方法　微生物清除技术,是一种把自然存在的生物损害性行为转变为有用活动的方法。Tbiobacilli 是所知能使混凝土受到"微生物作用裂解"的 3 种细菌中的 1 种,在其生存过程中会制造一种腐蚀性副产品——硫酸,在侵蚀混凝土表面的同时能松弛污染层。该方法的缺点是速度较慢,但对某些目前还不能处理的放射性污染,微生物清除法还是一个很好的选择。

6. 焚烧处理　焚烧是目前国际上广泛采用的处理可燃放射性废弃物的有效方法之一。针对被放射性污染的纤维类物质、塑料、橡胶类物质、有机离子交换树脂、废有机溶剂等可燃性的废弃物,可采用焚烧进行处理,以达到大大减容的目的,最后再对焚烧后所得的焚灰进行水泥固化,以便进行最终处置。焚烧虽然有很好的减容效果,但只能用于可燃的核废弃物处理,并且费用较昂贵。

7. 压缩处理　将可压缩的放射性固体废弃物装进金属或非金属容器并用压缩机紧压。体积可显著缩小,废纸、破硬纸壳等可缩小到 1/3 ~ 1/7。玻璃器皿先行破碎,金属物件则先行切割,然后装进容器压缩,也可以缩小体积,便于运输和贮存。这种方法虽然可以将受放射性污染的设施一并处理,减少向环境的转移,但压缩后体积较庞大,后续处理较麻烦,处理成本相对较大。

8. 掩埋处理　选择埋藏地点的原则是:对环境的影响在容许范围以内;能经常监督;该地区不得进行生产活动;埋藏在地沟或槽穴内能用土壤或混凝土覆盖等。场地的地质条件须符合:①埋藏处没有地表水;②埋藏地的地下水不通往地表水;③预先测得放射性在土壤内的滞留时间为数百年,其水文系统简单并有可靠的预定滞留期;④埋藏地应高于最高地下水位数米。

本 章 小 结

妥善处理废弃物不仅是实验室重要的工作内容,也是保护环境、保证工作人员的健康和安全的重要任务。了解实验室废弃物的分类及危害,并理解掌握化学废弃物包括气体、液体和固体化学废弃物、生物废弃物和放射性废弃物的种类及处理方法,有助于顺利完成实验室工作。

复习思考题

1. 实验室废弃物的含义是什么？如何分类？
2. 实验室化学废弃物如何处理？
3. 实验室生物废弃物的处理步骤有哪些？
4. 实验室放射性污染物来源有哪些？如何处理？

（汪保国）

第五章　实验室意外事故处理

实验室中,工作人员会接触或使用到某些病原微生物、危险化学试剂或放射性物质等危险性物质,若实验过程操作不当,就可能会引起意外事故。所以,在实际工作中,一方面应加强实验室安全管理,尽量避免意外事故发生;另一方面当发生实验室意外事故时,应根据不同情况采取相应处理措施,争取将实验室的人身伤害、财产损失减到最小。

第一节　实验室意外事故应急方案

实验室工作人员在发生意外事故后,应根据污染物的生物安全危害程度和暴露程度,立即对意外暴露人员进行现场紧急医学处置,消除或尽量降低污染物对暴露人员的人身伤害。同时对污染区域进行有效处理和控制,以便最大程度避免污染物对周围人员和环境的污染。必要时,还需进行暴露人员的医学观察和流行病学调查。在 P3 和 P4 级生物安全实验室,还必须制订相应的意外事故应急方案。

一、意外事故应急方案中应包含以下操作规范

1. 防备自然灾害,如火灾、洪水、地震和爆炸。
2. 生物危害的危险度评估。
3. 意外暴露的处理和清除污染。
4. 人员和动物从现场的紧急撤离。
5. 人员暴露和受伤的紧急医疗处理。
6. 暴露人员的医疗监护。
7. 暴露人员的临床处理。
8. 流行病学调查。
9. 事故后的继续操作。

二、制订意外事故应急方案时应考虑的问题

1. 高危险度等级微生物的鉴定。
2. 高危险区域的地点,如实验室、储藏室和动物房。
3. 明确处于危险的个体和人群。
4. 明确责任人员及其责任,如生物安全官员、安全人员、地方卫生部门、临床医生、微生物学家、兽医学家、流行病学家以及消防和警务部门。
5. 列出能接受暴露或感染人员进行治疗和隔离的单位。
6. 暴露或感染人员的转移。

7. 列出免疫血清、疫苗、药品、特殊仪器和物资的来源。

8. 应急装备的供应,如防护服、消毒剂、化学和生物学的溢出处理盒、清除污染的器材物品。

第二节 实验室意外事故应急处理方法

一、化学实验意外事故的处理

化学实验意外事故发生的原因有:①违反操作规定;②试剂用量不当,有的反应虽然剧烈,但试剂量小并无危险,用药量过大才会发生危险,如金属钾与水的反应,若金属钾用量过多,反应过于剧烈,会立即引起燃烧爆炸,反应液溅到体表皮肤上,易引起灼伤;③试剂中混入杂质、药品不纯或操作中混入杂质,都可能引发意外事故;④使用失落标签、未经鉴定的试剂。

(一)化学试剂中毒的应急处理

化学试剂中毒的主要原因有:①呼吸道吸入有毒物质的气体或蒸汽;②有毒药品通过皮肤吸收;③误食有毒药品或被有毒物质污染的食物或饮料。实验中若出现咽喉灼痛、嘴唇发绀,胃部痉挛或恶心呕吐、心悸等症状,可能系化学试剂中毒所致。

急性中毒往往发展迅速,因此必须争分夺秒,及时抢救。现场急救的原则:①救护者进入毒区抢救时,应佩戴防毒面具或氧气呼吸器,穿好防护服;②切断毒物源,防止毒物继续外溢造成人身伤害;③采取有效措施防止毒物继续入侵体内。毒物从呼吸道进入时,应立即将中毒者转移到室外,解开衣领和纽扣,让其头部侧偏以保持呼吸畅通。毒物进入眼中时,应用冲眼器冲洗15分钟毒物经口腔引起中毒时,可根据具体情况和现场条件进行紧急处理;④早期、足量使用解毒剂。若无特效解毒剂,应想办法尽快使毒物排出体外;⑤急救时,如遇呼吸失调或休克者,应立即进行人工呼吸(但不要用口对口法)。

不同类型化学试剂引起中毒的应急处理方法不尽相同(表5-1),如砷中毒者应立即送医不得延误;其他化学试剂中毒者在接受紧急处理后,都应及时送往医院进行治疗。

表5-1 某些常见化学试剂中毒的应急处理方法

化学试剂	应急处理方法
强酸	误食后,应立即服氧化镁悬浮液、牛奶及水等,迅速将毒物稀释。然后再吃十几个生鸡蛋作为缓和剂。不得使用碳酸钠或碳酸氢钠
强碱	误食后,应立即服用稀的食用醋(1份食用醋,加4份水)或鲜橘子汁
汞	误食后,应立即洗胃,也可先口服生蛋清、牛奶或活性炭;导泻用50%的硫酸镁
氰化物	吸入氰化物后,应立即将患者转移到室外空气新鲜的地方,使其横卧;然后将沾有氰化物的衣服脱去,立即进行人工呼吸。误食后,用手指或匙子柄摩擦患者喉头或舌根进行催吐。无论吸入或误食,每隔2分钟给中毒者吸入亚硝酸异戊酯15~30秒,重复5~6次;再给中毒者饮用硫代硫酸盐溶液进行解毒
氯气	立即将患者转移到室外空气新鲜的地方。若眼睛受到刺激,可用2%的苏打水冲洗;咽喉疼痛时可吸入2%苏打水的蒸汽

化学试剂	应急处理方法
硫化氢	立即将患者转移到室外空气新鲜的地方。若眼睛受刺激,可用2%的苏打水冲洗,湿敷饱和的硼酸液和橄榄油
酚类	误食后,应立即给患者饮自来水、牛奶或吞食活性炭;然后应反复洗胃或进行催吐;再口服60ml蓖麻油和硫酸钠溶液(将30g硫酸钠溶于200ml水中)。千万不可服用矿物油或用乙醇洗胃
甲醛	误食后,应立即服用大量牛奶,再用洗胃或催吐等方法进行处理,待吞食的甲醛排出体外,再服用泻药。如果可能,也可服用1%的碳酸铵水溶液

(二)化学试剂灼伤的应急处理

化学灼伤是因为皮肤直接接触强腐蚀性物质、强氧化剂、强还原剂,如浓酸、浓碱、氢氟酸、溴等引起的局部外伤。被化学试剂灼伤时,应先对灼伤部位及周围皮肤进行冲洗,再用中和剂进行中和,以去除化学试剂对皮肤的影响。同时注意保护创面,不要弄破水疱。根据试剂性质及伤者灼伤程度的不同,采取的处理措施略有不同(表5-2)。伤势严重者,处理后还应立即送往医院。

表5-2 化学试剂灼伤的应急处理方法

化学试剂	应急处理方法
酸类	用大量水冲洗10~15分钟,再用饱和碳酸氢钠溶液或肥皂液进行洗涤,最后再用水冲洗。但当皮肤被草酸灼伤时,应当使用镁盐或钙盐进行中和
碱类	尽快用水冲洗至皮肤不滑为止。再用稀醋酸或柠檬汁等进行中和。但当皮肤被氧化钙灼伤时,则应先用油脂类的物质除去生石灰,再用水进行冲洗
氢氟酸	先用大量冷水冲洗至伤口表面发红,然后用50g/L的碳酸钠溶液洗,再以2:1的甘油和氧化镁悬浮剂涂抹,并用消毒纱布包扎
溴	应立即用2%硫代硫酸钠溶液冲洗至伤处呈白色;或先用乙醇冲洗,再涂甘油
酚类	应先用酒精洗涤,再涂上甘油

二、生物实验意外事故的处理

生物实验意外事故主要指实验人员在操作具有感染性或潜在感染性生物因子时,所发生的危害性气溶胶的释放、感染性物质的溢出、感染性物质的食入、锐器划伤及刺伤等;实验动物抓伤、咬伤也比较常见。意外事故可因操作不当、管理不善或仪器设备突然发生故障等原因造成。处理时应尽快消除污染,救治受伤者,做好清理人员的防护、环境保护以及相应的记录,同时通知实验室负责人和生物安全负责人,必要时,应及时向上级相关部门报告。所有的处理方式均应防止气溶胶的产生,被清除的物质均应按废弃物处理的方式进行处理。

1. 潜在感染性物质的食入 应立即脱下受害人的防护服,根据所食入感染性物质的危害等级,进行必要的医学处理。报告食入材料的鉴定和事故发生的细节,保留完整适当的医疗记录。

2. 潜在危害性气溶胶的释放(在生物安全柜以外) 所有人员须立即撤离相关区域,封闭污染区域,张贴"禁止进入"的标志,在一定时间内(例如 1 小时;没有中央通风系统的实验室需 24 小时)严禁人员进入。待气溶胶排出、较大的粒子沉降后,在生物安全负责人的指导下,清理人员穿戴适当的防护服和呼吸保护装备进行污染物的清除。任何暴露人员均应接受医学咨询。

3. 容器破碎及感染性物质的溢出　应立即用布或纸巾覆盖被感染性物质溢洒的破碎物品或污染区域,倾倒足量、有效的消毒剂,作用足够时间后,将覆盖物以及破碎物品清除,再用消毒剂擦拭污染区域。玻璃碎片应用镊子清理后,弃置于防刺破的容器中;已污染的布、纸巾和抹布等应投入盛放污染性废弃物的容器内,按废弃物处理的方式进行处理;如用簸箕清理破碎物,应将其高压灭菌或置于有效的消毒液内浸泡消毒;若实验表格或其他打印或手写材料被污染,应将信息复制后,再将原件置于盛放污染性废弃物的容器内,按废弃物处理的方式进行处理。以上所有操作,都要求戴手套,穿着适当的个人防护装备。处理完毕后,需对手套和个人防护装备进行无害化处理。

4. 盛有潜在感染性物质的离心管发生破裂　如果在离心机运行过程中,离心管发生破裂或怀疑发生破裂时,应关闭机器电源,机器密闭适当时间(如 30 分钟),使气溶胶沉降;如果在机器停止运行后发现破裂,不要打开盖子或立即将盖子盖上,并密闭适当时间(如 30 分钟),同时通知生物安全负责人。应使用镊子或用镊子夹着棉花清理玻璃碎片。所有破碎的离心管、玻璃碎片、离心桶、十字轴和转子应放入无腐蚀性的、已知对污染微生物具有杀灭活性的消毒剂内进行消毒;未破损的带盖离心管应放在另一个装有消毒剂的容器中,消毒后回收。离心机内腔应用适当浓度的同种消毒剂多次擦拭,再用水冲洗后干燥。清理时,应戴结实的手套(如厚橡胶手套),必要时在外面再戴适当的一次性手套。使用的全部材料都应按感染性废弃物处理。

若在可封闭的离心桶(安全杯)内发生离心管破裂,所有的密封离心桶应在生物安全柜内装卸。怀疑发生破损的,应打开盖子,松开固定部件,将离心桶高压灭菌,或采用化学消毒法进行消毒处理。

5. 生物安全柜内生物危害物品溢出　生物安全柜中发生生物危害物品溢出时,应在安全柜处于工作状态下进行清理,清理时应穿实验服,戴安全眼镜和手套。发生少量喷洒时,应立即用浸泡消毒剂的消毒纸巾(毛巾)吸附溢出物,保证一定的接触时间(至少 20 分钟),并用同样的消毒纸巾擦拭安全柜内壁、工作台表面和柜内所有设备。可回收的被污染物品应放入生物危害物回收袋或高压灭菌袋中,进行消毒或清理。对无法进行高压灭菌的物品,应用消毒剂进行至少 20 分钟的消毒处理后,再拿出安全柜。最后脱下个人防护服并放进污染物收集袋中进行高压灭菌处理。发生大量溢出时,应将安全柜内所有物品进行表面消毒后拿出安全柜,在确认安全柜的排水阀关闭后,可将消毒液倒在工作台面上,使消毒液通过格栅流到排水盘上,作用一定时间后进行处理,必要时可使用消毒剂熏蒸。处理时,应选择有效的消毒剂,且尽可能减少气溶胶的产生。若所要清理的物品达到Ⅱ级生物安全水平或者更高,应联系生物安全办公室负责人。

6. 使用消毒剂进行处理的具体步骤　用干纸巾覆盖溢出物后,再放上浸有消毒液的纸巾,使消毒剂包围溢出物,并确保消毒剂与污染溢出物能充分接触,尽可能减少气溶胶的形成;对溢出物附近的所有物品进行消毒处理时,需达到规定的作用时间,以充分发挥消毒剂的消毒作用;使用正确的消毒剂擦拭设备,并按照正确的生物危害物处理程序处理被污染的物质。

7. 黏膜、结膜、皮肤污染　应用大量流水或生理盐水彻底冲洗污染部位,皮肤还可用肥皂清洗、75% 酒精消毒等。如果接触的是特殊标本,应特殊处理。

8. 衣物、物体表面污染　尽快脱掉被污染的衣物,进行消毒处理。必要时,对污染发生地进行消毒。

9. 动物抓伤、咬伤　被实验动物抓伤、咬伤时,应立即做好以下处理:

(1)清洗伤口:尽快用20%的肥皂水彻底冲洗伤口至少30分钟,边冲洗边挤压伤口,最后用清水洗净。

(2)处理伤口:用75%酒精或2%~3%碘酒反复擦洗消毒伤口,处理后的伤口不需包扎,勿涂软膏。

(3)预防接种:必要时在伤口周边注射狂犬病抗血清,尽快接种狂犬病疫苗,越早接种效果越好。

三、实验室意外起火的应急处理

(一)实验室意外起火原因

1. 电气设备原因　如电气设备发生超负荷、短路、接触不良、绝缘下降、电线老化等故障时,会产生电热和电火花,引燃周围可燃物致意外起火。

2. 化学试剂原因　如易自燃的化学试剂因保管和使用不善发生自燃;某些化学反应放热(如金属钠与水的反应)引起燃烧甚至爆炸;易燃易爆等化学试剂意外泄漏后遇火花或明火引起燃烧或爆炸等。

3. 实验室工作人员违反操作规程或操作失误导致意外起火。

4. 使用明火或吸烟不慎,引起易燃物燃烧起火等。

(二)实验室意外起火防控措施

实验室起火或爆炸时,现场工作人员应立即采取一定的处理措施,以防止火势蔓延,并迅速报告。要立即切断电源,打开窗户,熄灭火源,移开尚未燃烧的可燃物,根据起火或爆炸的原因、火势大小、燃烧物的性质、周围环境和现有条件等,采取相应的灭火措施。

1. 火势不大　地面、实验台面、反应器、有机溶剂和油脂类物质等着小火时,可用湿布、灭火毯或砂土覆盖燃烧物,使之隔绝空气,即可灭火。有机溶剂和油脂类物质还可撒上干燥的碳酸氢钠粉末灭火。

2. 火势较大　用灭火器灭火。尽量在第一时间内集中邻近所有灭火器,对准重要火点,抓住战机把火扑灭。常用的灭火器有:①泡沫灭火器:生成二氧化碳及泡沫,使燃烧物与空气隔绝,灭火效果较好,但电气设备起火时不适用,以免触电;②二氧化碳灭火器及干粉灭火器:使用时不损坏仪器,不留残渣,对于通电仪器也可使用,适用于电气设备起火;③四氯化碳灭火器:适于扑灭带电物体起火,四氯化碳蒸气有毒,应在空气流通的情况下使用。但当钾、钠或锂等金属着火时,不能用水及泡沫、二氧化碳、四氯化碳灭火器灭火,可用石墨粉扑灭。

3. 火势过大　应及时拨打119报警求救,同时做好人员疏散工作。现场指挥人员应保持沉着冷静,稳定好人员情绪,维护好现场秩序,组织有序疏散,防止惊慌造成挤伤、踩伤等事故。

4. 衣服着火　切勿奔跑,那样会由于空气的迅速流动而使火越烧越旺,还会把火种带到其他场所。应迅速脱掉着火的衣服,浸入水中或用脚踩灭;如果火势太猛来不及脱衣服,也可以倒在地上打滚,把身上的火苗压灭。

四、烧伤、烫伤的应急处理

烧伤应急处理程序:

1. 迅速脱离致伤源　应迅速脱去燃烧的衣服,或就地卧倒打滚压灭火焰,或以水浇灭火焰。切忌站立呼喊或奔跑呼叫,以防头面部、呼吸道损伤进一步加剧。

2. 立即冷疗　冷疗是用冷水冲洗、浸泡或湿敷。烧伤后,为了防止发生疼痛和损伤细胞,应迅速采用冷疗方法进行紧急处理,一般在 6 小时内有较好的效果。冷却水的温度应控制在 10 ~ 15℃为宜,冷却时间至少要 0.5 ~ 2 小时左右。对于不便洗涤的脸及躯干等部位,可用自来水润湿 2 ~ 3 条毛巾,包上冰片,敷在烧伤面上,并经常移动毛巾,以防同一部位过冷;若患者口腔疼痛,可口含冰块。

3. 保护创面　现场烧伤创面无需特殊处理,但应尽可能保持水疱完整性,不要撕去腐皮,同时用干纱布进行简单包扎即可。创面忌涂有颜色药物及其他物质,如甲紫、红汞、酱油等,也不要涂膏剂,如牙膏等,以免影响对创面深度的判断和处理。伤势较重者应立即送往医院进行治疗。

烫伤与烧伤的病理生理类似,处理原则基本相同。如伤势较轻,涂上苦味酸或烫伤软膏即可;如伤势较重,不能涂烫伤软膏等油脂类药物时,可撒上纯净的碳酸氢钠粉末,并立即送医院治疗。

五、割伤、刺伤的应急处理

实验室中最常见的外伤是由锐器或玻璃仪器破碎造成的割伤或刺伤。受伤后应及时清洗双手和受伤部位,消毒创面,必要时接受进一步的医学处理。针头刺伤后的危险性因素包括:伤口的深度、有可见的血液从伤口溢出、针头刺破了静脉或动脉等。

被锐器割伤或刺伤时,应采用以下措施进行紧急处理:①戴手套者应迅速、敏捷地按常规方式脱去手套;②立即用健侧手从近心端向远心端挤压排出血液,以减少污染的程度;同时用流动净水冲洗伤口;③用 0.5% 聚维酮碘(碘伏),或 2% 碘酊,或 75% 乙醇对伤口进行消毒;④疑似被 HBV 污染的锐器割伤或刺伤时,还应尽快注射抗乙肝病毒高效价抗体和乙肝疫苗;疑似被 HIV 污染的锐器割伤或刺伤时,应及时找相关专科医生就诊。

此外,由玻璃片或管造成的外伤,首先必须检查伤口内有无玻璃碎片,以防压迫止血时将碎玻璃片压深。若有碎片,应先用镊子将玻璃碎片取出,伤势较轻时可用消毒棉和硼酸溶液或过氧化氢水溶液洗净伤口,再涂上聚维酮碘,并用消毒纱布包扎好或贴上创可贴;若伤口太深、流血不止时,可在伤口上方约 10cm 处用纱布扎紧,压迫止血,并立即送往医院治疗。

本 章 小 结

发生实验室意外事故时,应根据不同情况采取相应处理措施。

化学试剂中毒时,应及时进行现场急救,不同类型化学试剂中毒的应急处理方法不尽相同,紧急处理后都应及时送医;生物实验意外事故发生时,应尽快消除污染,救治伤者,做好清理人员的防护及相应记录,必要时应及时向上级报告;实验室起火或爆炸时,要立即切断电源,打开窗户,熄灭火源,移开尚未燃烧的可燃物,根据起火或爆炸的原因、火势大小、燃烧物的性质、周围环境和现有条件等,采取相应的灭火措施,并迅速报告;烧伤、烫伤时,应迅速脱离致伤源、立即冷疗及保护创面。伤势较重者应立即送医;割伤、刺伤后,应及时清洗双手和受伤部位,消毒创面,必要时接受进一步的医学处理。

复习思考题

1. 生物实验常见意外事故有哪些?此类意外事故发生时该如何处理?
2. 当发生化学试剂中毒或灼伤时,应采取哪些应急处理措施?
3. 实验室意外起火时该如何处置?烧伤、烫伤时应采取哪些应急处理措施?

（杨　赟）

第六章　实验室质量管理

实验室质量管理是实验室为相关领域提供真实、可靠、准确的检测数据和结果的重要保障。它包括质量管理体系、质量控制与评价和实验方法的选择与评价等内容。建立完善的质量管理体系并保持其有效运行，是实验室质量管理的核心。质量控制与评价是检测/校准全过程质量管理的重要环节，关系到检验结果是否准确可靠。而实验方法的选择与评价是检验过程质量保证的重要内容，也是检验结果准确可靠的前提。

第一节　实验室质量管理体系

建立实验室的目的就是为相关领域提供准确的检测数据或校准结果，而实验室质量管理体系的构建正是为了更好地完成实验室工作。实验室应建立、实施和保持与其活动范围相适应的管理体系。实验室应将其政策、制度、计划、程序和指导书形成文件。文件化的程度应保证实验室检测/校准结果的质量。体系文件应传达至有关人员，并被其理解、获取和执行。对影响实验室检测/校准结果的各类因素进行有效、全面的控制，使实验室持续发展，长期蓬勃生存。质量管理是应以组织为质量中心，全员参与，目的在于通过让顾客满意和组织所有成员及社会受益而达到长期成功的管理途径，全面质量管理是质量管理的最高境界。

一、实验室质量管理体系的概念

1. 质量（quality）　是一组固有特性满足要求的程度。而要求是指明示的、通常隐含的或必须履行的需求或期望。

2. 质量控制（quality control，QC）　是为满足质量要求所采取的作业技术和活动。质量控制是所有质量理论的基础，优点是对分析过程的质量有了较明确的执行方法和判定标准，并且用客观的统计学方法进行评价。质量控制包括以下活动：①通过室内质控评价检测系统是否稳定。②对新的检测方法进行比对实验。③室间质量评价，通过使用未知样本将本实验室的结果与同组其他实验室结果和参考实验室结果进行比对。④仪器维护、校准和功能检查。⑤技术文件、标准的应用。

3. 质量保证（quality assurance，QA）　是质量管理的一部分，致力于提供质量要求会得到满足的信任。质量保证要求实验室评价整个实验的效率和实效性，实验室可以通过实验时间、检测结果差错率、室间质评等明确质量指标监测实验全过程。

4. 质量体系（quality system，QS）　是将必要的质量活动结合在一起，以符合实验室认可的要求。研究体系就是研究要素之间的关联性和相互作用。质量体系就是为达到质量目的对各要素的全面协调的工作。对于实验室来说，检测报告/校准证书是其最终产品，而影响报告/证书质量的要素很多，例如操作人员、仪器设备、样品处置、检测方法、环境条件、量值溯源等,这些要素构成了一个体系。为了保证报告/证书的质量,实验室需要以整体优化的要求处理好检测/校准,实现检测和处理过程中各项要素间的协调与配合。

5. 质量管理(quality management,QM)　实验室质量管理主要是指实验室内关于质量方面的控制、指挥以及组织协调等工作,包括质量体系、质量保证和质量控制,也包括经济方面"质量成本"。质量管理的目的是确保实验室检测/校准结果达到质量所需的程度;履行为顾客提供检测/校准服务质量的承诺;实现实验室的质量方针和质量目标。质量管理的意义在于能帮助实验室提高顾客满意度;能提供持续改进的框架,以增强顾客和其他相关方满意的机会;对实验室能够提供持续满足要求的产品,向实验室及其顾客提供信任。

6. 全面质量管理(total quality management,TQM)　全面质量管理是以质量为中心,通过让顾客满意达到长期成功的管理途径。全面质量管理是在最经济,充分满足顾客要求的前提下进行检测和提供服务,并能把维持质量和提高质量的活动构成为一体的有效体系。

7. 体系(system)　是指"相互关联或相互作用的一组要素"(ISO 9001),体系由要素组成,要素是体系的基本成分,是体系形成和存在的基础,没有要素就没有体系。

8. 实验室质量管理体系(quality management system,QMS)　是为实施质量管理所需要的组织结构、程序、过程和资源。通常主要包括制定组织的质量方针、质量目标、质量策划、质量控制以及质量保证和质量改进(quality improvement)等活动。质量管理体系应整合所有必需过程,以符合质量方针和目标要求并满足用户的需求和要求。

二、实验室质量管理体系的组成

1. 组织结构(organizational structure)　是指一个组织为行使其职能,按某种方式建立的职责权限及其相互关系。实验室或其所在组织应是一个能够承担法律责任的实体,并有明确的组织分工。组织结构的本质是实验室职工的分工协作及其关系,目的是为实现质量方针、目标。在实验室质量手册或项目的质量计划中要提供实验室组织结构,明确实验室所有对质量有影响的人员的职责和权限。

2. 过程(process)　一组将输入转化为输出的相互关联或相互作用的资源和活动即为过程,其输入和输出是相对的。实验室通常对过程进行策划并使其在受控状态下运行以达到增值的目的。检测过程的输入是被测样品,在一个检测过程中,通常由检测人员根据选定的方法、校准的仪器,经过溯源的标准进行分析,检测过程的输出为测量结果。

3. 程序(procedure)　是为进行某项活动或过程所规定的途径。程序是用书面文字规定过程及相关资源和方法,以确保过程的规范性。含有程序的文件称为程序文件,虽然不要求所有程序都必须形成文件,但质量管理体系程序通常都要形成文件。程序分为管理性和技术性两种。一般程序性文件都是指管理性的,是实验室工作人员工作的行为规范和准则。技术性程序一般以作业文件(或称操作规程)规定。

4. 资源(resource)　是满足产品和质量管理体系要求的重要组成部分,包括人员、设施、工作环境、信息、资金、技术等。

组织结构、过程、程序和资源是实验室质量管理体系的四个基本要素,彼此既相对独立,又相互依存。组织结构是实验室人员在职、责、权方面的结构体系,明确了管理层次和管理幅度;程序是组织结构的继续和细化,也是职权的进一步补充,比如:实验室各级人员职责的规定,可使组织结构更加规范化,起到巩固和稳定组织结构的作用。程序和过程是密切相关的,有了质量保证的各种程序性文件,有了规范的实验操作手册,才能保证检验过程的质量。

实验室质量管理是通过对过程的管理来实现的,过程质量又取决于所投入的资源与活动,而活动的质量则是通过实施该项活动所采用的方法(或途径)予以保证,控制活动的有效途径和方法制订在书面或文件的程序之中。

三、实验室质量管理体系的要求

实验室应按有关标准/准则的要求建立质量管理体系,形成文件,加以实施和保持,并持续改进其有效性,使其达到确保检测和(或)校准结果质量可靠的目的。这是所有检测和(或)校准实验室管理体系的共同目的。在 P(plan)、D(do)、C(check)、A(action)循环的过程方法工作原则下,实验室质量管理体系应符合以下总体要求:

1. 确定质量方针和质量目标,并遵循有关标准/准则的要求,识别质量管理体系所需的过程,同时应充分考虑实验室自身的实际情况。

2. 确定达到质量目标的各过程的顺序和相互作用。实验室应确定每个过程中开展的活动及其需投入的资源、过程的输入和输出、过程的顺序和相互作用,识别关键的、特殊的过程和需特别控制的活动。同时应将识别出来的过程、过程顺序和相互作用在质量手册里表述清楚。

3. 确保过程有效运行和控制所需的准则和方法。为了实施、保持并持续改进质量管理体系的有效性和效率,实验室应运用系统的管理方法,按照标准/准则的要求管理相关过程,即实现对过程管理的规划(P)。

4. 确保可以获得必要的资源和信息,以支持过程的运行和对这些过程的监视,即是策划的实施过程(D)。同时,对过程运作进行测量、分析和检查(C)。

5. 实施必要的措施,以实现对这些过程策划的结果和对这些过程的持续改进(A)。

6. 接受顾客对过程的监督,保持产品(检测报告等)的可溯源性。

7. 确保对所选择的分包过程实施控制。

四、建立实验室质量管理体系的意义

建立完善的质量管理体系并保持其有效运行,是实验室质量管理的核心。实验室应重视检测和(或)校准工作,将检测和(或)校准工作的全过程以及涉及的其他方面(如影响检测数据的诸多因素)作为一个有机整体加以有效控制,满足社会对检验数据的质量要求。

1. 质量管理体系是实验室管理的重要组成部分,是实施质量管理的必备条件。实验室建立管理体系是为了实施质量的全过程管理,并使其实现和达到质量方针和质量目标,以便能以最好、最实际的方式来指导实验室和检验机构的工作人员、设备及信息的协调活动,从而保证顾客对质量的满意和降低成本。

2. 有利于提高实验室管理水平和工作质量,有利于实验室保证检测和(或)校准报告的质量。质量管理体系能够对所有影响实验室质量的活动进行有效和连续的控制,注重并且能够采取有效的预防措施,减少或避免问题的发生。如果一旦发现问题,能够及时作出反应并加以纠正。

3. 可增加用户的信任和安全感,是拓展市场的基础,有利于提高实验室业绩数量和经济效益。拥有健全和有效运行的质量管理体系是实验室具有较好的检测和(或)校准管理能力的重要体现,也作为向顾客、相关方等提供质量满足要求的有力证据。实验室质量管理体系围绕实现质量方针和质量目标,从领导重视到全员参与、从内部监督到外部审查、从预防程序到纠正措施等实施文件化、全方位质量监控。能最大限度地满足顾客需求,增加其信任度,利于开拓市场,提高业务数量。

五、实验室质量管理体系的建立

(一)实验室质量管理体系建立的理论基础

质量管理八项原则是质量管理的基础,同时也可帮助实验室建立质量管理体系,改进过程,完善质量管理体系,提高实验室技术能力和业绩,使实验室和其他相关方均能受益。

1. 以顾客为关注焦点　顾客(customer)是指接受产品的组织或个人。实验室应理解顾客当前和将来的需求,满足顾客要求并争取努力超越顾客的期望。以顾客为关注焦点是质量管理的核心思想。任何实验室都依存于顾客,如果失去了顾客,实验室就失去了存在和发展的基础。顾客是一个大概念,主要是被测样品的供方和需方。对于实验室来说,顾客就是检测/校准服务的需求者,包括政府、司法、保险业、认证机构、企业、消费者、采购方等。顾客可以是外部的,也可以是内部的。实验室应认识到检测市场是变化的,顾客也是动态的,顾客的需求和期望也是不断变化的。实验室必需时刻关注顾客的动向、潜在需求和期望,以及对现有检测/校准服务的满意程度,及时调整自己的策略并采取必要的措施,根据顾客的要求和期望作出改进,以取得顾客的信任。

实施以顾客为关注焦点应该做到以下几点:

(1)全面了解顾客的需求和期望,如对报告/证书的准确可靠、交付期、收费等方面的要求。

(2)确保实验室的各项目标,包括质量目标能体现顾客的需求和期望。

(3)确保顾客的需求和期望在整个实验室中得到沟通,使有关领导和员工都能了解顾客需求的内容、细节和变化,并采取措施来满足顾客的要求。

(4)有计划地了解顾客的满意程度,处理好与顾客的关系,力争使顾客满意。

(5)在重点关注顾客的前提下,兼顾其他相关方的利益,使实验室得到全面、持续的发展。

(6)保护顾客机密和所有权,保持与顾客的良好关系。

2. 领导作用　管理者通过其领导活动,可以创造每个员工充分参与的环境,质量管理体系能够在这种环境中有效运行。实验室最高管理者在质量管理体系中的作用包括:制定并保持实验室的质量方针和质量目标;在整个实验室内促进质量方针和质量目标的实现,以增强员工的意识、积极性和参与程度;确保整个实验室关注顾客要求;确保实施适宜的过程以满足顾客和其他相关方要求并实现质量目标;确保建立、实施和保持一个有效的质量管理体系以实现这些质量目标;确保获得必要的资源;定期评价质量管理体系;决定有关质量方针和质量目标的活动;决定质量管理体系的改进活动等。

实施领导作用一般应采取以下措施:

(1)满足所有相关方的需求和期望是领导者首要考虑,能否满足顾客现在和潜在期望是实验室成功所在。

(2)领导者应做好发展规划,明确远景,为整个实验室及有关部门设定奋斗目标。

(3)创建一种共同的价值观,树立职业道德榜样,使员工活动方向统一到实验室的方针目标上。

(4)使全体员工工作在一个比较宽松、和谐的环境之中,激励员工主动理解和自觉实现实验室目标。

（5）为员工提供所需的资源、培训并赋予在职权范围内的自主权。

3. 全员参与 全体员工是每个实验室的基础。实验室的质量管理不仅需要最高管理者的正确领导，还有赖于全员的参与，各级人员是实验室之本，只有他们充分参与，才能使他们的才干为实验室带来最大收益。产品质量取决于过程质量，过程的有效性取决于各类参与人员的意识、能力和主动精神。

全员参与的原则首先要求员工要了解他们在实验室中的作用及工作的重要性，给予机会提高他们的知识、能力和经验，使他们对实验室的成功负有使命感。他们应熟悉本职岗位的目标，知道该如何去完成，使其能全身心地投入。实现全员参与，应采取以下措施：

（1）明确员工承担的责任和规定的目标，使他们认识到自己工作的相关性和重要性，树立工作的责任心。

（2）让员工积极参与管理决策和过程控制，在规定的职责范围内，员工有一定的自主权。

（3）鼓励员工主动、积极、创造性地参与和改进工作，鼓励员工积极地为实现目标寻找机会，提高自己的技能，丰富自己的知识和经验。在实验室内部提倡自由地分享知识和经验，使先进的知识和经验成为共同的财富。

（4）尊重员工的努力工作和奉献，正确评价员工的业绩，从精神和物质上给予激励。动员全体员工积极参与，实现承诺，为实现实验室质量方针和目标作出贡献。

4. 过程方法 将活动和相关的资源作为过程进行管理，会更有效地实现预期的结果。如前所述，任何利用资源并通过管理将输入转化为输出的相互关联、相互作用的活动或一组活动，都可视为过程。系统地识别和管理实验室所有的过程，特别是这些过程之间的相互作用，称为过程方法。

以过程为基本单元是质量管理考虑问题的一种基本思路。过程方法的优点就是对系统中单个过程之间的联系以及过程的组合和相互作用进行优化。质量管理体系是通过一系列过程来实现的。质量策划（quality planning）就是要通过识别过程，确定输入和输出，确定将输入转化为输出所需的各项活动、职责和义务、所需的资源、活动间的接口等，以实现过程的增值，获得预期的结果。过程方法鼓励实验室要对其所有过程有一个清晰的理解，明确这些过程间的联系和影响，从而能更有效地利用资源，降低成本，缩短周期，提高有效性和效率。在应用过程方法时，必须对每个过程，特别是关键过程的要素进行识别和管理，这些要素包括：输入、输出、活动、资源、管理和支持性过程（图6-1）。

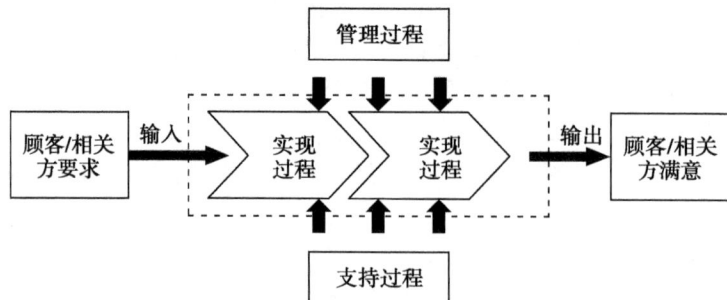

图6-1 过程方法示意图

实施过程方法一般采取以下措施：

（1）识别质量管理体系所需的过程，包括管理职责、资源配置、检测/校准的实现和分析改进有关的过程，确定过程的顺序和相互作用。

（2）确定每个过程为取得预期结果所必需的关键活动，并明确管理好关键过程的职责和权限。

（3）确定对过程的运行，实施有效控制的原则和方法，并实施对过程的监控以及对监控结果的数据分析，发现问题，采取改进措施的途径，包括提供必要的资源、实现持续的改进等，以提高过程的有效性。

（4）评价过程结果，对监控结果通过分析，发现问题采取改进措施，实现持续改进，提高过程的有效性。

以一个疾病预防控制中心实验室《质量检测报告书》的形成为例，包括样品受理（合同评审、样品的信息的输入和编号、样品分发和留样入库）、样品检测（人员、设备、试剂、质量监督）、检测报告的形成、发放及归档等若干过程，涉及现场科室、业务科、质管科、检验科、授权签字人、档案科等多个部门。每个过程或科室的输入或输出都可能会影响相关过程或科室的工作。

5. 管理的系统方法　将相互关联的过程作为系统加以识别、理解和管理，有助于实验室提高实现目标的有效性和效率。所谓"系统"即体系，系统的特点之一就是通过各分系统（要素）的协同作用，互相促进，使总体的作用大于各分系统作用之和。系统方法包括系统分析、系统工程和系统管理三大环节。它从系统地分析有关数据、资料或客观事实开始，确定要达到的目标，然后通过系统工程，设计或策划为达到目标而应采取的各项措施、步骤以及应配置的资源，形成一个完整的方案，最后在实施中通过系统管理而取得有效性和高效率。

在质量管理体系中采用系统方法，就是要把质量管理体系作为一个大系统，对组成质量管理体系的各个过程加以识别、理解和管理，以达到实现质量方针和质量目标的目的。

系统方法和过程方法关系非常密切。它们都以过程为基础，都要求对各个过程之间的相互作用进行识别和管理。但系统方法着眼于整个系统和实现总目标，使得实验室所策划的过程之间相互协调和相容，是基于对过程网络实施系统分析和优化，遵循整体性原则、相关性原则、动态性原则和有序性原则，以提高系统实现目标的整体有效性和效率。过程方法着眼于具体过程，对其输入、输出，相互关联和相互作用的活动进行连续的控制，以实现每个过程的预期结果。

实施管理的系统方法应采取的措施：

（1）应首先建立一个以过程方法为主体的质量管理体系，确定系统的目标。明确质量管理过程的顺序和相互作用，进行系统优化决策，使这些过程相互协调。

（2）控制并协调质量管理体系各过程的运行，应特别关注体系内某些关键或特定的过程，并应规定其运作的方法和程序，实施重点控制。制订全面完成任务的富有挑战性的规划，规定各个过程职责、权限和接口，并对过程进行监视和控制。

（3）通过对质量管理体系的分析和评审，采取措施以持续改进体系，提高实验室的业绩。同时预防不合格和降低风险。

6. 持续改进　持续改进（continual improvement）整体业绩应当是组织的一个永恒目标。持续改进是增强满足要求的能力的循环活动。为了改进实验室整体业绩，应不断改进其报告/证书的质量，提高质量管理体系及过程的有效性和效率，以满足顾客/相关方日益增长和不断变化的需求和期望。持续改进是永无止境的,因此,持续改进应成为每一个实验室永恒的目标。

实验室应将持续改进纳入自身的质量方针和目标。实施持续改进原则的主要措施有:

(1)有两条积极途径:渐进式持续改进和突破性项目。

(2)渐进式持续改进即由实验室内在岗人员对现有过程进行步幅较小的持续改进活动,包括:分析和评价现状,以识别改进区域;确定改进目标;寻找可能的解决办法,以实现这些目标;评价这些解决办法并作出选择;实施选定的解决办法;测量、验证、分析和评价实施的结果,以确定这些目标已经实现;正式采纳更改等。所有这些活动是对 PDCA 工作原理的具体应用。

(3)突破性项目通常由日常运作之外的专门小组来实施,实验室应配备足够的资源,有计划地指派一些有资格的人员,对现有标准方法实施改进,自己研制新的检测/校准方法,以超越顾客的需求和期望。

不论哪条改进途径,实验室都应为员工提供持续改进的各种工具,鼓励使用统计技术和先进控制方法,承认改进结果,对改进有功人员进行表扬和奖励。

7. 基于事实的决策方法　有效决策建立在对数据和信息分析的基础之上。决策是实验室各级领导的职责。所谓决策就是针对预定目标,在一定的约束条件下,从诸多方案中选出最佳的一个付诸实施。基于事实的决策方法就是指实验室的各级领导在作出决策时要有事实根据,这是减少决策不当和避免决策失误的重要原则。数据是事实的表现形式,信息是有用的数据,实验室要确定所需的信息及其来源、传输途径和用途,确保数据是真实的。分析是有效决策的基础,应对数据和信息进行认真的整理和分析。实验室领导应及时得到适用的信息,这些都是做好为"基于事实的决策方法"服务的基础性工作。

实施基于事实的决策方法,首先要求实验室质量方针和战略应建立在数据和信息分析基础之上,制定出现实而富有挑战性的目标,采取的主要措施有:

(1)通过测量积累,或有意识地收集与目标有关的各种数据和信息,并明确规定收集信息的种类、渠道和职责。

(2)通过鉴别,确保数据和信息的准确和可靠。

(3)采取各种有效方法,对数据和信息进行有效分析,包括采用适当的统计技术。

(4)应确保数据和信息能为使用者得到和利用。

(5)根据对事实的分析、过去的经验和直觉的判断作出相应决策,采取改进措施。

8. 与供方的互利关系　组织和供方(supplier)的互利关系可提高双方创造价值的能力。从实验室来说,虽然与企业不同,但实验室的活动也不是孤立的。实验室的供方可以理解为相关方,如供应商、服务方、承包方等。实验室在与他们建立关系时,应考虑到短期和长远利益的平衡,建立良好的合作交流关系,与他们共同优化成本,共享必要的信息和资源,确定联合的改进活动。这种"双赢"的思想,可使成本和资源进一步优化,能对变化的市场作出更灵活和快速一致的反应。

实现与供方的互利关系,主要采取以下措施:

(1)让供方及早参与制定更富有挑战性的目标。

(2)选择供方并建立与供方的关系时,既要考虑当前的需要,还要考虑长远的利益。

(3)与相关的供方共享专门的技术、信息和资源。

(4)创造一个通畅和公开的沟通渠道,及时解决问题,确保供方适时提供更为可靠和无缺陷的产品。

（5）确立联合的改进活动。

（6）承认和鼓励供方的改进活动和成果。

（7）通过对供方提供资料、培训和双方的合作改进，及早了解顾客的需求，发展和提高供方的能力。

（二）实验室质量管理体系的建立

实验室建立质量管理体系的目的是实施质量管理，并使其实现和达到质量方针和质量目标，以便以最好、最实际的方式来指导实验室的工作人员、设备及信息的协调活动，从而使顾客对质量满意和降低成本。实验室质量管理体系的功能主要有：①能够对所有影响实验室质量的活动进行有效的和连续的控制；②能够注重并且能够采取预防措施，减少或避免问题的发生；③具有一旦发现问题能够及时作出反应并加以纠正。实验室只有充分发挥质量管理体系的功能，才能不断完善健全和有效运行质量管理体系，才能更好地实施质量管理，达到质量目标的要求，可以说体系就是实施质量管理的核心。

不同的标准/准则对实验室所建立的体系有不同的要求。例如，"实验室资质认定评审准则"（国认实函［2006］141号）、"检测和校准实验室能力的通用要求"（GB/T27025-2008/ISO/IEC 17025:2005）、"医学实验室质量和能力认可准则"（CNAB-CL02,ISO 15189:2012）以及相关法律法规等。这些标准/准则为实验室建立质量管理体系提供了参照依据。实验室应根据本身的类型和工作性质等的不同，依据不同的标准/准则构建符合自身实际的质量管理体系。

建立质量管理体系的要点：

（1）注重质量策划：策划是一个组织对今后工作的构思和安排。一个好的实验室策划应是先了解实验室所要达到的目的，再根据目的设定重要的过程，配置相应的资源，确定职责、明确分工，制订详细的计划，并落实对计划实施情况的检查，待进行周密准备之后再实施。质量管理体系的各项活动能否成功完成离不开好的策划。

（2）注重整体优化：质量管理体系是相互关联或相互作用的一组要素组成的一个系统，对系统研究的核心就是整体优化。实验室在建立、运行和改进质量管理体系的各个阶段都要注意树立系统优化的思想。

（3）强调预防为主：预防为主，就是恰当地使用来自各方面的信息，分析潜在的影响质量的因素，在过程中避免这种因素。强化预防措施，可以有效地降低工作失误带来的风险和损失。

（4）以满足顾客的需求为中心：在标准中的许多条款中都规定了"服务"的要求。所建立的质量管理体系是否有效，就是体现在能否满足顾客和相关方的要求。

（5）强调过程：将活动和相关资源作为过程进行管理，可以高效地得到期望的结果。质量管理体系是通过一系列过程实现的，控制每一过程的质量是达到质量目标的基石。

（6）重视质量和效益的统一：质量是实验室生存的保证，效益是实验室生存的基础。

（7）强调持续的质量改进：持续改进是科学进步的必然，是实验室生存和发展的内在要求。

（8）强调全员参与：全体员工是实验室工作的基础。质量管理既需要正确决策的管理者，也需要全员参与。

质量体系建立与运行的基本框架（图6-2）：一个质量体系的建立和有效运行，通常经过八个环节,而报告/证书是运行的结果,是实验室的产品,即各环节的共同目的是保证高质量的报告/证书。

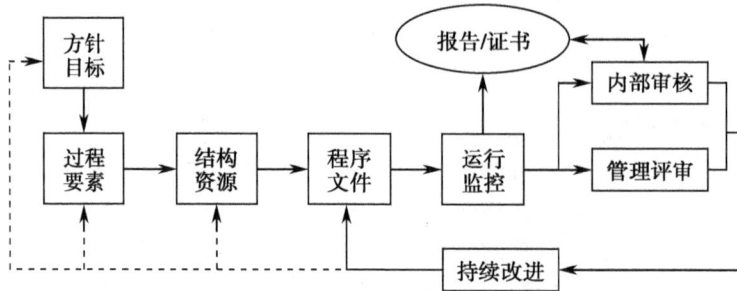

图6-2　质量体系建立与运行框图

建立、实施、保持和改进质量管理体系,首先要确定顾客和其他相关方的需求和期望。对一个实验室而言,识别和确定顾客(市场)需求,实质是树立一个正确的营销观念。实验室出具的报告/证书能否长期满足顾客和市场的需求,在很大程度上取决于营销质量。营销是一种以顾客和市场为中心的经营思想,其特征是:实验室所关心的不仅是出具报告/证书是否满足顾客的当前需求,还要着眼于通过对顾客和市场的调查分析和预测,不断引入现代技术,提高产品质量,满足顾客和市场的未来需求。

建立和实施质量管理体系的方法总体上包括以下步骤:①确定顾客和其他相关方的需求和期望;②建立组织的质量方针和质量目标;③确定实现质量目标必需的过程和职责;④确定和提供实现质量目标必需的资源和程序;⑤规定测量每个过程的有效性和效率的方法;⑥质量控制和质量监督;⑦确定防止不合格并消除产生原因的措施;⑧持续改进质量管理体系。

上述方法也适用于保持和改进现有的质量管理体系。

1. 质量方针和质量目标的制定　质量方针是由实验室最高领导者正式发布的质量宗旨和质量方向。质量目标是质量方针的重要组成部分。同时,质量方针又是实验室各部门和全体人员检验工作中遵循的准则。所以,实验室的领导要结合本实验室的工作内容、性质和要求,主持制定符合自身实际情况的质量方针、质量目标,以便指导质量管理体系的设计、建设工作。一个好的质量方针必须有好的质量目标的支持。

(1)质量方针:质量方针是指引实验室开展质量管理的"纲",是建立质量体系的出发点。实验室质量方针对内明确质量宗旨和方向,激励员工质量责任感;对外表示实验室高层管理者的决心和承诺,使顾客能了解可以得到什么样的服务。由于实验室业务领域不同、规模各异,其质量方针也会各有不同,但都应能反映通过提供满足顾客要求的检测/校准结果,而达到使顾客满意的目的。方针的表述应力求简明扼要。

质量方针应当包括:

1)实验室的工作内容。

2)实验室管理层对实验室工作标准的声明。

3)质量管理体系的目标。

4)要求所有与检验活动相关的人员在任何时候都要熟悉并执行方针和程序。

5)实验室对良好的专业规则、检验质量和符合质量管理体系要求的承诺。

6)实验室管理层对符合本国际标准的承诺。

(2)质量目标:质量目标应在方针给定的框架内制订并展开,也是实验室在职能和层次上所追求并加以实现的主要任务。目标是实验室实现满足客户要求、增强顾客满意的具体落实,也是评价质量体系有效性的重要判定指标。目标既要先进又要可行,便于检查。

对质量目标的主要要求包括:

1)适应性:质量方针是制订质量目标的框架,质量目标必须能全面反映质量方针要求和组织特点。

2)可测量:方针可以原则性强一些,但目标必须具体。所谓"可测量"不仅指对事物大小或质量参数的测定,也包括可感知的评价。所有制订的质量目标都应该是可以衡量的。

3)分层次:最高管理者应确保在实验室的相关职能和层次上建立质量目标。质量方针和质量目标实质上是一个目标体系,实验室质量方针应有质量目标支持,质量目标应有每个部门的具体目标或举措支持。

4)可实现:质量目标是在质量方面所追求的目的。对于现在已经做到或轻而易举就能做到的不能称为目标;另一方面,根本做不到的也不能称为目标。一个科学而合理的质量目标,应该是在某个时间段内经过努力能达到的要求。

5)全方位:即在目标的设定上应能全方位地体现质量方针,应包括组织上的、技术上的、资源方面的以及为满足检验/校准报告要求所需的内容。

(3)制定质量方针和质量目标应注意的问题:

1)明确质量方针和质量目标的关系:质量方针为建立和评审质量目标提供了一个框架,指出了实验室满足客户要求的意图和策略,质量目标在此框架内确立、展开和细化。即方针指出了实验室的质量方向,而目标是对这一方向的落实、展开。目标应与方针保持一致,不能脱节或偏离。方针和目标也是质量管理体系有效性的评价依据。目标应适当展开,除总目标外,有关部门和岗位还应根据总目标确定各自的分目标。

2)必须考虑实验室的具体情况:每个实验室的具体情况不同,质量方针和目标也不同,质量方针和目标的制订必须实事求是。例如:实验室的具体服务对象和任务、人力资源、物质资源及资源供应方情况、各个实验室成员能否理解和坚决执行、检测结果要达到何种要求等。

3)要与上级组织保持一致:实验室的质量方针和目标应是上级组织有关质量方针和目标的细化和补充,绝不能偏离。

2. 确定过程和要素 实验室的最终目标是提供合格的检测/校准报告,这是由各个检验过程来完成的。因此,对各质量管理体系要素必须作为一个整体去考虑,了解和掌握各要素达到的目的,按照认可标准的要求,结合自身的检验工作及实施要素的能力进行分析比较。确定检测/校准报告形成过程中的质量环,加以控制。质量管理是通过过程管理来实现的。方针、目标确定之后,就要根据实验室自身的特点,确定实现质量目标必需的过程和职责,系统识别并确定为实现质量目标所需的过程,包括一个过程应包含哪些子过程和活动。在此基础上,明确每一过程的输入和输出的要求。用网络图、流程图或文字,科学而合理地描述这些过程或子过程的逻辑顺序、接口和相互关系。明确这些过程的责任部门和责任人,并规定其职责,明确本实验室的检测/校准流程(质量环),识别报告/证书质量形成的全过程,尤其是关键过程,这是质量体系设计构思及运行的基本依据。

根据过程的不同,一个过程可以包含多个纵向(直接)过程,还可能涉及多个横向(间接、支持)过程,当逐个或同时完成这些过程后,才能完成一个全过程。以检测/校准的实现过程为例,其纵向过程包括:检测前过程(合同评审、抽样及样品处置)、检测过程(程序和方法、量值溯源、结果质量保证等)、检测后过程(结果报告、结果的更改和纠正等多个子过程);而横向过程包括:管理过程(组织结构、文件控制、宣传、审核、管理评审等)和支持过程(资源配置、分包、外购、培训等)。

以过程为基础的质量管理体系模式包括四大过程,即管理职责、资源管理、产品实现、测量分析和改进。它们彼此相连,最后通过体系的持续改进而进入更高阶段(图6-3)。图中实线箭头表示增值活动,虚线表示信息流。圆圈内的四个箭头分别代表了四大过程的内在联系,形成闭环,并表明质量管理体系的运行是不断循环、螺旋式上升的。从水平方向看,顾客的要求形成产品实现过程的输入,通过产品实现过程的策划(plan),实施生产(do),输出最终的产品。产品交付给顾客后,顾客将对其满意程度的意见反馈给组织的“测量、分析(check)和改进”过程,作为体系持续改进(action)的一个依据,形成 PDCA 循环。在新的阶段,“管理职责”过程把新的决策反馈给顾客,后者可能据此而形成新的要求。利用这个模式图,组织可以明确主要过程,进一步展开、细化,并对过程进行连续控制,从而改进体系的有效性。

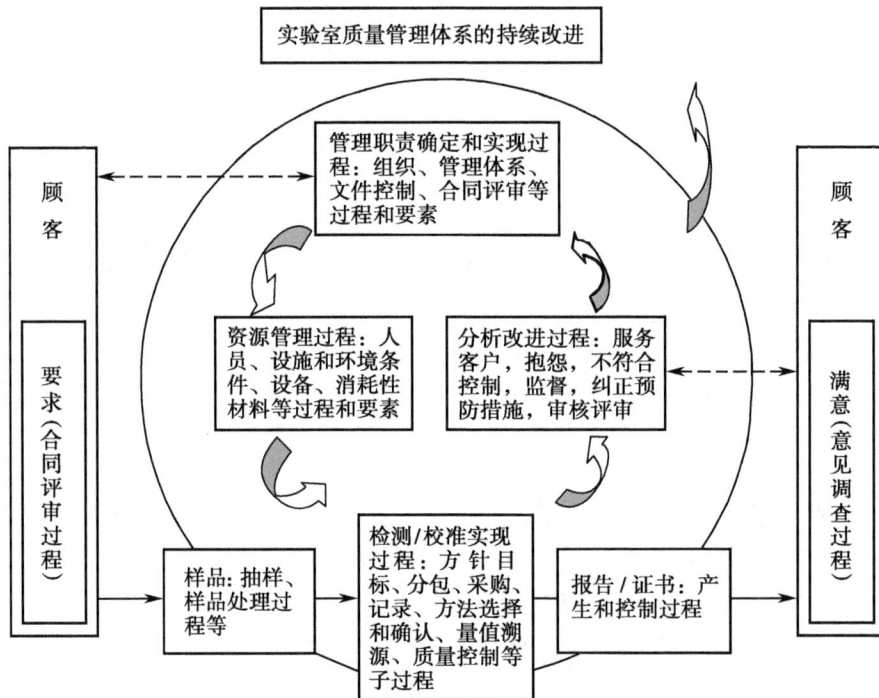

图6-3　以过程为基础的实验室质量管理体系模式

确定要素和控制程序时要注意:是否符合有关质量体系的国际标准;是否适合本实验室检测/校准的特点;是否适合本实验室实施要素的能力;是否符合相关法规的规定。

3. 组织结构及资源配置

(1)组织结构:如前所述,体系的性质取决于要素的结构。所谓结构是指各要素在质量体系范围内的相互联系、相互作用的方式。它表示为系统内的组织机构、质量职责和权限。因此,在建立质量体系时,要合理设计本实验室的组织机构,落实岗位责任制,明确技术、管理、支持服务工作与质量体系的关系。如能画出质量体系要素职能分配表,则更加醒目。这样,就能将检测/校准实现过程各阶段的质量功能落实到相关领导、部门和人员身上,做到各项与质量有关的工作都能事事有人管,项项有部门负责。

(2)资源配置:资源是实验室建立质量体系的必要条件,实验室应根据自身检测/校准的特点和规模,确定和提供实现质量目标必需的资源。

1)人力资源:人力资源是资源提供中首先要考虑的。实验室管理层应确保所有操作专门设备、从事检测/校准、评价结果和授权签字人等人员的能力。所谓员工的能力是经证实的应用知识和技能的本领。实验室管理层应根据质量体系各工作岗位、质量活动及规定的职责要求,选择能够胜任的人员从事该项工作。即应按要求根据相应原教育、培训、经验和(或)可证明的技能进行资格确认。

2)基础设施:实验室应规定过程实施所必需的基础设施。基础设施包括工作场所、过程、设备(硬件和软件)以及通讯、运输等支持性服务。为确保提供的报告/证书能满足标准/规范的要求,应确定为实现检测/校准所需要的基础设施、仪器设备,同时还要对它们给予维护和保养。包括:①建筑物、工作场所和相关设施。例如:固定设施、离开其固定设施的场所、临时或可移动的设施;相关设施指能源、照明、水、电、气等供应设施;②检测/校准设备(软、硬件)。包括抽样、样品制备、数据处理和分析所要求的所有设备;③支持性服务设施。如采暖、通风、运输、通讯服务等。

3)工作环境:管理者应关注工作环境对人员能动性和提高组织业绩的影响,营造一个适宜而良好的工作环境,既要考虑物的因素,也要考虑人的因素,或两种因素的组合。

必要的工作环境是实验室实现检测/校准的支持条件。有关人的环境是指管理层应创造一个稳定、有安全感和积极向上的环境;而物的环境则包括温度、湿度、洁净度、无菌、电磁干扰、辐射、噪声、振动等。实验室必须对所需工作环境加以确定,并对报告/证书质量有影响的环境实施监控管理。

4)信息:信息是实验室的重要资源。信息可用来分析问题、传授知识、实现沟通、统一认识、促进实验室持续发展。信息对于实现以事实为基础的决策以及组织的质量方针和质量目标都是必不可少的资源。

此外,资源还包括财务资源、自然资源和供方及合作者提供的资源等。

4. 质量管理体系的文件化　实验室需要建立文件化的质量体系,而不只是编制质量体系文件。建立质量管理体系文件的作用是沟通意图、统一行动,有利于质量体系的实施、保持和改进。文件的形成有助于符合顾客要求和质量改进、提供适宜的培训,有助于实验的可重复性和数据可追溯性,有助于提供客观证据、评价质量管理体系的持续适宜性和有效性。编制质量管理体系文件不是目的,而是手段,是质量管理体系的一种资源。因此,实验室质量管理体系文件的方式和程度必须结合实验室的类型、范围、规模,检测/校准的难易程度和员工的素质等方面综合考虑,不能找个模式照抄硬搬,也不必照抄认可准则的条款。

文件是对体系的描述,必须与体系的需要一致。在策划质量管理体系时,应结合实验室的实际需要,策划文件的结构(层次和数量)、形式(媒体)和表达方式(文字、图表)与详略程度。如果是一个较小的实验室,过程也比较简单,就可以在手册中对过程和要素作出描述,并不一定需要其他文件指导操作。对于一个大型实验室,检测/校准类型复杂、领域宽、管理层次多,则体系文件必须层次分明,还需要增加一些指导操作的文件。实验室不论是初次编制质量管理体系文件,还是为标准更新而对体系文件进行转换改版,都应以原有的各类文件为基础,以实施质量体系和符合认可准则的要求为依据,进行调整、补充和删减后,纳入质量管理体系受控范围。

　　质量管理体系文件一般包括四方面的层次(图6-4),也就是体系文件的架构:质量手册;程序文件;作业指导书;记录、表格、文件、报告等。它是描述质量管理体系的完整文件,是质量管理体系的具体体现,是质量管理体系运行的法规,也是质量管理体系审核的依据。

　　质量手册是第一层次的文件,是阐明一个实验室的质量方针,并描述其质量管理体系的文件。因为认可准则是通用要求,要照顾到各行各业的需求,而各实验室有自己的业务领域和自身的特点,所以必须进行转化。手册的精髓就在于有自身的特点,它是为实验室管理层指挥和控制实验室用的。第二层次为程序性文件,是为实施质量管理和技术活动的文件,主要为相关部门使用。第三层次是作业指导书,属于技术性程序,它是指导开展检测/校准的更详细的文件,是为第一线

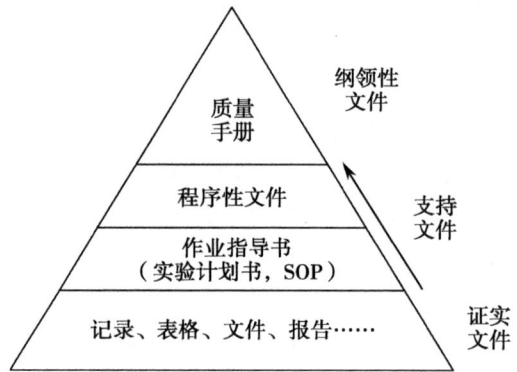

图6-4　质量体系文件架构图

业务人员使用的。第四层次,各类质量记录、表格、报告等则是质量体系有效运行的证实性文件。显然,不同层次文件的作用各不相同,要求上下层次间相互衔接、不能矛盾;上层次文件应附有下层次支持文件的目录,下层次文件应比上层次文件更具体、更可操作。

　　每个实验室确定其所需文件的详略程度和所使用的媒体,取决于其类型和规模、过程的复杂性和相互作用、产品的复杂性、顾客要求、适用的法规要求、经证实的人员能力以及满足质量管理体系要求所需证实的程度等因素。实验室质量管理体系文件编制应注意其系统性、法规性、增值效用、见证性和适应性。

　　(1)质量手册:质量手册包括支持性操作规程(包括技术操作规程)或提供相关的参考文献,概述质量管理体系的文件结构。质量手册是对实验室的质量管理系统概要而又纲领性地阐述,能反映出实验室质量管理体系的总貌。质量手册描述质量管理体系和在质量管理体系中使用的文件结构,在质量手册中描述技术管理层和质量管理人员的任务和责任。指导所有人员使用和应用质量手册和所有相关的参考文献,以及所有需要他们执行的要求。由实验室管理层授权的、指定对质量负责的人员保持质量手册的最新状态。

　　1)质量手册编写原则:①应符合认可准则及有关法律法规的要求。②有利于向客户、认证机构、相关方提供质量满足要求的证据。③符合实验室的实际情况。质量手册是规定实验室质量管理体系的文件,应结合自身的特点画出本实验室的模式图。要把顾客的要求转化为对报告/证书的质量特性,确定自己的特色。④内容全面、结构层次清楚、语言通俗易懂、名词术语标准规范。

　　对于一本内外兼用的、完整的质量手册来说,应具备指令性、系统性、协调性、可行性和规范性,且有利于本身的保管、查询、更改、换版等方面的管理与控制。

　　2)质量手册的编写方法:①成立组织。一旦实验室最高管理者作出编写质量手册的决定后,一般应成立质量手册编写领导小组和质量手册编写办公室。质量手册编写领导小组由本组织的最高管理者的代表、各有关业务部门主管领导、手册编写办公室负责人参加,负责确定质量手册编写的指导思想、质量方针和目标、手册整体框架的编写进度,以及手册编

写中重大事项的确定和协调等。质量手册编写办公室一般以质量管理部门为基础,吸收各有关职能部门的适当人员组成,负责手册的具体编写工作。②明确或制订质量方针。质量手册的一个基本任务就是阐述质量方针及其贯彻。所以,编制质量手册的前提就是明确(对于已有质量方针且经质量手册编写领导小组审议认为适合明确写入手册)或制订(原来没有质量方针或虽有质量方针但经审议需重新制订)本组织的质量方针。③充分学习、深入理解有关标准/准则条文。实验室管理者、质量手册编写领导小组、质量手册编写办公室的人员要深入学习,较系统、全面地掌握有关标准/准则。④对实验室的现状作深入研究,识别过程、规定控制范围。可对照有关准则条款,并总结实验室自身的质量管理经验、结合具体情况进行,同时要注意让职工积极参与。⑤用通俗易懂的语言,描述质量体系要素。编制手册,应在深刻理解有关标准的基础上,使用符合本国文化传统的语言,以有利于质量手册的贯彻实施。⑥质量手册的编写与程序文件可有重复,但手册对过程的描述应简明扼要。可参考范本编写,但不可照搬照抄。⑦质量手册的审定、批准。质量手册全部内容编写完成后,应经编写办公室人员内部校对并签字后,提交本组织质量手册编写领导小组审定,最后由本组织最高管理者批准。在质量手册的审定和批准时应着重考虑以下内容:质量手册对采用的国家标准和相应国际标准的符合程度;质量手册对有关政策法令的符合程度;质量手册对实现既定的质量方针、质量目标和顾客的质量要求的保证水平;质量手册的系统性、协调性、可行性及规范性。⑧质量手册的颁发。质量手册的发布通常是采取由实验室最高管理者签署发布令的方式来实施。实验室的最高管理者签署质量手册的发布令,表示手册是整个实验室的法规性文件,全体人员应该严格遵照执行;另一方面也表明了实验室最高管理者对质量责任的承诺。

3)质量手册的内容和基本格式:一个完整的质量手册一般包括以下内容:①前置部分:包括封面、授权书、批准页、修订页、母体法人公正性声明、实验室主任公正性声明、工作人员职业道德规范、引用文件及缩略语等。②主要内容:实验室概况、质量方针和质量目标、质量手册管理、管理要求、技术要求。③附录:包括组织机构框图、人员一览表、授权签字人一览表、质量职责分配表、质量体系框图、检测项目一览表、实验室平面图、仪器设备一览表、检测工作流程图、程序文件目录、实验室行为准则。

质量手册的基本格式要求分章排序(页号)、活页装订、每页有页眉和页脚。

(2)程序文件:从活动(或过程)的内涵来看,大到检测/校准的全过程,小至一个具体的作业都可称为一项活动,而活动所规定的方法(或途径)都可称为程序。对质量体系来说,不管是管理性程序,还是技术性程序,都要求形成文件,即所谓程序文件。实验室质量管理体系应将其政策、制度、计划、程序和指导书制订成文件,并达到确保实验室检测/校准结果质量所需的程度。程序不仅仅是实施一项活动的步骤和顺序,还包括对活动产生影响的各种因素。内容包括活动(或过程)的目的、范围、由谁做、在什么时间和地点做、怎样做以及其他相关的物质条件保障等。一个程序文件对以上诸因素作出明确规定,也就是规定了活动(或过程)的方法。因此,在质量管理体系的建立和运行过程中,要通过程序文件的制定和实施,对质量体系的直接和间接质量活动进行连续恰当的控制,以此手段保证质量管理体系能持续有效地运行,最终达到实现实验室的质量方针和质量目标的目的。

程序文件是质量手册的技术性文件,是手册中原则性要求的展开和落实。因此,编写程序文件时,必须以手册为依据,要符合手册的规定与要求。程序文件应具有承上启下的功能,上承质量手册,下接作业文件,这样就能控制作业文件,并将手册纲领性的规定具体落实到作业文件中去,从而为实现对报告/证书质量的有效控制创造条件。

1)实验室需要编写的程序文件类型:在质量体系文件中,程序文件是重要组成部分。根据 ISO/IEC17025 标准的要求,一般可包括下述内容:保密和保护所有权的程序;保证公正性和诚实性的程序;文件控制和维护程序;要求、标书与合同评审程序;分包管理程序;服务与供应品采购程序;申诉(报怨)处理程序;不符合项控制程序;纠正措施程序;预防措施程序;记录控制程序;内部审核程序;管理评审程序;人员培训和考核程序;安全与内务管理程序(必要时);检测/校准程序;开展新方法(新工作)的评审程序(适用时);测量不确定度评定与表示程序;检测/校准方法的确认程序;自动化检测的质量控制程序;设备维护管理程序;期间核查程序;量值溯源(包括参考标准和标准物质的使用)程序;抽样管理程序;被测物品的处置程序;结果质量的保证控制程序;现场检测/校准的质量控制程序;报告/证书管理程序。

上述所列 28 个程序也可根据实际情况加以删减,也可将几个程序合并,例如将纠正措施和预防措施程序合而为一等。只要覆盖了标准的要求,都是可以接受的。

2)程序文件的编写原则:符合评审准则要求以及行业管理要求;保证实际能做到,既不要太简单也不要过于复杂,做到详略适当,在实施过程中逐步细化;注意与质量手册以及其他文件的一致性;写清职责权限;程序文件应简明、易懂。

3)程序文件的结构和内容包括:目的:为什么要开展这项活动(或过程);适用范围:开展此项活动(或过程)所涉及的范围和对象;定义:对那些不同于所引用标准的定义的简称符号需进行说明;职责:由哪个部门或人员实施此项程序,明确其职责和权限;工作流程(步骤和要求):列出活动(或过程)顺序和细节,明确各环节的"输入-转换-输出",即应明确活动(或过程)中资源、人员、住处和环节等方面应具备的条件,与其他活动(或过程)接口处的协调措施。明确每个环节的转换过程中各项因素由谁做,什么时间做,什么场合做,做什么,为什么做,怎样做,如何控制及所要达到的要求,所需形成的记录、报告及相应签发手续等。注明需要注意的任何例外或特殊情况,必要时辅以流程图;引用文件和记录格式:开展此项活动(或过程)涉及的文件,引用标准/规程(规范)以及使用的表格等。

(3)作业指导书:作业指导书是用以指导某个具体过程、事物所形成的技术性细节描述的可操作规程性文件。指导书要求制定得合理、详细、明了、可操作。

1)编写作业指导书的必要性:作业指导书是技术性文件,并不要求必须编写。如果国际的、区域的或国家的标准,或其他公认的规范已包含了如何进行检测/校准的管理和足够信息,并且这些标准是可以被实验室操作规程人员作为公开文件使用时,则不需再进行补充或改写为内部程序。如果缺少指导书,可能影响检验/校准结果,实验室则应制定相应的作业指导书。例如:当标准规定不详细、不充分、可操作性不强时;没有标准可参照、选用或制定非标方法时。

2)实验室常用作业指导书的分类有:①方法类:用以指导检测/校准的过程。例如,标准/规程(规范)的实施细则、化学试剂配制方法、比对试验方法等。②设备类:设备的使用、操作规范(如设备商提供的技术说明书等)、仪器设备自校方法、期间核查方法等。③样品类:包括样品的准备方法、样品处置和制备规则、消耗品验收方法等。④数据类:包括数据的有效位数、修约、异常数字的剔除以及结果测量不确定度的评定表征规范等。如:数据处理方法、测量不确定度评定方法、修正值(曲线)、对照图表、常用参数、计算机软件等。

作业指导书一般包括以下几个方面的内容:依据;适用范围;技术要求;步骤和方法;数

据处理方法;结果表示方法;出现意外、差异、偏离时的处理方法;相关文件和记录。

（4）记录:记录是文件的一种,它更多用于提供检测/校准是否符合要求和体系有效运行的证据。

1）质量记录:包括人员培训记录、承包方的质量记录、服务与供应的采购记录、纠正和预防措施记录、内部审核与管理评审记录、质量控制和质量监督记录等。

2）技术记录:包括环境控制记录,合作协议、使用参考标准的控制记录,设备使用维护记录,样品的抽取、接收、制备、传递、留样记录,原始观测记录,检测/校准的报告/证书、结果验证活动记录,客户反馈意见等。

凡是有程序要求的都要有记录。记录既然是检测/校准符合程序和体系有效运行的证据,实验室全体员工就应养成凡是执行过的工作必须有记录的良好习惯。

实验室所有文件和记录应受控管理。实验室文件的借阅需要登记,注明文件名称、借阅日期、借阅人、预定归还日期和归还日期等信息。实验室所有记录应按需发放、按时收回,专人保管。保存期限没有统一的要求,根据各自的实验室的性质决定,在程序文件中予以界定就行,一般为便于追溯至少要保存 2 年以上,重要的文件记录一般都要保存 5 年。

5. 纠正预防措施　实验室质量管理体系的主要功能之一是有效地防止不合格项的发生。"防止不合格"包括防止已发现的不合格和潜在的不合格。质量管理体系的重点是"防止"。对不合格不仅要纠正,更重要的是要针对不合格产生的原因进行分析,确定应采取的措施,这些措施通常是指纠正措施和预防措施。

6. 持续改进质量管理体系　一个完善建立的质量管理体系不仅能有效运行,还应得到持续改进,使实验室满足质量要求的能力得到加强。实验室质量管理体系应根据有关准则要求、顾客需求变化、实验室自身条件的改变等而发生变化,做到持续改进。持续改进质量管理体系的目的在于增加顾客和其他相关方满意的机会,而这种改进是一种持续和永无止境的活动。

（三）实验室质量管理体系的运行与监控

实验室质量管理体系文件编制完成后,管理体系即进入运行与监控阶段,包括培训和宣贯、试运行、内部审核和管理评审、正式运行及运行有效性的识别等。实验室质量管理体系的运行实际上是执行管理体系文件、贯彻质量方针、实现质量目标、保持管理体系持续有效和不断完善的过程。一个行之有效的质量管理体系应该是实验室的服务对象、实验室自身和实验室供应方三方满意的三赢局面。

1. 运行的依据　实验室结合本单位的实际情况,根据有关标准/准则的要求,并将有关要求转化为确保检测/校准服务质量的程序,建立了质量管理体系。所以,质量管理体系文件/程序就是质量管理体系运行的主要依据。

质量管理体系文件包括实验室内部制定和来自外部的一系列文件,这些文件以不同的形式、不同的次层表达出来。质量管理体系文件既是质量体系存在的见证,又是质量体系运行的依据。

2. 实验室质量管理体系的运行

（1）培训和宣贯:质量管理体系文件化主要是便于贯彻执行,确保检测/校准服务的质量,使客户满意,实现实验室的质量目标。培训和宣贯主要包括:实验室质量管理体系文件介绍、运行时应注意的问题、运行记录、表格准备以及质量手册、程序文件、作业文件要点等。

体系文件应传达至有关人员,并被其理解、贯彻和执行。为此,实验室的管理层必须组织质量管理体系文件的宣贯。一般来讲,这种宣贯可根据实验室的具体情况,分层次地进行。

质量手册的宣贯应针对全体人员。对于手册的主要精神、构成的基本要素,尤其是质量方针和目标,每个人都应清楚,以便贯彻执行。

程序文件的宣贯,可根据质量管理体系要素的职能分配,针对有关部门和人员分别进行,因为程序文件是为进行某项活动或过程所规定的途径,只要涉及的部门和人员明确即可。

(2)试运行:尽管实验室质量管理体系建立过程中已充分吸纳了过去的实践经验,但毕竟是一个新的管理模式,能否满足实际需要、是否能达到预期的效果,必须通过实践的考核、验证,这就是所谓的质量管理体系的试运行。根据实验室认可的实际情况,实验室质量管理体系试运行的期限为半年。通过试运行,考验质量管理体系文件的有效性和协调性,并对暴露出的问题,采取改进和纠正措施,以达到进一步完善质量管理体系文件的目的。在经过一系列修改后,发布第二版质量手册、程序文件进行正式运行。

实验室质量管理体系试运行时,首先应编制试运行计划,所有文件均要按文件控制程序的要求进行审批发放,并按上述要求进行培训。试运行期间,至少进行一次内部审核和管理评审,并注意保存内部审核和管理评审活动记录,以便认证检查。

(3)内部审核和管理评审:质量管理体系审核在体系建立的初始阶段往往更加重要。在这一阶段,质量体系审核的重点,主要是验证和确认体系文件的适用性和有效性。质量管理体系试运行之后,就应进行一次集中的内部审核与管理评审,对质量管理体系的符合性、适应性和有效性作出客观的自我评价。

审核与评审的主要内容一般包括:规定的质量方针和质量目标是否可行;体系文件是否覆盖了所有主要质量活动,各文件之间的接口是否清楚;组织结构能否满足质量体系运行的需要,各部门、各岗位的质量职责是否明确;质量管理体系要素的选择是否合理;规定的质量记录是否能起到见证作用;所有员工是否养成了按体系文件操作或工作的习惯,执行情况如何。

(4)正式运行:经过上述各阶段之后,实验室的质量管理体系便可正式运行。如欲通过实验室认可,此时便可向中国合格评定国家认可委员会(China National Accreditation Service for Conformity Assessment,CNAS)正式提交申报材料,并在 3 个月内接受 CNAS 的现场评审。

质量管理体系的正式运行,是实验室质量管理和技术运作的新起点,进而在实践中持续改进和完善,以满足客户的需求以及法定管理机构、认可准则和认可机构的要求,实现实验室的质量目标。

3. 运行验证和有效运行的标志　建立健全的、适合本单位实际情况的质量管理体系是其有效运行的重要前提。

(1)实验室能否依靠管理体系的组织机构进行组织协调并得到领导重视。

(2)实验室质量管理体系的运行是否做到了全员参与。

(3)实验室所有的质量活动是否能严格遵守文件要求并有完整的记录。

(4)所有影响质量的因素(过程)是否处于受控状态。

(5)是否建立快捷、高效的反馈机制。

(6)是否适时开展实验室内部审核与管理评审以便持续改进。

4. 质量管理体系审核和评价　实验室应策划并实施所需的评估和内部审核过程用以：证实检测/校准前、检测/校准、检测/校准后以及支持性过程按照满足用户需求和要求的方式实施；确保符合质量管理体系要求；持续改进质量管理体系的有效性。评估和改进活动的结果应输入到管理评审。

（1）质量管理体系过程的评价：评价质量管理体系时，应对每一个被评价的过程，提出如下四个基本问题：过程是否予以识别和适当确定；职责是否予以分配；程序是否被实施和保持；在实现所要求的结果方面，过程是否有效。

综合回答上述问题可以确定评价结果。质量管理体系评价在涉及的范围内可以有所不同，并可包括很多活动，如：质量管理体系审核、质量管理体系评审以及自我评定。

（2）质量管理体系审核：审核用于确定符合质量管理体系要求的程度。审核发现用于评价质量管理体系的有效性和识别改进的机会。

（3）质量管理体系评审：实验室最高管理者的一项任务是对质量管理体系关于质量方针和质量目标的适宜性、充分性、有效性和效率进行定期评价。这种评审可包括考虑修改质量方针和目标的需求，以响应相关方需求的变化；评审还包括确定采取措施的需求。

审核报告与其他信息源一起用于质量管理体系的评审。

（常　东）

第二节　实验室的质量控制与评价

实验室的质量控制与评价是检测/校准全过程质量管理的一个重要环节，关系到检验结果是否准确可靠。质量控制与评价的理论最初是由简单的总体统计量逐步演变而来，应用统计学方法对检验过程中的各个阶段进行监控与诊断，从而达到保证与改进检验质量的目的。

一、质量控制统计方法

质量控制需要用科学的统计方法，对生产过程进行全方位、全要素、全过程的监控，预防质量缺陷的出现。在实验室中，检验工作的最终产品是检验结果，其质量保证建立在统计学基础之上，它可以有效提高检验结果的精密度和准确度，减少重复检测，避免错误报告的发出，为正确的检验检疫工作提供保障。

（一）质量控制的内容

正确选用检验方法是保证检验工作质量的前提之一，实验室应优先采用国家发布的最新有效的标准方法，也可选择国际或权威文献发布的方法或自行研制的方法等。采用非标准的方法时，方法可靠性的确认可采用标准物质或与权威方法比对或进行实验室之间比对的方法。因此，实验室质量控制可分为内部质量控制（internal quality control，IQC）和外部质量控制（external quality assessment，EQA）。实验室在检验之前，需要对样本进行正确的采集，按要求进行保存和运输。在检验过程中，往往按照一定频率定量的检测稳定样品中某种或某些成分，并将测定值标在符合一定统计学规律的控制图上，运用设定的判断限或控制规则对控制图上的测定值（也称控制值）进行评估，以此推测同批次样本的检测质量是否在控。为了确定某实验室进行某项特定检测/校准的能力，需参加实验室间比对来进行验证，这一活动过程称为能力验证(proficiency test,PT)。质量控制的内容既包含了分析前的准备,检验过程中的质量监控,又包括实验室间的质量评价。

（二）与质量控制相关的基本概念

质量控制过程应用到的统计学原理主要包括正态分布和抽样误差,质量控制过程需要使用到的基本概念如下:

1. 均数(mean) 是最常用的一个统计量,对样本中所有个体的值计算总和后除以个体数即可求得,常用$\bar{X}$表示,它往往集中反映一个样本的特征。

2. 标准差(standard deviation,s) 反映样本中个体的离散程度,是表示变异常用的统计量,常常以 s 表示。

3. 变异系数(coefficient of variation,CV) 是表示变异的统计指标,它是标准差相对于平均数的百分比,以 CV 表示。在定量检测中,往往用变异系数来表示检测方法的不精密度。

4. 正确度(trueness) 指同一实验室用同种方法在多次独立检验中分析同一样品所得结果的均值与靶值之间的差异。偏倚可以用来表示正确度。

5. 精密度(precision) 在一定条件下进行多次测定,所得结果之间的符合程度。精密度也无法直接衡量,而以不精密度表示,测定不精密度的主要来源是随机误差,以标准差(SD)和变异系数(CV)具体表示。SD 或 CV 越大,表示重复测定的离散程度越大,精密度越差,反之则越好。

6. 准确度(accuracy) 指实验室用某种方法在多次独立检验中分析某样品所得各个结果值与靶值之间在一定置信区间内的最大值。准确度既包括正确度又包括精密度,或者说测定结果由随机误差和系统误差及偏倚分量组成。

7. 控制品(control material) 是专门用于质量控制目的的特性明确的物质,其含量已知或未知并处于与实际样本相同的基质中。

（三）正态分布

正态分布(normal distribution)也称高斯分布,理想的正态分布表现为呈对称的钟型曲线(图6-5)。当重复多次测量同一样本时,所得到的该组结果不可能全部一样,而是呈现出"两头小、中间大"的正态分布规律。通过统计学方法,可以求得该组数据的平均数($\bar{X}$)和标准差(s),这两个统计量与正态分布曲线下面积(数据点的分布)符合下述统计学规律:以$\bar{X}$为中心,左右各1个s范围内的正态曲线下所包含的面积约占曲线总面积的68%,换言之,对于符合正态分布的一组数据,约68%的数据点应落在$\bar{X} \pm 1s$之间;以此类推,$\bar{X} \pm 2s$的范围内应包含约95%的数据点,$\bar{X} \pm 3s$的范围内应包含约99.7%的数据点。不同的数据集合里$\bar{X}$和s的大小不同会导致正态分布曲线形状的改变,但前述规律却是一致的,这一规律是质量控制工作的统计基础。

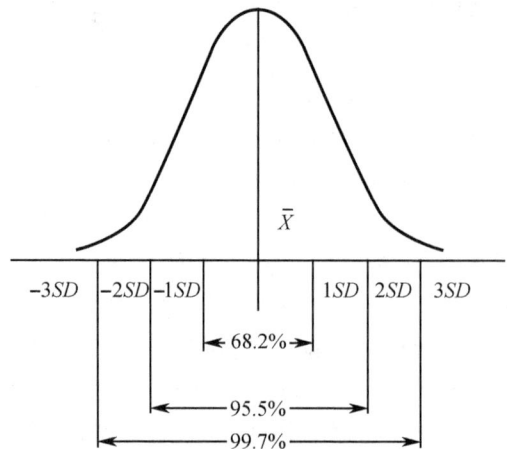

图6-5 正态分布曲线

（四）抽样误差与失控

对同一样品在短时间内进行多次测量所得到的结果肯定不会完全一致,也不可能与平均数完全一致,这个差异就是抽样误差。即在一个大样本中进行随机抽样时,会因抽样的不同而导致一定的误差。抽样误差不是人为可以消除的,是从一个数据集中任选一点(抽样)时客观存在的。在质量控制中,当得到一个质控测定结果与平均数不一致时,我们就要判断所发生的差异除了抽样误差外,是否还有其他误差存在(如系统误差、随机误差)。如果判断是抽样误差所致,我们就判断这个结果在控,否则就判定为失控。判断是否在控的依据就在于这个质控测定结果与平均数之间的差异究竟有多大,如图 6-5 所示,如果差异大于 $\pm 1s$,但小于 $\pm 2s$,根据正态分布规律,约有30%的可能性为抽样误差所致,这是统计学上的一个大概率事件,所以可将这个结果判定为在控;如果差异大于 $\pm 2s$,但小于 $\pm 3s$,根据正态分布规律,约有5%的可能性为抽样误差所致,5%是一个临界概率,根据质量控制的严格程度不同,可以将其判断为在控或失控,以及介于二者之间的警告。如果一个质控测定结果与平均数的差异大于 $\pm 3s$,根据正态分布规律,仅有0.3%的可能性为抽样误差所致,0.3%是统计学上的小概率事件,所以有较大把握判断该结果为失控,应进一步确认或查找原因。

二、室内质量控制

室内质量控制(IQC),简称为室内质控,它是全面质量管理体系中一个重要的环节。室内质量控制中要求检验人员必须经过专业的培训,经考核合格后方可上岗。与检验相关的设备必须进行定期的校准,并保留由专业部门出具的校准证明。日常检验过程中需对检验过程和结果进行实时监控,通常按照一定的频度连续测定稳定样品中的特定组分,并采用一系列方法进行分析,评价本批次检测结果的可靠程度,以此判断检验报告是否可以发出,及时发现并排除质量环节中的不满意因素。通过日常监控可以很好地控制本实验室检测工作的精密度,监测其准确度的改变,提高常规工作中批间或批内检测结果的一致性。因此,室内质控涉及控制品、质量控制图、控制规则,以及失控的判断和处理等内容。

（一）控制品的选择和使用

控制品根据其用途可分为室内控制品和室间质评样品两种。室内控制品用于实验室内的质量控制,其定值可溯源至二级标准品。室间质评样品由权威的评价机构发放,定期发放质评样本至各参评实验室,各实验室在规定的日期进行检验并上报。反映控制品性能的指标有:基质效应、稳定性、瓶间差、定值和非定值、分析物水平等。

1. 基质效应　对某一分析物进行检测时,处于该分析物周围的其他成分就是该分析物的基体或基质(matrix)。为了处理和保存运输的需要,控制品中需添加化学物、生物提取物、防腐剂等其他材料。这些基质成分的存在对分析物检测时的影响称为基质效应(matrix effects)。理想的控制品最好和待检样本具有相同的基质状态,在分析的过程中,控制品和样本才会有相同的表现,不存在基质效应的差异。

2. 稳定性　由于室内质量控制是建立在对稳定控制品重复测量的基础之上,因此稳定性成了控制品最重要的性能指标之一。当然,稳定不是绝对的,是相对概念,任何控制品时刻处于变化之中。稳定性好的控制品,是指它的变化很缓慢,常规检验手段反映不出来。即使是定值控制品,厂家说明书给出的也是测定结果的预期范围,而不是一个明确的值,这其中已经考虑到控制品在储存、运输和使用过程中的缓慢变化。在控制品的说明书上,往往有关于控制品性能的一些指标,如冻干品的复溶性能、溶解后的浑浊度、被检项目测定值的预期范围等,都是产品稳定性的反映。

3. 瓶间差　在日常质控中,某批次控制品检测结果的变异是检测系统的不精密度和控制品瓶间差异的综合反应。只有将瓶间差异控制到最小,检测结果间的变异才可最大限度地反映日常检验操作的不精密度。

控制品生产商除了充分混匀质控物外,在分装时还特别注意控制加样的重复性,即注意保持各瓶容量的一致性。用户对冻干控制品复溶的操作也一定要严加控制,注意复溶操作的标准化,否则在复溶过程中,实验室会引入新的瓶间差。实验室应注意下列细节:使用经检定合格的 AA 级单刻度移液管,符合要求的溶剂,复溶时瓶内冻干物湿润和混匀的动作和时间都要按规定执行,这样才能避免在复溶过程中产生新的瓶间差。

液体的控制品,由于无须复溶,就完全避免了实验室引入新的瓶间差的风险。一般液体控制品的开瓶稳定期比冻干控制品复溶后的稳定时间要长。不管使用液体还是冻干的控制品,各实验室均应仔细检查开瓶稳定期,并在实际工作中加以验证。在此基础上,各实验室制订出控制品开瓶(或复溶)后的最长使用时限。由于液体控制品稳定性好,可减少浪费,消除操作人员在复溶过程的操作误差,不少实验室都采用液体控制品。但这类产品通常昂贵,而且含有较多的防腐剂类添加物,可能会增加某些检测项目的基质效应。

4. 定值和非定值控制品　定值的控制品标出检测项目测定结果的预期范围,标示的值通常包括一些常规分析方法的均值和标准差。好的定值控制品既标有在特定参考方法条件下各分析物的预期结果值,又标有各分析物在不同检测系统下的均值及预期范围,用户可从中选择与自己相同检测系统的标示值作为质量控制工作的参考。

其实,非定值控制品的质量和定值控制品的质量是一样的,在具体的使用过程中,不论定值控制品还是非定值控制品,用户都必须在自己的检测系统中通过累积重新确定均值和标准差,并在日常的质量控制工作中加以使用。

5. 分析物水平　同一检测项目在不同浓度(活性)时的检测价值不一样,如果只做 1 个水平的控制品检测,只说明在该水平控制值附近的标本检验质量符合要求,难以反映远离该点的较高或较低分析物的检验质量是否也符合要求。因此,若能同时做 2 个或更多水平的控制品,则可以反映较宽范围内的质量是否符合要求,这样的质量控制工作更加科学和有效。因此,在选择控制品水平时,应考虑以下内容:两个或多个水平的控制品、浓度(水平)的分布要足够宽。

6. 控制品的正确使用与保存　合格优良的控制品是质量控制工作的基础,在实际使用和保存过程中,还必须注意以下几方面问题:①严格按控制品说明书规定的步骤进行解冻和复溶;②冻干控制品的复溶要确保使用正确的溶剂,如果溶剂额外引入了待分析成分,将影响质控结果的分析和使用;③冻干控制品复溶时所加溶剂的量要准确,并注意保持加入各瓶溶剂量的一致性,避免实验室引入新的瓶间差;④冻干控制品复溶时应轻轻摇匀,溶解时间要足够,确保内容物完全溶解,切忌剧烈振摇;⑤控制品应严格按说明书规定的方法保存,不使用超过保质期的控制品;⑥控制品的测定条件应与患者标本相同。

（二）定性检验的质量控制

实验室中定性测定方法较多,如毒品、病毒检验中使用的金标记方法、荧光免疫方法等,通常用"阳性"或"阴性"来反映检测结果。定性检验的临床意义在于是否检出待测物或病原体,与检测量无关。因此,室内质控要保证检验的灵敏度和特异性,以选择低值的控制品最为重要,应选择浓度接近试剂盒或测定方法下限的控制品进行室内质量控制。

定性实验质控具体方法和要求:

1. 定性实验除了阴阳性对照外,至少有 2 个室内控制品,一个弱阳性接近 cutoff 值,S/Co 应该为 2~4 之间,一个阴性控制品。

2. 测定频度要求每台仪器,每次检测样本时至少测定一次控制品。

3. 判断规则要求定性测定可以参照定量方法采用"即刻法"质控或 Levey-Jennings 质控图对弱阳性 S/Co 值作图,但弱阳性不能测为阴性,阴性不能为阳性。

定性检验的室内质控因不同情况有所不同,判断"在控"与"失控"的标准也不完全一样,最好采用浓度接近"判断值"的控制品进行质控,为防止假阳性,可同时采用阴性控制品;另外"失控"时的处理与定量测定时亦有所不同,如当控制品出现阴性时(浓度接近"判断值"),阳性结果仍可报告。反之若阴性控制品出现假阳性,则阴性结果仍可报告。

(三) 定量检验的质量控制

定量检验由于其对检测结果要求有准确的量值,因此在测定时须用校准品对仪器进行校准,同时应选择公认的检验方法和不同浓度的控制品作为室内质量控制,以监测不同浓度样本测定结果的变化。目前常用的质控方法:Levey-Jennings 质控图结合 Westgard 多规则质控方法和"即刻法"质控方法等。

1. Levey-Jennings 质控图　是实验室最常用的质控图,也叫常规质控图或 $\overline{X} \pm 2s$ 质控图。20 世纪 50 年代由 Levey 和 Jennings 引入检验的质量控制中。目前,常规的做法是:测定至少 20 份(次)控制品,计算 20 个测定结果的平均数和标准差,定出控制限(一般以 $\overline{X} \pm 2s$ 为警告限,$\overline{X} \pm 3s$ 为失控限),以后每分析一批随样本测定控制品,将所得的质控结果标在质控图上,这种经修改的 Levey-Jennings 图一般称为单值质控图(图 6-6)。

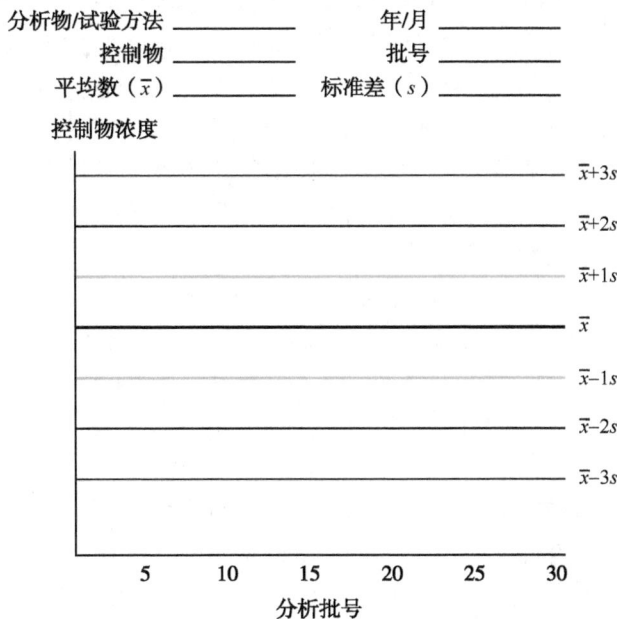

分析物/试验方法 _____　　年/月 _____
控制物 _____　　批号 _____
平均数 ($\overline{x}$) _____　　标准差 (s) _____

控制物浓度

$\overline{x}+3s$

$\overline{x}+2s$

$\overline{x}+1s$

$\overline{x}$

$\overline{x}-1s$

$\overline{x}-2s$

$\overline{x}-3s$

5　10　15　20　25　30

分析批号

图 6-6　Levey-Jennings 质控图

图 6-6 中 X 轴为质控分析批次,Y 轴为控制物的浓度。图中的控制限包括:$\overline{X}$、$\overline{X} \pm 1s$、

$\overline{X}\pm 2s$、$\overline{X}\pm 3s$。质控图中心线对应于控制品测定结果的平均数,控制限通常是标准差的倍数,但控制限的设定通常需要根据所采用的质控规则来决定。中心线和标准差必须由实验室使用自己的检测系统对控制品进行检测和确定,定值控制品的标示值和给出的标准差(或预期范围)只能作为参考,不能直接用于质控图。此外,同一质控图上只作一个水平的控制品,如果同一检测项目使用多水平的控制品,由于不同水平控制品的平均数不同,无法将多个水平的控制品描点在同一质控图上。

对于稳定性较长的新批号控制品,应与即将用完的旧批号控制品一起平行测定一段时间。根据 20 批次获得的质控测定结果,进行离群值检验(剔除超过 3SD 外的数据),依据至少 20 批次室内质控结果,计算出均值和标准差,作为暂定均值和标准差;以此暂定均值和标准差作为下一个月室内质控图的均值和标准差;一个月结束后,将该月的在控结果与前 20 个质控测定结果汇集在一起,计算累积均值和标准差(第一个月),以此累积的均值和标准差作为下一个月质控图的均值和标准差。重复上述操作过程,连续 3~5 个月。在以上工作的基础上,以最初 20 个数据和 3~5 个月在控数据汇集的所有数据计算出累积均值和标准差,以此累积均值和标准差作为控制品有效期内的常用均值和标准差,并以此作为以后室内质控图的均值和标准差。对个别在有效期内浓度水平不断变化的项目,则需不断调整均值和标准差。

对于稳定期较短的控制品,则需在 3~4 天内,每天分析同一水平的控制品 3~4 瓶,每瓶重复测定 2~3 次。至少收集 20 个数据,剔除离群值后计算出平均数作为质控图的中心线,根据上批次的变异系数和本批次的平均数计算出标准差用于质控图。

2. Westgard 质控图　Westgard 质控图的制作方法和图形与 Levey-Jennings 质控图非常相似,只是用于判断的质控规则略有不同:Westgard 质控图运用"多个"质控规则,Levey-Jennings 质控图则往往运用"单个"质控规则(详见质控规则部分)。

3. Z-分数图　为了保证不同浓度水平的待测标本结果可靠,实验室一般会使用不同浓度水平的多个控制品进行质量控制。由于不同浓度水平的控制品的中心线(平均数)和标准差不同,如果使用 Levey-Jennings 质控图,就无法在同一质控图上标记多个系列控制品的测定结果,需要使用多个质控图,这在实际工作中很不方便。Z-分数图就是专门针对这一问题的解决方案。所谓"Z-分数"是指控制品测定结果与本系列控制品平均数之差,再除以本系列控制品的标准差而得到,即:

$$Z-分数 = (X_1 - \overline{X})/s$$

可见,Z-分数是一个相对数,表示某批质量测定结果与平均数之差是标准差的多少倍。Z-分数控制图纵坐标刻度一般从 −4 到 +4,如控制品测定结果刚好等于平均数,此时 Z-分数为 0,以 ±1、±2、±3 为界限,横坐标为分析批次。

(四)常用质量控制规则

控制规则是解释质控数据和判断分析批是否在控的标准,常以符号 A_L 表示。其中 A 是超过某控制界限的质控测定结果的个数,L 是控制界限。例如,1_{2s} 表示的含义是:有 1 个质控测定结果超过 2s,在这里 A = 1,L = 2s。下面将介绍常用质控判断规则的符号和主要含义,再介绍它们在不同体系质控图中的使用。

1. 常用质控规则的符号和含义

(1)1_{2s} 控制规则:1 个质控测定结果超过至 $\overline{X}+2s$ 或 $\overline{X}-2s$ 控制限,一般用作"警告"规则,并启动其他规则进一步检验质控数据是否在控,见图 6-7。

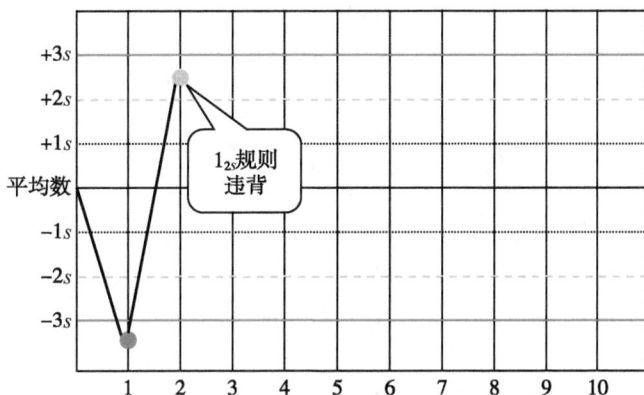

图 6-7 1_{2s} 控制图

（2）1_{3s} 控制规则：1 个质控测定结果超过至 $\overline{X}+3s$ 或 $\overline{X}-3s$ 控制限，由于超过 $\pm 3s$ 是小概率事件，因此常用作失控规则，此规则对随机误差敏感，见图 6-8。

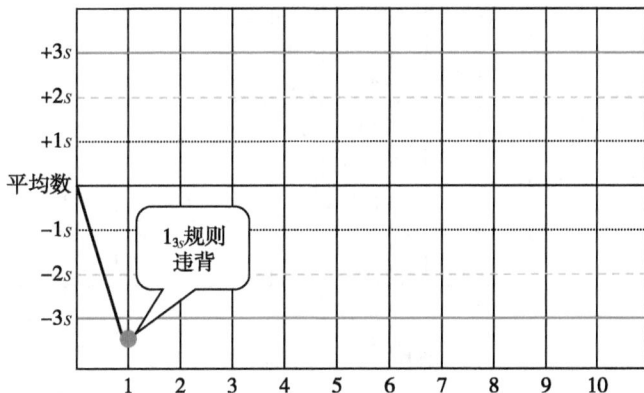

图 6-8 1_{3s} 控制图

（3）2_{2s} 控制规则：2 个连续的质控测定结果同时超过 $\overline{X}+2s$ 或 $\overline{X}-2s$ 控制限，由于连续同时超过 $\pm 2s$ 是小概率事件，因此常用作失控规则。两个测定值可以是同一质控物，也可以是两个不同的质控物。当在同一批内两个连续的质控测定值超过它们各自的 $+2s$ 或 $-2s$ 控制限，则判断为失控；或当同一质控物在连续两个批的测定值超过 $\overline{x}+2s$ 或 $\overline{x}-2s$ 限时，则判断为失控。此规则主要对系统误差敏感，如图 6-9 所示。

（4）R_{4s} 控制规则：指同一分析批中两水平的质控测定结果，其中一个结果超过 $\overline{X}+2s$，另一个结果超过 $\overline{X}-2s$，即当在同一批内高和低的质控测定值之间的差或极差超过 $4s$ 时，则判断为失控。这一规则对随机误差敏感，如图 6-10 所示。

（5）4_{1s} 控制规则：当 4 个连续的质控测定值同时超过 $\overline{x}+1s$ 或 $\overline{x}-1s$ 控制限，则判断为警告，用于启动预防维护程序。连续的质控测定值可能发生在同一质控物或不同质控物的测定值。这一规则主要对系统误差敏感。如图 6-11 所示。

（6）$10\overline{X}$ 当 10 个连续的控制品测定值落在平均值（$\overline{x}$）的同一侧，则判断为警告，用于启动预防维护过程。连续的控制品测定值可以来源于几个分析批中，这一规则对系统误差敏感。如图 6-12 所示。

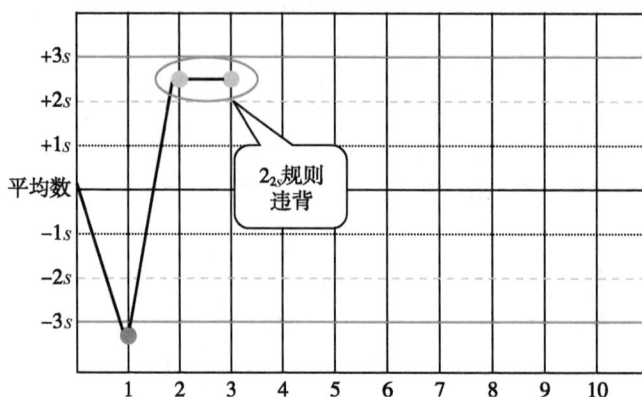

图 6-9　2_{2s}控制图

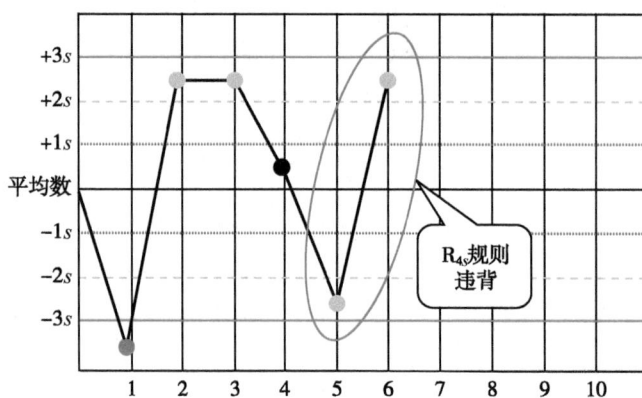

图 6-10　R_{4s}控制图

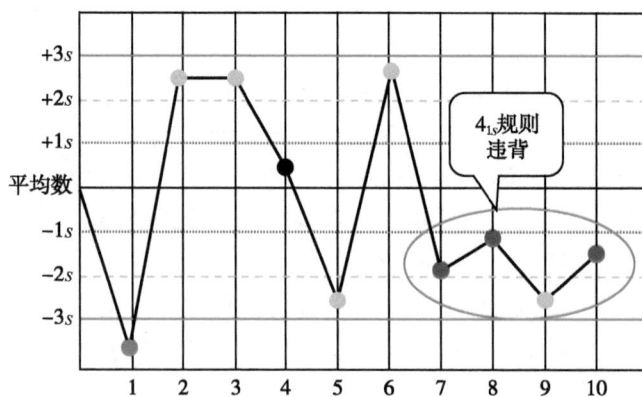

图 6-11　4_{1s}控制图

2. 多规则质控方法的应用　Westgard 于 20 世纪 80 年代提出的多规则程序是充分利用各个规则的特性,将它们组合起来,以计算机作为逻辑检索,以此提高控制效率。Westgard 多规则要求受控项目每次最好使用 2 个水平的控制品(1 个水平也可以,但误差检出的敏感性下降)。上面介绍的六种质控规则是 Westgard 推荐的六个质控规则,通常称为

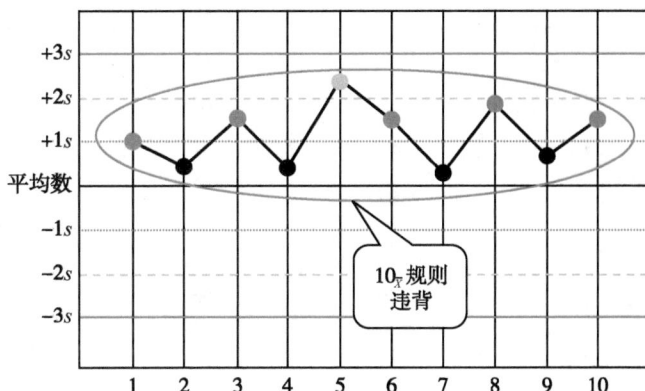

图 6-12　$10_{\bar{x}}$控制图

"Westgard 规则"。图 6-13 显示将这几种质控规则联合应用的实际应用方法。1_{2S}规则作为警告规则启动其他的控制规则来检查控制数据。如果没有控制数据超过 $2s$ 控制限,则判断分析批在控,并且可报告结果。如果一个控制测定值超过 $2s$ 控制限,应由 1_{3S}、2_{2S}、R_{4S}规则进一步检验质控数据,如果没有违背这些规则,则该分析批在控,可报告结果;如果违背任一规则,则判断该分析批为失控。4_{1S}和 $10_{\bar{x}}$违背可以作为警告规则,用于启动预防维护程序。违背的特定规则可以提示误差类型,如在实践中常由 1_{3S}或 R_{4S}规则检出随机误差,而由 2_{2S}、4_{1S}、$10_{\bar{x}}$规则检出系统误差。当系统误差非常大时,也可由 1_{3S}规则检出。

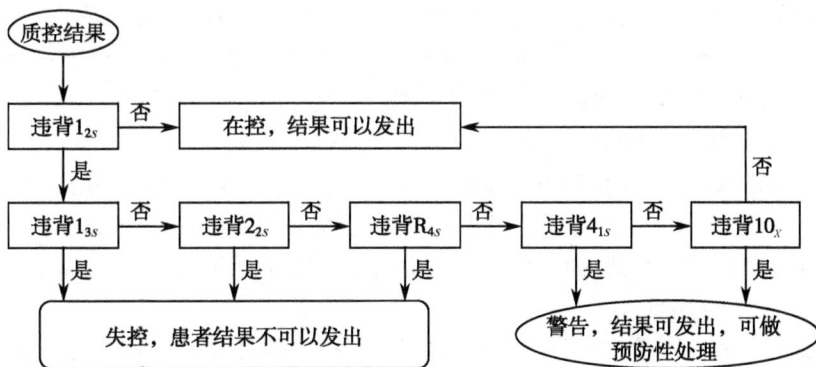

图 6-13　应用 $1_{3S}/2_{2S}/R_{4S}/4_{1S}/10_{\bar{x}}$系列控制规则的逻辑图

3. "即刻法"质控方法　对于某些试剂有效期短,批号更换频繁或不常检测的项目,用上述方法计算获得平均数和标准差有很大的难度,可采用"即刻法"又称 Crubs 异常值取舍法,只要有 3 个以上的质控数据即可决定是否有异常值的存在。具体步骤如下:①将连续的质控测定值按从小到大排列,即 $x_1,x_2,x_3,x_4,x_5,x_6,\cdots x_n$($x_1$ 为最小值,x_n 为最大值);②计算均值($\bar{x}$)和标准差(s);③按下述公式计算 $\mathrm{SI}_{上限}$ 和 $\mathrm{SI}_{下限}$值;④将 $\mathrm{SI}_{上限}$ 和 $\mathrm{SI}_{下限}$ 值与 SI 值表(表 6-1)中的数值比较。

$$\mathrm{SI}_{上限} = (x_{最大} - \bar{x})/s$$
$$\mathrm{SI}_{下限} = (\bar{x} - x_{最小})/s$$

表6-1 "即刻法"质控 SI 值表

n	n_{3S}	n_{2S}	n	n_{3S}	n_{2S}
3	1.15	1.15	12	2.55	2.29
4	1.19	1.46	13	2.61	2.33
5	1.75	1.67	14	2.66	2.37
6	1.94	1.82	15	2.71	2.41
7	2.10	1.94	16	2.75	2.44
8	2.22	2.03	17	2.79	2.47
9	2.32	2.11	18	2.82	2.50
10	2.41	2.18	19	2.85	2.53
11	2.48	2.23	20	2.88	2.56

质控结果的判断:$SI_{上限}$ 和 $SI_{下限}$ 值均小于表6-1 中 n_{2S} 对应的值时,说明质控测定值的变化在 $2s$ 之内,可以接受。如 $SI_{上限}$ 和 $SI_{下限}$ 值中有一个处于 n_{2S} 和 n_{3S} 对应的值之间时,说明该质控测定值的变化在 $2s \sim 3s$ 之间,处于"警告"状态。当 $SI_{上限}$ 和 $SI_{下限}$ 值只要有一个大于 n_{3S} 对应的值时,说明该质控测定值的变化已超出 $3s$,属"失控",应该进行纠正。当检测的控制品数超过20 次以后,可转入使用常规的质控图进行室内质控。

(五)失控后的分析与处理

1. **失控处理的工作流程** 实验室应制订符合自己的质控规则和方法,判断质控结果是否在控。当发现质控结果违背控制规则时,应按照质控失控处理流程进行处理。一般失控处理流程包括以下主要内容:①立即停止该分析批次检测结果的审核、报告;②查找分析失控原因,根据违背的质控规则大致判断误差来源和类型,有针对性地处理;③处理后再次做质控验证,直至质控结果在控为止;④填写失控及处理记录表,交室主任审核;⑤审核者查验处理流程和结果,对处理方式和最终结果进行签字确认;⑥由审核者决定是否发出与失控同批次的检验报告,是否收回失控发现前已发出的检验报告,以及是否根据随机原则挑选出一定比例的失控前样本进行重新测定和验证,并根据既定标准判断失控前测定结果是否可接受,对失控作出恰当的判断。

2. **失控原因分析** 失控信号的出现受多种因素的影响,这些因素包括:操作失误,试剂、校准物、控制品失效,水电等供应不符合要求,仪器维护不良以及采用的控制规则、控制限范围等。操作人员应在实际工作中不断积累经验,正确判断不同原因引起的失控在质控图上的表现,当失控发生时,才可以根据质控图的表现,快速准确地对失控原因作出分析。失控原因分析过程包括:

(1)分析数据:仔细查看质控图上质控数据点的分布,分析所违背的质控规则,大致确定误差的类型,区分是随机误差还是系统误差。分析时应注意不同的质控规则对不同的误差类型的敏感性不同,比如违背 1_{3S} 或 R_{4S} 规则,通常指示随机误差;违背 2_{2S}、4_{1S}、$10_{\bar{x}}$ 规则,通常指示系统误差。一般地说,质控曲线的突然变化或者较大幅度的波动应多考虑随机误差,而趋势性和渐进性改变应多考虑系统误差。

(2)查找原因:由于随机误差和系统误差往往由不同的原因引起,因此在确定误差类型后就较易分析出误差的来源。引起系统误差的常见原因有:校准物批号更换、校准物赋值不当或配制错误、使用新的校准物未及时更改校准值、试剂变质或批号更换未校准、光路系统积灰或老化、仪器恒温系统失灵等等。引起随机误差的常见原因有:试剂瓶或试剂通道中混入气泡、试剂误加、电压不稳以及在吸量、定时等方面操作的样本间差异等。

(3)新进改变:在确定误差类型之后,还应仔细分析失控前整个检测系统的某些改变是否是引起失控的原因,如试剂添加、试剂瓶更换、控制品或校准品溶解人员的变动等。此外,如果质控图上近期的质控点呈现趋势性改变,则应考虑控制品或试剂的缓慢变质,或者光路老化等因素。

(4)检测系统变化:首先应分析在室内质控失控之前有无改变分析系统的完整性,如果失控前有更换部分硬件、修改反应参数以及变更试剂、校准品或控制品等情况发生,应首先仔细确认其更改的正确性。如是个别项目失控,则可以基本确定分析仪工作正常;如果是多个项目失控,应寻找失控项目之间的共同因素,如多个检测项目同时失控,它们的共同特点是都以 340nm 为测定波长,此时应首先核实灯泡在 340nm 处的光能量是否明显下降,或者该波长的滤光片损坏。找不出明显共同原因而失控项目又特别多,甚至出现全部项目失控的,很可能是分析仪器故障。

(5)手工操作:应认真回顾操作的全过程,有无更换操作人员、有无定时定量方面的错误、有无计算方面的失误,排除人为因素后,分析是否存在校准品、试剂、比色计等方面的原因。

3. 失控处理的常见措施　在分析出失控原因的基础上,有针对性地采取一些处理措施,并在处理后再次测定控制品加以验证。常见的处理措施及意义如下:

(1)重新测定同一控制品:主要用以查明人为误差,或偶然误差。如是偶然误差,重测的结果极有可能落在允许范围内(在控)。

(2)新开控制品,重测失控项目:如果新开瓶的质控结果在控,那么原来瓶中控制品可能过期或溶解后保存不当致变质。

(3)更换试剂,重测失控项目:如果是试剂变质或超过开瓶稳定期,更换试剂重做试剂空白后,重新测定控制品应该在控。

(4)进行仪器维护,重测失控项目:检查仪器状态,查明光源是否需要更换,比色杯是否需要清洗或更换,是否按规定执行周期性维护保养,维护保养后重测控制品应该在控。

(5)重新校准:校准后重测控制品加以验证,可以解决系统漂移的问题;必要时也可以新开瓶校准品,以排除校准品变质。

以上是实验室常见的失控处理措施,在实际工作中,究竟应该先执行哪一步,应当根据对失控原因的初步判断来决定。如果实验室用尽常规手段,仍然无法纠正失控,应该及时与仪器厂家或试剂厂家联系,请求技术指导,必要时应请工程师到现场解决问题。

(六)质量控制的数据管理

室内质量控制是全面质量控制的重要环节,早已纳入到了检验的日常工作。每天产生的质控数据,这既是每日室内质量控制工作的记录性文件,也是日后向服务对象提供质量保障措施的证明性文件。因此,在周期性小结和分析之后,应该作为实验室十分重要的质量证据予以妥善保存。

每月所有质控活动结束后,应对全月的所有质控数据进行汇总、统计处理上报实验室负责人并集中存档保存。材料包括原始质控图;各种质控数据的平均数、标准差和变异系数的计算;质控图上失控点的标注和处理;失控处理记录表(包括违背的质控规则、失控原因分

1

析、采取的处理措施及效果验证等）。一般情况下，这些资料需要长期保存至少两年以上。

此外，每月质控工作结束后，要对全月室内质控数据的平均数、标准差、变异系数及累积平均数、累积标准差进行评价，如按月画出逐月的平均数和标准差（或变异系数）的折线图，可以更加直观地反映与以往各月是否有明显不同，如果发现有显著性的变异，应及时查找分析原因：如变异系数折线图显示逐月增大，提示常规工作的精密度下降，应重点分析是否因仪器维护保养不到位造成；如月平均数出现偏离中心线的渐进性改变或趋势性改变，应当分析和纠正造成这种改变的因素，包括是否为试剂或控制品的缓慢变质造成，或者仪器、光路的老化造成等。如找不到明确的原因，在征得实验室主管同意后，必要时可以对控制图的中心线、标准差或质控限进行微调，或对控制方法重新进行设计，以期符合持续质量改进的原则。

三、能力验证及室间质量评价

能力验证或室间质量评价又称为实验室外部质量控制（external quality assessment, EQA），它可以帮助实验室发现问题，确保检验结果的准确性。能力验证或室间质量评价是由上级或授权实验室对某个或某些实验室开展某项检测工作的能力的监控和评价，是有效地发现分析检测的系统误差，增强实验室间检测结果可比性的手段。

ISO/IEC 17025要求实验室在技术上采取辅助校准方法，发现测量系统可能存在的系统误差，保证提供给客户的检测/校准结果的质量。

能力验证是实验室间比对确定实验室的检测/校准能力的活动。为客观比较某实验室的检测结果与靶值的差异，由权威机构或实验室采取一定的方法，连续、客观地评价实验室的结果，发现系统误差并校正结果，使各实验室之间的结果具有可比性。它是为确定某个实验室进行某项特定校准或检测能力，以及监控其持续能力而进行的实验室间比对活动。该活动一般预先规定条件，组织多个实验室对相同被测样品进行校准/检测，然后进行评价。在实验室质量管理体系中，室间质量评价是重要的组成部分，正越来越受到检验检测实验室的重视。

（一）室间质量评价的目的和作用

积极参加室间质量评价，可以帮助参与实验室提高检测质量，改进工作，提高检验结果的准确性；可以建立参与实验室间检测结果的可比性和一致性，为实验室认证、认可、评审、注册和资质认定等提供依据等。室间质量评价的主要作用包括：

1. 评价实验室的检测能力　室间质量评价报告可以帮助实验室管理人员和技术人员正确判断本实验室的检测能力，哪些差异在可以接受的范围内，哪些差异不可以接受；室间质量评价报告还能说明参评实验室在相同条件下（相同系统，或相同分析原理）其结果所处的位置，及时发现本实验室与总体检测水平的差异，客观地反映出该实验室的检测能力。

2. 发现问题并采取相应的改进措施　通过室间质量评价报告发现问题，并采取相应的改进措施以提高检验质量是室间质量评价最重要的作用之一。如果本实验室的检测结果与公认值存在显著差异，甚至没有通过室间质量评价，则表明本实验室的检测系统可能存在问题，因而需要认真分析原因，找出可能存在的问题并有针对性地采取改进措施。常见的原因包括：①检测仪器未经校准并缺乏周期性维护；②未建立该项目的室内质控或室内质控不佳；③试剂质量不稳定，或试剂批间差较大；④实验人员的能力不能满足实验要求；⑤上报检测结果计算或抄写错误；⑥室间质评的样品保存、运输，以及分析前的处理不当等。

3. 为实验室改进检测方法分析能力提供参考　当实验室在选用新的检测方法或选购新仪器,以及改变检测方法时,可以从室间质评总体信息中找到参考依据。通过分析室间质评不同方法、仪器、试剂的统计资料,可以帮助实验室选择到更适合于本实验室要求的检测方法和(或)仪器。

4. 支持实验室认可　在实验室认可活动中,室间质量评价及成绩越来越受到认可组织的重视,是实验室认可活动中重要的参考依据,如 ISO/IEC 17025 认可准则中对能力验证提出了明确的要求。

室间质量评价虽然有以上诸多重要作用,但必须指出的是室间质量评价仍然不能全面准确地反映分析前和分析后存在的许多问题,如样本的采集、储存和运输以及检测结果的传递等。因此,室间质评不能替代实验室全面的质量控制与管理体系。此外,一些人为的因素也可能导致室间质评结果的不真实,如某些参评实验室为了取得较好的室间质评成绩,检测时没有按照常规样本的处理流程,而是挑选高年资的实验人员专门维护并校准检测系统,或采用多次检测求均值的方式来完成室间质量评价。因此,在这种情况下的室间质评成绩不能真实地反映实验室的常规检测能力。此外,方法学、技术能力、上报时录入错误和控制品等存在的问题都可以导致室间质量评价的结果不满意或失败。

(二)室间质量评价样品的检测

实验室在收到室间质评样品后,应按要求将样品保存在适宜的条件下。对于冻存的样品,在检测前应取出复温足够长的时间。需要复溶的样品,应该使用适当的溶剂和经校验的移液装置进行溶解,放置足够长的时间使其充分溶解。参评实验室必须将室间质评样品与常规检测样品在完全相同的条件下检测,在样品检测过程中,特别强调以下内容:

1. 室间质评样品必须使用实验室的常规检测流程和方法,由当日在岗的常规工作人员检测。

2. 实验室在检测室间质评样品的次数上必须与常规检测患者样品的次数一样,对于定量检测的项目,禁止多次测定上报平均值的做法。

3. 实验室在回报结果前,一定不能交流各实验室对质评样品的测定结果。实验室应有记录性文件证明回报的结果与实验室信息系统、分析仪上的原始结果一致,即应保证回报结果有逐级溯源性。

4. 实验室应独立分析室间质评样本,不能将室间质评样品或样品的一部分送到其他实验室分析,否则室间质评组织者有权宣布该实验室本次成绩为零。

5. 实验室进行室间质评样品检测时,必须将样品的处理、准备、检测、审核等每一步骤以及结果与报告文件化。实验室应该保存所有记录资料或复印件至少 2 年,包括室间质评结果的各种记录表格,如室间质评计划的说明、实验室主任和分析人员的签字等。

(三)分析原因、持续改进

室间质量评价的目的是监测和评价各实验室对相同标本测定结果的一致性,使参与评价的实验室从中获得准确性或一致性方面的信息,在持续改进中提升检验质量。因此,充分分析室间质评结果,查找原因,持续改进,提升检验质量是室间质量评价活动重要组成部分,也是其最终目标,其主要步骤如下:

1. 建立实验室内室间质评操作程序和记录性文件　当得到室间质评成绩时,距离测定时间已经较长,操作者可能已无法详细回忆具体的操作过程。因此,各实验室应该建立室间质评操作程序,每一操作步骤均按程序文件执行,并以文件的形式详细记录下来,才有利于随后的室间质评结果回顾性分析。

2. 分析研究室间质评结果　实验室在收到室间质评结果时,应详细系统地分析室间质量评价结果。当出现不合格室间质评项目,或潜在的质量安全隐患时,实验室应启动识别、纠正和预防措施及程序。

（李士军）

第三节　实验方法选择与评价

一、实验方法选择原则

正确选择实验方法是保证检验工作质量的前提之一。实验室应使用适合的方法和程序进行所有检验分析,包括被检验物品的抽样、处理、运输、存储和准备。适当的时候,还应当包括测量不确定度的评定和分析检验数据的统计技术。

实验室应采用满足客户需要,并符合实验室有能力开展检验工作各项条件的检验方法,包括抽样的方法。当客户未指定所用方法时,实验室应按下列顺序优先选择检测方法:①法律法规规定的标准;②国际标准、国家(或区域性)标准;③行业标准、地方标准、标准化主管部门备案的企业标准;④非标准方法、允许偏离的标准方法。其中,标准方法包括:①国际标准,如 ISO、WHO、CAC、UNFAO 等;②国家(或区域性)标准,如 GB、EN、ANSI、BS、DIN、JIS、AFNOR、药典等;③行业标准、地方标准、标准化主管部门备案的企业标准。非标准方法包括:①技术组织发布的方法,如 AOAC、FCC 等;②科学书籍或期刊公布的方法;③仪器生产厂家提供的指导方法;④实验室自行制定的内部方法。允许偏离的标准方法包括:①超出标准规定范围使用的标准方法;②经过扩充或更改的标准方法。实验室应确保使用的标准方法为最新有效版本,除非该版本不适宜或不可能使用。当有几种方法可供选择,或标准化方法中提供多种可选程序时,实验室应制定相应的选择规定。为防止由于检验随意性给检验结果造成的危害,必要时实验室制定附加细则作业指导书对标准加以补充,以确保应用的一致性。检验细则的制定应着重考虑样品对检验活动程序的要求:①检测样品的安全性、代表性、样品检测中可能存在的不可重复测量性;②样品各个检测指标的相关性;③环境对测量结果的影响;④测量仪器设备的调配限制;⑤数据采集、分析与处理;⑥测量不确定度的评定;⑦检测中断的影响及其他因素。制定后的检测细则应由技术管理层批准。实验室所选用的方法应通知客户。

实验室应积极主动收集本部门的检验标准,收集到的检验标准应由技术管理层批准后,再由质量管理部门登记编号存档控制使用。同时,对在用的检验标准进行有效性的跟踪,做好检验标准的查新,安排有关人员一定周期重新查新确认一次,保证检验方法的有效性。如果新标准与旧标准相比,检测资源配置和技术要求有较大变化时,技术管理层应组织相关人员对新标准开展宣贯,必要时应对实验室执行新标准的能力重新进行验证。当上述情况发生时,质量管理部门应着手组织向资质认定管理机构提出扩项的申请。

实验室首次采用标准方法进行实际检验工作之前,应证实能够正确地运用这些标准方法。如果标准方法发生了变化,应重新进行验证。当需要采用非标准方法时,方法在使用前应经过适当的确认。当客户要求变更检验方法,提出指定的方法时,实验室必须对该方法的有效性进行确认,以确定变更或偏离是可行的。如果指定方法已不适合或已过期时,应及时通知客户,提请客户另行选择其他有效的检验方法。如果客户坚持采用原提出方法时,应在签订合同时注明,并由客户签字确认,同时报告实验室技术管理层作偏离授权。对于实验室认可或资质认定项目,检测和校准方法的偏离须有相关技术单位验证其可靠性或经有关主管部门核准后,由技术负责人批准和客户接受,并将该方法偏离进行文件规定。

二、采(抽)样程序制定

正确采集样品是保证数据准确性的前提。由于采(抽)样工作是整个检验工作中的重要一环,鉴于样品来源的复杂性及所需检验组分的不同,应根据样品种类和检验项目,制定不同的采(抽)样程序。如果在相应的检验标准中已有采(抽)样规定的,执行检验标准;如果在相应的检验标准中没有规定的,实验室应制定采(抽)样程序。只要合理,应根据适当的统计方法制定采(抽)样程序。

实验室制定的采(抽)样程序,一般规定采用随机抽样方式,注意采集的样品具有代表性和均匀性,特殊样品(如应急样品等)的采集要具备典型性。某些情况下(如法庭科学分析),样品可能不具备代表性,而是由其可获得性所决定,实验室应在检测报告上明确声明:本检测结果仅对来样负责。

采(抽)样方法中,还应规定采(抽)样现场需要调查并记录的因素以及样品运输、储存及处理的条件。同时,还应规定不同样品采(抽)样时的注意事项,以保证采(抽)样品的合理性。如理化检验样品应有防化学性污染的相应措施。微生物检验样品采集必须无菌操作,避免杂菌污染。病原微生物样品的采集必须由掌握相关专业知识和操作技能的工作人员配备与采集病原微生物样本所需要的生物安全防护水平相适应的设备实施,在采集过程中应有有效地防止病原微生物扩散和感染的措施和保证病原微生物样本质量的技术方法和手段以防止病原微生物扩散和感染,并对样本的来源、采集过程和方法等作详细记录。

样品需注明抽样编号、抽样时间、样品名称、来源、采样者、所有野外调查及采样情况、样品保持方法及采样时的气候条件等信息。当客户对采(抽)样方法的规定有偏离、添加或删改的要求时,还应详细记录这些要求和相关的采(抽)样资料,并记入包含检验结果的所有文件中,同时要求将这些偏离通知有关人员。

三、标准方法验证

在引入新的标准检验方法之前,实验室应证实能够正确地运用这些标准方法。

(一)理化检验方法

对于首次采用的标准方法,实验室在应用于样品检测前应对方法的技术要求进行验证。验证的参数包括:

1. 检出限和检测限

(1)空白试验(blank test):在不加样品或以等量溶剂替代样品液的情况下,按与测定样品相同的方法和步骤进行定量分析,把所得结果作为空白值,从样品的分析结果中扣除。

空白值能全面反映检验工作中所用试剂(包括纯水)与分析仪器的质量状况,并反映分析人员的素质和技术水平以及实验室的环境条件等各方面的问题。在卫生检验中许多样品中所含的待测物极其微量,有些刚刚能区别于空白值,因此对空白值的控制就尤其重要。在实验室中,为得到稳定且尽可能低的空白值,通常采取以下措施:①保护纯水的质量不发生变化,通常采用电导、酸度和微量有机物的分析来说明纯水的质量;②对试剂及溶剂中的杂质进行严格的检查;③谨慎保存清洗后的器皿,以防污染。

重复分析时,空白试验结果之间的变异服从随机分布规律。合理的空白试验重复次数与样品分析的重复次数应一致,这样可以使随机误差合理地包含在总误差中。当有充分证据证明空白值相当稳定并在控制下,可以减少空白试验次数。

(2)检出限(limit of detection,LOD):是指对某一特定的分析方法,在给定的置信水平内,能定性检出待测物质的最小浓度或最小量。检出限可根据空白试验的多次测定计算得到,它反映测量系统的质量水平。

国际纯粹与应用化学联合会(IUPAC)规定检出限 L 由式(6-1)和式(6-2)计算。

$$x_L = \overline{x_b} + kS_b \tag{6-1}$$

$$L = \frac{x_L - \overline{x_b}}{S} = \frac{kS_b}{S} \tag{6-2}$$

式中,x_L为在一定置信水平内,被测物能被检出的最小分析信号;$\overline{x_b}$为多次空白测量的平均值;S_b为多次空白测量的标准偏差;k为根据一定置信水平确定的系数;S为测定方法的灵敏度,即校准曲线的斜率,实际意义为单位浓度或量的待测物质产生的分析信号值。在光谱分析中,通常取 $k=3$。

在实际工作中,某些分析方法的检出限也有特殊的规定:气相色谱法以二倍噪声水平信号对应的浓度或质量作为检出限;离子选择性电极法则以校准曲线的直线部分外延的延长线与通过空白电位且平行于浓度轴的直线交点所对应的浓度为该方法的检出限。

(3)检测限(limit of determination):亦称定量限(limit of quantification,LOQ),是指对某一特定的分析方法,在给定的置信水平内,能定量检出待测物质的最小浓度或最小量。检测限反映了检验实验室和测试系统的本底和基础,同时也反映了检验实验室和分析人员的水平。检测限同样由式(6-1)和式(6-2)计算,此时 $k=10$。

2. 线性范围　在卫生检验中,常用校准曲线法进行定量分析。校准曲线(calibration curve)是用于描述待测物质浓度(或含量)与测量信号值之间定量关系的曲线。校准曲线包括工作曲线(working curve)和标准曲线(standard curve)。配制一系列不同浓度的标准溶液,采用与样品分析完全相同的步骤进行测定,以测得的信号值对标准溶液中待测物质的浓度(或含量)绘图,所得曲线称为工作曲线,如图6-14。如果标准溶液的分析步骤与样品的分析步骤不完全相同,得到的校正曲线称为标准曲线。根据样品的测定值,依据校正曲线即可求出待测物质的浓度(或含量)。

校准曲线的绘制可以采用绘图法或用最小二乘法进行线性回归。绘图法绘制校准曲线易受分析人员的主观因素影响,误差较大。最小二乘法进行线性回归求出的回归方程(regression equation)$y = bx + a$,根据回归方程绘制的校准曲线不受分析人员主观影响。方程中 y 为测定信号值;x 为待测物质的浓度或含量;a 为曲线的截距(intercept),代表空白值;b 为曲线的斜率(slope),表示单位浓度或含量的待测物质产生的信号值大小,也称灵敏度(sensitivity)。b 越大,表示测定方法的灵敏度越高。校准曲线的线性好坏常用测量信号值与待测物质浓度或含量的相关系数(correlation coefficient)r 来反映。$|r|$值越接近 1,校准曲线的线性关系越好,说明各测定溶液的测量误差越小。对于筛选方法,$|r|$不应低于 0.98,对于确证方法,$|r|$不应低于 0.99。

校准曲线的线性范围是指待测物质浓度或含量与测定信号值呈线性关系的浓度或含量

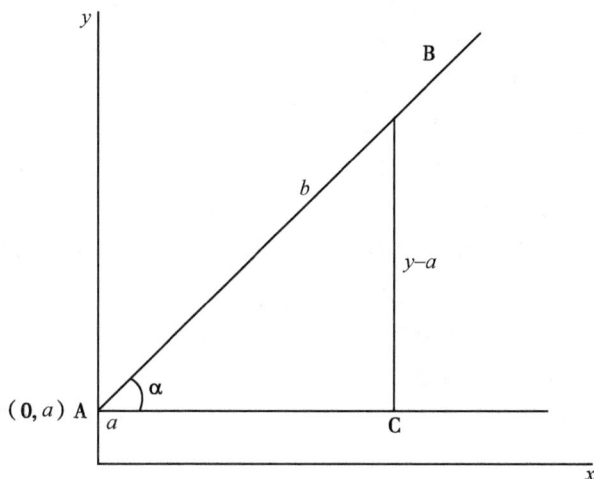

图6-14　工作曲线

范围。待测物质的浓度或含量应在方法的线性范围内。线性范围越宽,表明样品测定越方便,多数样品不必稀释或浓缩即可直接测定。

3. 精密度(precision)　检验方法的精密度是指在一日内连续平行测定多份同一样品和在一段时间内多次重复测定多份同一样品所得结果之间的符合程度,常用多次测定结果的相对标准偏差(relative standard deviation,RSD)表示。RSD越小,表明测定结果的随机误越小,精密度越高。由于微量分析的误差随待测物质浓度或含量的递减而出现增加的趋势,在试验中常于检验方法的线性范围内选择高、中、低三种不同浓度或含量的标准样品各进行6次重复测定,分别计算各种浓度或含量的日内和日间相对标准偏差。一般要求测定方法的相对标准偏差≤10%。

4. 准确度　是指样品的测定结果与已知值或真值的符合程度,是反映检验方法系统误差和随机误差大小的综合性指标,它决定检验方法的可靠性。评价检验方法的准确度的常用方法有:

(1)使用参考标准或标准物质进行校准:

方法准确度评价时,将标准物质用评价方法进行若干次重复测定,然后对测量平均值与证书上的标准值进行比对。标准物质的标准值范围为 $A \pm U$(A 为标准值,U 为不确定度,即标准值 × 相对不确定度),对标准物质的测定结果为 $\bar{x} \pm t_{\alpha f} \dfrac{S}{\sqrt{n}}$,如果:$|\bar{x} - A| \leqslant$

$\left[\left(t_{\alpha f} \dfrac{S}{\sqrt{n}} \right)^2 + U^2 \right]^{\frac{1}{2}}$ 则表明标准物质的测定结果与标准值是一致的,表明分析方法与测定过程的准确度令人满意,相应条件下样品的分析结果准确可靠。

(2)加标回收试验:在没有有证标准物质的情况下,可以向样品中加入一定量的待测组分的纯物质,用待评价方法同时测定样品和加标样品,按式(6-3)计算加标回收率。

$$加标回收率 = \frac{加标样品测定值 - 样品测定值}{加标量} \times 100\% \qquad (6\text{-}3)$$

计算所得加标回收率不得超过方法规定的回收率范围;如方法未做回收率规定的,则以95%~105%为目标范围计算95%置信区间,作为正常允许范围。

采用加标回收试验时应注意:①加入的纯物质形态应尽量与样品中待测物质的形态保持一致;②加标量应与样品含量接近,且总量应在检验方法的线性范围内,不得高于方法检测上限的 90%;③加标后样品体积应无显著变化。

加标回收试验评价方法准确度时存在一定的局限性:①由于样品中可能存在对测定结果产生恒定干扰的因素,在样品与加标样品同时测定时,称为等效干扰,从而无法从加收率试验反映出真实的偏差;②分析过程中对样品和加标样品的操作完全相同,以致操作、损失、环境污染等对二者产生相同的作用,使误差相互抵消,从而难以发现分析过程中的一些问题;③样品中待测组分与所加标准纯物质在形态上或形式上的差异、加标量的多少、样品中待测组分原浓度的大小等,都会影响加标回收的结果。因此,即使加标回收率为 100%,也并不能肯定分析结果准确度就一定高。

虽然加标回收率反映分析结果的准确性有一定的局限性,但仍然是反映分析方法准确度程度的常用方法之一。

(3)与其他实验室进行比对:不同的实验室用同一方法对同一样品进行测定,(最好是在线性范围内取高、中、低三种不同的浓度),测定结果经显著性检验如果无显著性差异。由于不同的实验室环境不同,分析人员的技术能力不同,仪器设备不同,所用试剂耗材不同,因此当不同实验室分析所得结果一致,则表明实验室具备运用相应检验方法开展某项特定检测的能力,其方法准确度也是令人满意的。

(4)与其他方法所得的结果进行比较:将待评价方法与其他方法(一般为公认的标准方法)进行对照试验,即用两种方法同时对同一样品进行测定(最好是在线性范围内取高、中、低三种不同的浓度),两种方法测定结果经显著性检验如果无显著性差异。由于不同的方法对样品的反应不同、所用试剂、仪器也多不相同,因此当两种方法所得结果一致,则表明待评价方法的分析质量可靠,其方法准确度也是令人满意的。

(二)微生物检验方法

在引入新的标准方法前,实验室需要证实能正确地运用此标准方法。验证可采取以下方式:检测添加已知水平的标准培养物(包括目标微生物和背景微生物)的样品;检测标准物质(包括能力验证样品);进行实验室间比对等。

(三)医学检验程序

实验室首选检验程序可以是体外诊断医疗器械使用说明中规定的程序,公认或权威教科书、经同行审议过的文章或杂志发表的,国际公认标准或指南中的,或国家、地区法规中的程序。

实验室在对未加修改而使用的已确认的检验程序常规应用前,应从制造商或方法开发者获得相关信息,以确定检验程序的性能特征。实验室的检验程序应制定文件,检验程序文件除文件控制标识外,还应包括:

1. 检验目的。

2. 检验方法的原理和方法。

3. 性能特征　测量正确度、测量准确度、测量精密度(含测量重复性和测量中间精密度)、测量不确定度、分析特异性(含干扰物)、分析灵敏度、检出限和定量限、测量区间、诊断特异性和诊断灵敏度。

4. 样品类型(如:血浆、血清、尿液)。

5. 患者准备。

6. 容器和添加剂类型。

7. 所需的仪器和试剂。

8. 环境和安全控制。

9. 校准程序(计量学溯源)。

10. 程序性步骤。

11. 质量控制程序。

12. 干扰(如:脂血、溶血、黄疸、药物)和交叉反应。

13. 结果计算程序的原理　包括被测量值的测量不确定度(相关时)。

14. 生物参考区间或临床决定值。

15. 检验结果的可报告区间。

16. 当结果超出测量区间时　对如何确定定量结果的说明。

17. 警示或危急值(适当时)。

18. 实验室临床解释。

19. 变异的潜在来源。

20. 参考文献。

实验室在对未加修改而使用的已确认的检验程序常规应用前应进行独立验证。方法的验证采用实验室间比对计划,当无实验室间比对计划可利用时,实验室应采取其他方案,尽可能使用适宜的物质(包括有证标准物质或标准样品、以前检验过的样品、细胞库或组织库中的物质、与其他实验室的交换样品、实验室间比对计划中日常测试的质控物)进行验证。根据检验结果的预期用途,尽可能全面地获取检验程序的测量正确度、测量准确度、测量精密度、测量不确定度、分析特异性(含干扰物)、分析灵敏度、检出限和定量限、测量区间、诊断特异性和诊断灵敏度等相关的性能特征指标,作为客观证据证实检验程序方法的性能与其声明相符。同时,实验室应将验证程序文件化,并记录验证结果。验证结果应由适当的授权人员审核并记录审核过程。

四、实验室内部方法的制定及非标准方法的确认

(一)实验室内部方法的制定

为解决检验及其相关问题,必要时需要实验室自行设计和制定检验方法,同时需要采取必要措施保证此类方法能满足检验的需要,从开始到结束的全过程进行有效控制,保证新制定的检验方法能顺利开展,确保开展新检验方法的工作质量。

实验室自行制定检验方法的过程应是有计划的活动,应指定具有足够资源的有资格的人员参与计划各阶段的工作。检验方法设计开发计划应经过实验室技术负责人审核批准。制定的检验方法至少应该包含下列信息:①适当的标识和范围;②被检测或校准物品类型的描述;③被测定的参数或量和范围;④仪器和设备,包括技术性能要求;⑤所需的参考标准和标准物质(参考物质);⑥要求的环境条件和所需的稳定周期;⑦检验程序的描述,包括:物品的附加识别标志、处置、运输、存储和准备;工作开始前所进行的检查;检查设备工作是否正常,需要时,在每次使用之前对设备进行校准和调整;观察和结果的记录方法;需遵循的安全措施;⑧接受(或拒绝)的准则和(或)要求;⑨需记录的数据以及分析和表达的方法;⑩不确定度或评定不确定度的程序。

1. 检验方法的实验准备　在查阅国内外有关文献的基础上,了解待测物的结构和物理

化学性质,已有的检验方法的原理和优缺点,提出新的检验方法或改进原有的方法。根据文件资料内容制定开展检验的实施细则;确定开展新检验方法所需的环境条件、仪器设备、实验材料等;并根据检验方法要求设计合适的格式化记录、报告、验证和总结的表格。

2. 检验条件的优化

(1)通常对影响检验方法精密度、灵敏度、准确度和方法检出限或定量限的主要因素以及样品的前处理条件进行优化。尽量使检验条件相似的其他实验室也能开展该检验项目,保证有比较多的实验室能开展相关的验证和比对实验。如进行样品中无机成分检验时,选择采用无机化处理的方法(干灰化、湿消化法或微波消解法),并对所选用方法的条件进行优化。进行样品中有机成分检验时,首先根据待测物和样品的性质,选择合适的提取溶剂和提取方法。通常采用对待测物溶解度大的溶剂,可以采用一种或几种溶剂混合进行提取。提取的方法可以选择液-液萃取、机械振摇提取、超声波萃取、索氏提取器提取、加速溶剂萃取等方法。提取条件的选择,一般以待测物的提取效率作为评价指标。通常以加标样品或阳性样品用不同溶剂和不同提取方法进行提取,将测定结果同标准结果进行比较,计算提取效率,以提取效率最高的提取条件为最佳选择。其次进行样品提取液的分离和净化,方法有色谱法、液-液萃取法、固相萃取法等,常选用装有不同吸附剂的固相萃取小柱,如C18、硅镁吸附剂等小柱。将样品提取液转移至经活化处理的固相萃取小柱上,用某种溶剂洗除杂质,再用适宜的溶剂将待测物质从小柱上洗脱下来,使待测物质与样品中的杂质分离,通常需对净化条件和洗脱条件进行优化,包括洗脱溶剂种类的选择以及洗脱溶剂用量的选择等。

(2)试验设计:检验方法的优化通过试验设计来完成。试验设计(experimental design)是指在试验因素可取值的区域内,科学地安排试验,最有效地选择试验点,并通过试验数据确定指标的最优值。

1)基本概念:①试验指标(target of the experiment):用来衡量试验效果的物理量,简称指标。指标分为单一指标和多个指标,也可分为定性指标和定量指标;②因素(factors)及水平:影响试验指标量值的物理量称为因素,也称因子。因素在试验中所处的水平状态称为因素水平(levels of the factor);③同时试验:同时进行诸因素各水平的试验,从而得到最优化试验条件;④贯序试验:每进行一次或少数几次试验后,分析已取得的数据,再设计和进行后面的试验。

2)常用的试验设计方法:检验条件的优化可以采用单因素条件试验,也可采用正交试验设计(orthogonal experiment design)、析因试验设计(factorial experiment design)、均匀试验设计(uniform experiment design)、单纯形试验设计(simplex experiment design)等多因素试验设计。最后一种属于贯序试验设计。下面简单介绍正交试验设计。

正交试验设计是最常用的多因素多水平的试验设计方法。它采用正交试验表安排试验,可用较少的试验次数获取各因素对试验指标的取值影响。例如三因素三水平的方法试验,若采用单因素条件试验,每次只改变一个因素的水平,其他因素水平固定,逐个研究各因素对试验指标的影响,完成整个优化共需要进行27次试验,此时确定的条件还不一定是最佳条件。而采用正交试验设计,可以选用 L9(34)正交表,仅需进行9次试验即可完成最优化条件的选择。由于正交试验表的搭配具有均匀分散和整齐可比性的特征,最后获得的优化条件比单因素条件试验确定的条件更佳。

(二)非标准方法和允许偏离的标准方法的确认

对非标准方法和允许偏离的标准方法,实验室也需通过检查和提供有效证据等方法进行确认,以证实这些方法适用于预期的用途。

1.　理化检验方法　理化检验非标准方法和允许偏离的标准方法的确认按标准方法验证进行,有时还需进行额外的技术要求的确认,以确保非标准方法和允许偏离的标准方法符合检验要求。如方法的选择性指标,卫生领域内的样品通常组成都非常复杂,常有许多共存物质存在,应根据样品的来源及组成确定可能存在的共存物质,并通过干扰试验来评价共存物质是否对待测物质的测定产生干扰。干扰试验通常是在待测物质标准溶液中加入一定量的干扰物质,以测定值变化 ±10% 作为是否产生干扰的判定依据。产生干扰的物质越少,表明方法的选择性越高。如果有物质产生干扰,则需要在样品前处理时采取适当的措施消除。

2.　微生物检验方法　在食品微生物检测领域,非标准方法和允许偏离的标准方法先进行实验室内确认,再由协作实验室用相同的样品进行实验室间协同试验。具体采用待确认方法与标准方法进行比较试验,对方法的性能指标进行确认。

(1)基本概念

1)灵敏度(p+):待确认方法从众多菌中检测到目标菌的能力。用被待确认方法和标准方法均确证为阳性的数量除以标准方法确证为阳性的总数,用 p+ 表示。

2)特异性(p-):待确认方法对可能引起交叉反应的相关非目标菌的抗干扰能力。用被待确认方法和标准方法均确证为阴性的数量除以标准方法确证为阴性的总数,用 p- 表示。

3)假阴性率(pf-):待确认方法确证为阴性而标准方法确证为阳性的数量除以标准方法确证为阳性的总数,假阴性率 =100-灵敏度。

4)假阳性率(pf+):待确认方法确证为阳性而标准方法确证为阴性的数量除以标准方法确证为阴性的总数,假阳性率 =100-特异性。

5)相对准确度(relative accuracy):相同的样品用待确认方法和标准方法测试结果的一致程度。即:待确认方法和标准方法均确证为阳性的数量与均确证为阴性的数量之和除以用于确证的样品总数。

6)检测限:亦称判定限,在给定的置信水平上,样品中的目标微生物能被可靠检出的最低浓度或含量。

7)线性(linearity):当使用给定矩阵得到结果的方法性能,所得到的结果与测试样品中被分析物数量成正比,被分析物增加时成线性或结果成比例增加。

8)包容性(inclusivity):待确认方法从众多菌中检测到目标菌的能力。

9)排他性(exclusivity):待确认方法对可能引起交叉反应的相关非目标菌株的抗干扰能力。

10)重复性(repeatability,Sr)和重复性值(repeatability value,r):重复性是指实验室内精密度,指在相同的条件下(如设备、操作者、实验室或培养时间等)对同一样品使用相同的方法分析获得的一系列独立测试结果之间的一致程度。重复性值是一个数值,在重复性条件下,两个独立测试结果之间的绝对差值不超过此数值的概率为95%。

11)再现性(reproducibility,SR)和再现性值(reproducibility value,R):再现性是指实验室间精密度,指在不同实验室由不同人员使用不同设备(性能相同)和同一方法对同一样品进行分析所获得的独立测试结果之间的一致程度。再现性值是一个数值,在再现性条件下,独立测试结果之间的绝对差值不超过此数值的概率为95%。

12)相对标准偏差(relative standard deviation,RSD):RSD 等于 Sr 和 SR 除以平均值,目

的是用于比较不同平均值之间的变异程度。

13）部分回收（fractional recovery）：一组相同接种水平的样品获得阳性结果的数量和阴性结果的数量，阳性结果比例应该大约占总样品数的50%，则满足确认标准。

（2）确认标准：待确认方法与标准方法比较时，性能指标应达到以下标准。

1）定性方法：①灵敏度≥98%（50株目标菌株）；②特异性≥90.4%（30株竞争菌株）；③假阴性率<2%；④假阳性率<9.6%；⑤相对准确度≥94%；⑥检测限≤3CFU/25g（ml）~5CFU/25g（ml）。

2）定量方法：①线性：截距=0，斜率=1（95%置信区间）；②选择性：包容性≥98%（30个目标菌株）；排他性≤10%（20个竞争菌株）；③两种方法的重复性值r、重复性标准偏差Sr、重复性相对标准偏差RSDr、再现性值R、再现性标准偏差SR、再现性相对标准偏差RSDR。一般情况下，两者没有显著性差异。

（3）定性方法确认试验：尽可能选择自然污染样品，当自然污染样品难以获得时，也可使用目标菌接种制备人工污染样品。定量方法确认要求大约50%为自然污染样品。制备人工污染样品时，应同时制备未接种的对照样品。如果从阴性对照样品中检出目标菌阳性，表明可能发生了交叉污染，测试结果无效。应重新测试。自然污染样品无需未接种对照。

1）样品数量：①实验室内：每种自然污染样品至少2批，每批20份。如果每批所有20份样品都是阳性，则需将样品进行稀释以获得部分阳性重复分析。人工污染样品每种样品分为三份，一份阴性对照、一份低接种水平（保证部分回收）、一份高接种水平，每种接种水平的测试样品数量为20份，即每种人工污染样品测试60份。②实验室间：每个样品类型至少8个协作实验室，如涉及贵重仪器或对实验室有特殊要求时，最少需5个实验室。每个样品类型每一接种水平做6份。

2）方法的显著性差异检验：统计待确定方法和标准方法针对每个样品类型和每个接种水平得到的检验结果，按式（6-4）计算，采用卡方检验（χ^2检验）比较两种方法。

$$\chi^2 = \frac{(|a-b|-1)^2}{a+b} \tag{6-4}$$

式中，a为样品被待确认方法证实为阳性而标准方法检验为阴性的数目；b为样品被待确认方法证实为阴性而标准方法检验为阳性的数目。

如果$\chi^2 < 3.84$，表示待确认方法与标准方法的阳性确证的比率在95%的置信区间内没有统计学差异。每一类型样品的每一接种水平都必须达到此标准。但如果待确认方法比标准方法有更高的回收率，或能够证实待确认方法灵敏度优于标准方法，则以上两种方法的阳性确证比率存在统计学差异是可以接受的。

3）性能指标计算及判定：统计待确定方法和标准方法针对每个样品类型和每个接种水平得到的检验结果，将试验数据按表6-2填入，计算出性能指标和显著性差异。

表6-2　性能指标的计算

样品情况 a	检验结果 b		总数
	阳性	阴性	
阳性	N11	N12	N1* = N11 + N12
阴性	N21	N22	N2* = N21 + N22

样品情况 a	检验结果 b		总数
	阳性	阴性	
总数	$N^*1 = N11 + N21$	$N^*2 = N12 + N22$	$N = N1^* + N2^*$ 或 $N = N^*1 + N^*2$
显著性差异(χ^2)	$\chi^2 = (|N_{12} - N_{21}| - 1)^2/(N_{12} + N_{21})$，自由度($df$)$= 1$		
灵敏度($p+$)	$p+ = N11/N1^*$		
特异性($p-$)	$p- = N22/N2^*$		
假阴性率($pf-$)	$pf- = N12/N1^* = 1 -$ 灵敏度		
假阳性率($pf+$)	$pf+ = N21/N2^* = 1 -$ 特异性		
相对准确度	$(N11 + N22)/N$		
a 由标准方法检验得到的结果			
b 由待确认方法检验得到的结果			

根据上述计算结果,实验室内确认和实验室间协同试验中,待确认方法的性能指标均能符合确认标准时,表明待确认方法能满足定性微生物方法的确认要求。

当实验室内确认和实验室间协同试验中涉及的某些或某一样品类型,待确认方法的性能指标不符合确认标准时,该类样品必须从方法适用性声明中去除,或对待确认方法进行修订,重新进行方法确认。

(4)定量方法确认试验

1)样品数量:①实验室内:每种自然污染样品至少 3 批,每批 5 份。人工污染样品每种样品分为四份,一份阴性对照、一份低接种水平(设定在检测限左右)、一份中接种水平(比低接种水平高 1 个对数级)和一份高接种水平(比低接种水平高 2 个对数级),每种接种水平的测试样品数量为 5 份,即每种人工污染样品测试 20 份。②实验室间:每个样品类型至少 8 个协作实验室,如涉及贵重仪器或对实验室有特殊要求时,最少需 5 个实验室。每个样品类型每一接种水平做 2 份。

2)性能指标计算及判定:微生物检测数据通常不是正态分布的,为了获得更加对称的分布,应将计数结果转化成对数形式。首先将实验结果数据绘成图,垂直 y 轴代表待确认方法结果(应变量),水平 x 轴代表标准方法结果(自变量)。自变量 x 可认为是精确的已知量。

确定待确认方法和标准方法的平均值应采用一致的统计方法。对每一样品类型的所有接种水平,待确认方法和标准方法的平均值经方差分析或成对 t 检验在 5% 水平没有统计学差异,表示方法在适用性范围内。根据计算结果,实验室内确认和实验室间协同试验中,待确认方法的性能指标均能符合确认标准时,表明待确认方法能满足定量微生物方法的确认要求。

当线性、包容性和排他性指标有一项不符合确认标准,实验室内确认和实验室间协同试验中涉及的某些或某一样品类型的某些或某一接种水平,待确认方法和标准方法的平均值经方差分析或成对 t 检验在 5% 水平具有统计学显著差异,需对待确认方法进行修订,重新进行方法确认,或将该类样品从方法适用性声明中去除。

3）某些情况下，一些检测无法从计量学和统计学角度对测量不确定度进行有效而严格的评估，这时至少应通过分析方法，考虑它们对于检测结果的重要性，列出各主要的不确定度分量，并作出合理的评估。有时在重复性和再现性数据的基础上估算不确定度也是合适的。

3. 医学检验程序　实验室对于来源于非标准方法和允许偏离的标准方法的医学检验程序应尽可能全面的进行方法确认，具体操作同标准检验程序的验证。

当对确认过的检验程序进行变更时，应将改变所引起的影响文件化，适当时，应重新进行确认。当实验室拟改变现有的检验程序，而导致检验结果或其解释可能明显不同时，在对程序进行确认后，应向实验室服务的用户解释改变所产生的影响。

五、测量结果的不确定度

（一）测量不确定度的发展

早在 1963 年，美国国家标准局（NBS），现为国家标准与技术研究院（NIST）的 Eisenhart 先生在研究仪器校准系统时就提出了定量表示不确定度的建议。1980 年国际计量局（BI-PM）召集和成立了不确定度表示工作组，起草了 INC-1（1980）。其后，多个国际组织共同制定并于 1993 年出版发行了《测量不确定度表示指南》（Guide to the Expression of Uncertainty in Measurement，GUM），1995 年修订出版第 2 版，1998 年修订出版第 2 版。我国于 1999 年制定了中华人民共和国计量技术规范 JJF1059-99《测量不确定度评定与表示》，2012 年修订为 JJF1059.1-2012。同年，发布了国家标准 GB/T 27411-20 检测实验室中常用不确定度评定方法与表示。

（二）基本术语

（1）测量不确定度（measurement uncertainty，uncertainty in measurement）：简称不确定度（uncertainty），为根据所用到的信息，表征赋予被测量值分散性的非负参数。

（2）标准不确定度（standard uncertainty）：用标准偏差表示的测量不确定度，用 u 表示。

（3）测量不确定度 A 类评定（Type A evaluation of measurement uncertainty）：简称 A 类评定，是对在规定测量条件下测得的量值用统计分析的方法进行的测量不确定度分量的评定。

（4）测量不确定度 B 类评定（Type B evaluation of measurement uncertainty）：简称 B 类评定，用不同于测量不确定度 A 类评定的方法对测量不确定度分量进行的评定。评定基于权威机构发布的量值、校准证书、有证标准物质的量值、经检定的测量仪器的准确度等级、根据人员经验推断的极限值等信息。

（5）合成标准不确定度（combined standard uncertainty）：由在一个测量模型中各输入量的标准测量不确定度获得的输出量的标准测量不确定度，用 u_c 表示。

（6）包含因子（coverage factor）：为获得扩展不确定度而对合成标准不确定度所乘的大于 1 的数，常用 k 表示。

（7）相对标准不确定度（relative standard uncertainty）：标准不确定度除以测得值的绝对值。

（8）扩展不确定度（expanded uncertainty）：合成标准不确定度与包含因子的乘积，用 U 表示。

（三）测量不确定度评定流程

测量结果不确定度有多种评定方法，如精密度法、控制图法、线性拟合法、经验模型法。但 GUM 法是经典的评定不确定度方法，GUM 法评定不确定度的基本流程可用框图表示，如

图6-15。

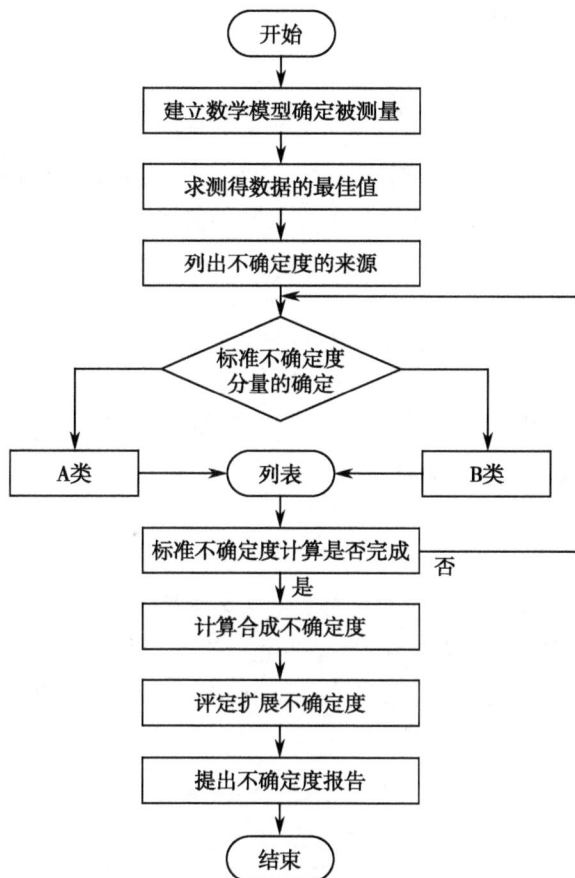

图6-15　用 GUM 法评定测量不确定度流程图

1. **测量不确定度来源分析**　从分析测量过程入手识别检测结果的测量不确定度来源。在实际测量中,检测结果不确定度可能来自:①被测量的定义不完善;②被测量定义的复现不理想;③取样的代表性不够,即被测量的样本不能代表所定义的被测量;④对测量过程受环境影响的认识不周全,或对环境条件的测量与控制不完善;⑤对模拟式仪器的读数存在人为偏移;⑥测量仪器的计量性能的局限性;⑦测量标准或标准物质提供的标准值的不准确;⑧引用于数据计算的常量和其他参量不准确;⑨测量方法和测量程序中的近似和假定;⑩在相同的条件下,被测量重复观测值的变化。

2. **建立测量模型**　明确被测量,定量表述被测量的值与其所依赖的参数之间的关系,给出评定测量不确定度的数学模型,即被测量 Y 与 n 个输入量 $x_1, x_2, \cdots, x_n$ 之间的函数关系,若 Y 的测量结果为 y,输入量 X_i 的估计值为 x_i,则测量模型见式(6-5)

$$y = f(x_1, x_2, \cdots, x_n) \tag{6-5}$$

分析和确定各不确定度分量的来源(即输入量 x_i),可从测量仪器、测量环境测量人员、测量方法、被测量等方面全面考虑,了解其对被测量及其不确定度的影响,尽可能做到不遗漏、不重复,特别应考虑对结果影响大的不确定度来源。如测量结果是修正后的结果应考虑由修正值所引入的不确定度分量。

3. **标准不确定度的 A 类评定**　对被测量进行独立重复观测,通过所得到的一系列测得值,采用统计分析方法(即具有随机误差性质)获得实验标准偏差 $s(x)$,当用算术平均值$\bar{x}$作为被测量估计值时,被测量估计值的 A 类不确定度按式(6-6)计算。这类不确定度通常认为它是服从正态分布规律。

$$u_A = u(\bar{x}) = s(\bar{x}) = \frac{s(x)}{\sqrt{n}} \tag{6-6}$$

在重复性条件或复现性条件下,对输入量 X_i 进行 n 次独立的等精度测量,得到的测量结果分别为 $x_1, x_2, \cdots, x_n$,则最佳估计值为其算术平均值,按式(6-7)计算。

$$\bar{x} = \frac{1}{n} \sum_{i=1}^{n} x_i \tag{6-7}$$

单次测量值 x_i 的标准不确定度按贝塞尔公式计算,见式(6-8)。

$$u(x_i) = s(x_i) = \sqrt{\frac{1}{n-1} \sum_{i=1}^{n} (x_i - \bar{x})^2} \tag{6-8}$$

被测量估计值$\bar{x}$的 A 类标准不确定度按式(6-9)计算:

$$u_A(\bar{x}) = s(\bar{x}) = \frac{s(x_i)}{\sqrt{n}} \tag{6-9}$$

作为 A 类评定,重复测量次数应足够多。一般在测量次数较少时,可采用极差法评定获得 $s(x_i)$。在重复性条件或复现性条件下,对输入量 X_i 进行 n 次独立的等精度测量,测得值中最大值与最小值之差称为极差,用 R 表示。在 X_i 可以估计接近正态分布的前提下,单次测量值 x_i 的标准不确定度按式(6-10)计算。

$$u(x_i) = s(x_i) = \frac{R}{C} \tag{6-10}$$

式中,C 为极差系数,可通过查表6-3获得。

被测量估计值$\bar{x}$的 A 类标准不确定度按式(6-11)计算:

$$u_A(\bar{x}) = s(\bar{x}) = \frac{s(x_i)}{\sqrt{n}} = \frac{R}{C\sqrt{n}} \tag{6-11}$$

表6-3 极差系数 C 和自由度 ν

n	2	3	4	5	6	7	8	9
C	1.13	1.69	2.06	2.33	2.53	2.70	2.85	2.97
ν	0.9	1.8	2.7	3.6	4.5	5.3	6.0	6.8

4. 标准不确定度的 B 类评定 是指用非统计方法求出或评定的不确定度。B 类评定的信息来源可来自校准证书、检定证书、生产厂的说明书、检测依据的标准,引用手册的参考数据、以前测量的数据、相关材料特性的知识等。

评定 B 类不确定度常用估计方法,要估计适当,需要确定分布规律,同时要参照标准,更需要估计者的实践经验、学识水平等。

如果资料(如检测证书)给出 x_i 的扩展不确定度 $u(x_i)$ 和包含因子 k,则 x_i 的标准不确定度为按式(6-12)计算。

$$u_B = u(x_i) = \frac{u(x_i)}{k} \tag{6-12}$$

注意事项:①如果资料只给出了 U,没有具体指明 k,则可以认为 $k=2$(对应约95%的置信概率);②若资料只给出 $U_p(x_i)$(其中 p 为置信概率),则包含因子 k_p 与 x_i 的分布有关,此时除非另有说明一般按照正态分布考虑,对应 $p=0.95$,k 可以查表得到,即 $k_p=1.960$;③若资料给出了 U_p 及 ν_{eff},则 k_p 可查 t 分布表得到,即 $k_p=t_p(\nu_{eff})$。

如果由资料查得或判断的可能值分布区间半宽度 a(通常为允许误差限的绝对值)则 x_i 的标准不确定度按式(6-13)计算。

$$u_B = u(x_i) = \frac{a}{k} \tag{6-13}$$

此时,k 与 x_i 的分布有关。假设为非正态分布时,根据概率分布查表6-4得到 k。

表6-4　常用非正态分布的置信因子 k 及 B 类不确定度 $u_B(x)$

分布类别	$p(\%)$	k	$u_B(x)$
三角	100	$\sqrt{6}$	$a/\sqrt{6}$
梯形	100	$\sqrt{6/(1+\beta^2)}$	$a/\sqrt{6/(1+\beta^2)}$
		其中 β 为上下底边之比值	
矩形(均匀)	100	$\sqrt{3}$	$a/\sqrt{3}$
反正弦	100	$\sqrt{2}$	$a/\sqrt{2}$
两点	100	1	a

注意事项:①被测量值受许多随机影响量的影响,当它们各自的效应同等量级时,不论各影响量的概率分布是什么形式,被测量的随机变化近似正态分布。②如果有证书或报告给出的不确定度是具有包含概率为 0.95、0.99 的扩展不确定度 U_p,此时除非另有说明,可按正态分布来评定。③当利用有关信息或经验估计出被测量可能值区间的上限和下限,其值在区间外的可能性几乎为 0 时,若被测量值落在该区间内的任意值处的可能性相同,则可假设为均匀分布(矩形分布、等概率分布);若被测量值落在该区间中心的可能性最大,则假设为三角分布;若被测量值落在该区间中心的可能性最小,而落在该区间上限或下限的可能性最大,则假设为反正弦分布。④已知被测量的分布是两个不同大小的均匀分布合成时,则可假设为梯形分布。⑤对被测量的可能值落在区间内的情况缺乏了解时,一般假设为均匀分布。⑥实际工作中,可依据同行专家的研究结果或经验来假设概率分布。

5. 计算合成不确定度 $u_c(y)$　当被测量 Y 由 N 个其他量 $X_1,X_2,\cdots,X_N$ 通过线性测量函数 f 确定时,被测量的估计值 y 为:$y=f(x_1,x_2,\cdots,x_n)$。其合成不确定度 $u_c(y)$ 按式(6-14)计算。

$$u_c(y) = \sqrt{\sum_{i=1}^{n}\left(\frac{\partial f}{\partial x_i}\right)^2 u^2(x_i) + 2\sum_{i=1}^{n-1}\sum_{j=i+1}^{n}\frac{\partial f}{\partial x_i}\cdot\frac{\partial f}{\partial x_j}\cdot r(x_i,x_j)u(x_i)u(x_j)} \tag{6-14}$$

式中 x_i、x_j 为输入量的估计值($i\neq j$);$\dfrac{\partial y}{\partial x_i}$ 为被测量 Y 与有关的输入量 X_i 之间的函数对于输入量 x_i 的偏导数,称灵敏系数;$r(x_i,x_j)$ 为输入量 x_i 和 x_j 之间的相关系数,$r(x_i,x_j)u(x_i)u(x_j)=u(x_i,x_j)$ 为输入量 x_i 和 x_j 的协方差。

实际工作中,若各输入量之间均不相关,其相关系数近似为 0,则 $u_c(y)$(6-15)计算:

$$u_c(y) = \sqrt{\sum_{i=1}^{n} \left(\frac{\partial f}{\partial x_i}\right)^2 u^2(x_i)} \qquad (6\text{-}15)$$

当简单直接测定,测量模型为 $y = x$ 时, $u_c(y)$ 按式(6-16)计算:

$$u_c(y) = \sqrt{\sum_{i=1}^{n} u^2(x_i)} \qquad (6\text{-}16)$$

6. 扩展不确定度的确定　扩展不确定度是被测量可能值包含区间的半宽度,分为 U 和 Up 两种,在给出检测结果时,一般情况下报告扩展不确定度 U。扩展不确定度按式(6-17)和式(6-18)计算。

$$U = ku_c(y) \qquad (6\text{-}17)$$

$$U_p = k_p u_c(y) = t_p(\mathit{eff}) u_c(y) \qquad (6\text{-}18)$$

式中 $t_p(\mathit{eff})$ 查 t 分布表获得,一般取 $t_p(\mathit{eff})$ 对应95%的置信概率。

在不确定度分量较多而且其大小也比较接近时,可以估计为正态分布,这时 $k = 2$,即 $U = 2u_c(y)$,对应95%的置信水平。

7. 测量不确定度的报告与表示　除非采用国际上广泛公认的检测方法,可以按该方法规定的方式表示检测结果及其不确定度外,对一般的检测项目一律报告扩展不确定度,一般取 $k = 2$。报告应给出被测量 Y 的估计值 y 及其扩展不确定度 U,包括计量单位。必要时,也可用相对扩展不确定度 U_{rel} 报告。不确定度单独表示时,不要加 ± 号。在报告最终检测结果时, $u_c(y)$ 和 U 取一位或两位有效数字均可,两位以上是不允许的。在相同计量单位下,被测量的估计值应修约到其末位与不确定度的末位一致。修约时有时可能要将不确定度的最末位后面的数都进位而不是舍去,也可以按一般的修约规则修约。

（四）微生物检测的测量不确定度评定

1. 某些情况下,在微生物检测中无法严格地、从计量学和统计学上正确评估测量的不确定度,但应识别和证实不确定度各分量处于控制中,并评估出它们对结果的影响程度。

2. 微生物检测实验室应了解待检微生物的分布状况,分样时应予以考虑。但建议不把这种不确定度包括在内。

3. 不确定度概念不能直接应用于定性检测结果,但应识别并证明个别的可变因素(如试剂的浓度等)处于控制之中。另外,对于判定限是一个重要的适用性指标的检测而言,应慎重评估有关接种量的不确定度及其重要性。应意识到所进行的定性实验中出现假阳性和假阴性结果的概率。

六、数据控制

当检验方法需要利用计算机或自动设备对检测或校准数据进行采集、处理、记录、报告、存储或检索时,实验室应确保:

1. 由使用者开发的计算机软件应被制定成足够详细的文件,并对其适用性进行适当确认。通用的商业现成软件(如文字处理、数据库和统计程序),在其设计的应用范围内可认为是经充分确认的,但实验室对软件进行了配置或调整,则应当进行确认。

2. 建立并实施数据保护的程序。这些程序应包括(但不限于):数据输入或采集、数据存储、数据转移和数据处理的完整性和保密性。

3. 维护计算机和自动设备以确保其功能正常,并提供保护检测和校准数据完整性所必需的环境和运行条件。

本章小结

本章主要阐述了质量管理体系、质量控制与评价和实验方法的选择与评价等内容。应了解实验室质量管理体系的建立和运行的理论基础及方法。实验室质控图和质控规则是实验室内部质量控制的重要内容，对质控规则的正确理解是判断质控结果的基础，应熟悉使用多规则的逻辑图，以及失控后的处理流程，正确分析失控的原因和采取相应的处理措施。并掌握实验方法的选择原则、采（抽）样程序、标准方法的验证方法和非标准方法的确认方法，为具体实验工作提供理论基础。

复习思考题

1. 简述建立实验室质量管理体系的基本原理。
2. 实验室质量管理体系建立的主要环节是什么？
3. 如何应用多规则质控方法？
4. 室内质控失控后如何处理？
5. 实验室检验方法如何选择？
6. 检验方法准确度的评价有哪些方法？

（陈文军）

第七章　实验室资源管理

实验室需要提供真实、可靠和准确的检测数据和结果,实验室资源是完成这些工作的根本保障。实验室资源包括三个方面,一是实验室建设,即实验室规划与设计等技术工作;二是人力,即技术人员的技术水平和能力;三是物力,即实验条件,包括实验室的仪器设备、试剂和环境条件等。实验室资源管理是实验室管理的核心内容和主要工作之一,通过实验室管理活动,使实验技术人员和实验条件有机地结合起来,在设计规划合理的实验室中达到最佳状态,为实验室的各项工作提供基础保证。

第一节　实验室人力资源管理

实验室人力资源管理(management of laboratory human resources)的主要内容包括人才队伍建设、人员培训和人员考核等方面。实验室人力资源管理是实验室管理的重要内容之一,人才队伍的好坏决定一个实验室综合实力高低。所以,建设一支组成和结构合理、素质精良和可持续发展的人才队伍是实验室人力资源管理的目标。

一、实验室人才队伍建设

实验室是一个有机整体系统,在影响检验数据可靠性及检验结论正确性的诸多因素中,实验室人员是其中最具活力的、能动的和富有创造力的因素,是实验室在开展所有工作中其他因素不能替代和无法补救的关键性因素。把握好这个因素,有时能使某些设备条件较差的实验室技术能力表现出较高的水平。因此,建成一支技术精、水平高和作风硬的实验室人才队伍至关重要。

(一)实验室人员的素质

人员素质是指人的内在基质,是一个人能完成特定工作或活动所必须具备的基本条件,也是其能完成任务取得成绩以及能继续发展的前提。虽然事业的成功须有许多客观条件的保证,但良好的素质是任何一个有成就、有发展的人完成任务获得成功必不可少的重要因素。

一般来说,人员的素质由人员的心理素质、品德素质、文化知识素质、能力素质和身体素质五方面所构成。

1. 人员的心理素质　人的心理是指人的感觉、直觉、思维、情绪、意志、兴趣和性格等。因此,人的心理素质应包括一个人的知、情、意和行或指智力因素及非智力因素,是一个人格气质、性格和个性倾向等方面的综合体现。良好的心理素质至少应包含情绪的稳定性、对人的宽容性、对事物的创新性和对工作的时效性。心理的稳定性就是在遇到任何障碍和困难时,心理不失调,都能采取社会所需要的正确态度和行为来对待;对人的宽容性就是对别人的缺点及自己看不惯的事能容得下,心胸开阔,与人能和睦相处,密切配合,共同完成承担的任务;对事物的创新性就是要具有创新精神,敢想敢干,不故步自封,能做到胜不骄,败不馁;对工作的时效性就是能合理运筹时间,在单位时间内大大提高工作效率。

2. 品德素质　品德素质是政治品质、思想品质和道德品质等方面的表现。实验室工作人员必须维护实验室声誉,自觉执行国家的有关法律、法规和各项规章制度,有崇高的理想和抱负,有坚强的意志力,有很好的敬业精神,坚持民主的思想作风,大公无私,有奉献精神,严格遵守本行业的职业道德规范。

3. 文化知识素质　文化知识素质包括有广博的知识,合理的知识结构,精通专业知识。文化知识不仅包括书本的理性知识,还应包括实际经验,知识更新程度以及独立思考、分析问题和解决问题的能力。

4. 能力素质　指一个人的智力、技能或才能,也包括一个人的观察力、记忆力、想象力、思维能力以及接受新事物的能力。智力是一个人运用知识解决实际问题的能力,技能是在多种素质的基础上,经过实践锻炼而形成的工作能力。不同的工作需要具备不同的才能,而不同的个人有其最适宜的工作范围。领导者应具备科学的决策能力、组织指挥能力、沟通协调能力、灵活应变能力和改革创新能力等,实验室技术人员则应具备良好的动手能力、独立思考能力、分析问题解决问题能力和创新能力等。

5. 身体素质　即身体条件、健康状况。人的体力受身体发育程度和健康状况的影响,表现为人的负荷力、推(拉)力和耐力等。人有了充沛的体力,就能承担繁重的工作任务。良好的身体素质还表现为对外部环境变化的广泛适应性,如炎热或寒冷、高空或地下、陆地或水中,人的身体只有能适应各种外部环境,才能在各种条件下正常工作。

在人员的素质中,良好的心理素质是其他素质的基础,身体素质是文化知识素质和能力素质的保证,品德素质是文化知识素质和能力素质正常发挥的前提。

(二) 实验室人员的组成和结构

实验室工作是一种复杂的综合性工作,一个实验任务常需要多学科、多专业的工作人员相互配合共同完成。如各级疾病预防控制机构实验室经常面对复杂而紧迫的任务,这需要能够熟练掌握疾病与健康危害因素监测、流行病学调查、疫情信息管理、消毒和控制病原生物危害、实验室检验等相关技能的人员相互配合完成,这样才能有效面对疫情暴发和突发公共卫生事件发生。所以,实验室人员的组成和结构至关重要。

1. 实验室人员的组成　各级实验室的工作多种多样,专业的性质各不相同,根据工作性质的不同,实验室人员可分为三大类,即负责各种管理工作的管理人员,承担各类实验室工作的实验技术人员,以及提供物资和各种服务的后勤保障人员。

根据工作任务的特点、实验的特点以及工作任务的多少,通过评估实验室人力资源的现状以及发展趋势,系统全面地分析来确定实验室对人力资源的需求,以确保实验室在完成疾病预防与控制、疫情报告及健康相关因素信息管理、健康危害因素监测与干预、实验室检测分析与评价、健康教育与健康促进、技术管理与应用研究指导,特别是暴发疫情的处理和突发公共卫生事件应急处置时,实验室能够保证一定的数量和质量的人员,以满足各个岗位的需要。

实验室人员应按照分工协作的原则,各尽其能,相互配合,互相协作,使实验室的功能得到正常的发挥。

2. 实验室人员的结构　实验室人员的结构是实验室建设与管理的基础,也是实验室人力资源管理的重要组成部分,它不仅决定着实验室人才群体的功能、成果多少和贡献大小,而且更决定着实验室活力的大小。实验室人员的结构包括年龄结构、职称结构、学历结构及专业结构。

(1)年龄结构:年龄结构是指一个实验室系统内,实验室人员各种年龄比例构成以及实验室人员平均年龄等。年龄结构关系到实验室队伍整体的质量、创造力和生命力,也影响着这支队伍科研、技术开发的整体活力和潜力。

脑力劳动是复杂劳动,需要劳动者具有旺盛的精力和很强的创造力、记忆力和理解力,以及丰富的想象力。这些因素与年龄有密切关系。青年具有大胆创新的精神,而且精力旺盛、记忆力强;年龄较高的科学家或专家经验丰富,判断力成熟,情绪稳定,以及能有效地利用相关资料。因而,不同年龄人员的组合可更好地发挥实验室的能力。

合理的年龄结构对于建立良好的年龄梯队、实现人员的新老交替、促进实验室建设、提高实验室的技术水平和科研能力都是十分重要的。合理的年龄结构可使实验室人员队伍后继有人,形成老、中、青紧密结合的良好局面。各级疾病预防控制机构在对实验室人员进行补充时,一定要考虑年龄结构,以保证实验室技术水平的持续提高。

(2)职称结构:实验室人员的职称结构是指不同知识和能力级别的人员比例,是影响实验室队伍质量和效能的一个重要因素。在一个组织系统中,需要有不同层次的科技人员在智能上互补,以发挥整体优势。合理的职称结构应由不同知识水平和能力水平的人员,按一定的比例构成一个有机体。在一个机构中,高、中、初级人才要配套,形成梯队。如高级人员不足,整个团队缺少学术带头人和指挥人员;中级人员不足,导致高级人员缺乏助手,需要把一定的精力用在一般性的技术工作上,造成人才浪费。

据国外文献介绍,基础研究机构中的高、中、初级研究人员的比例为 $1:2\sim3:2\sim7$,应用研究为 $1:3\sim5:4\sim8$,发展研究为 $1:2\sim3:8\sim10$。可见,合理的职称结构应是正宝塔形的。职称结构合理,高、中、初各级人员就能各司其职、各负其责、各展其能、相互配合、彼此协作,形成高效能的集体力,就能胜任各种复杂的实验任务,克服工作中遇到的各种难题。反之,职称结构不合理,就会导致人才的浪费、积压、埋没,从而增加内耗,降低效能,严重时可能会造成工作的失误,甚至威胁到人民的生命安全。

合理的实验室职称结构应该根据实验室工作的性质、工作量,以及实验室的发展,进行综合考虑。对于现存的不合理的职称结构应有计划、有步骤地逐步改善,从而建立起一支完善的技术梯队。

(3)学历结构:学历结构是指实验室人员具有不同学历的人员比例,反映实验室人才队伍受教育的程度,以及专业队伍的基本素质和水平。学历结构和能力结构有比较密切的关系,二者的不同在于前者只能代表人员受教育的情况,与工作能力没有必然的联系,但学历结构对于实验室的发展,以及实验室整体技术水平的提高有很大的关系。只要用人得当,良好的学历结构将发挥出巨大的能量,成为实验室建设和发展强大的推动力。

(4)专业结构:专业结构是指在实验队伍中具有各种学科和专业知识的人员以及他们之间的合理比例,即一个实验室系统内相关专业比例构成及其相互关系。

当代科学技术的飞速发展呈现出两大特点:一是学科、专业的划分越来越细,研究越来越深入;二是各学科、各分支之间又纵横交错,相互渗透,相互促进,各种技术装备的综合性越来越强。因而要求实验室人员所具备的知识不但要有一定的深度,还要有一定的广度。因此,要肩负起当今社会的卫生检验重任,就需要有多种相关学科、相关专业人员的配合,共同完成实验室工作。著名的美国贝尔实验室成立80多年来,平均每天出一项专利,先后有七人获得诺贝尔奖。这个实验室取得成功的因素很多,其中一个重要原因,就是科技人员的专业结构合理。这个实验室有学位的科技人员中,主体专业—电子工程和通讯工程的专业人员只占40%左右。其他各类专业的人员占60%左右,其中包括计算机科学、机械工程、化学工程、冶金工程、商业、法学、外事、管理、财务、心理以及有关文科专业等。可见专业结构合理,各类人员就能互相配合,更好地发挥科研人员的群体效率,提高科研工作效率。对科研人员来说,在这种结构中通过智能互补,更能发挥自己的作用和创造出更多的成果。

对于不同的实验室,专业结构主要依据实验室工作任务和发展方向的需要,进行合理的配套,而对于疾病预防控制机构,专业结构的配备应照顾全面,加强重点,建立自己的特色。

(三)实验人员的能力保证

在具备了合理的人员结构、良好的人员素质的基础上,要使实验室人员的能力得到充分的体现,还需要一套切实可行的人力资源管理制度的支撑,这是实验室管理者必须重视的问题。要使实验人员能力得以充分体现和发挥,得到有效保证,应该遵循以下基本原则:

1. **任人唯贤的原则** 这是人力资源管理的一个重要原则。人与人之间的才能是不相同的,任人唯贤就是应根据每个实验室人员的不同才能,安排适合的岗位,做到适才适用、人事相配、职能相称、人尽其才和才尽其用。在使用实验室人员时,要善于发现人才,并依其才,安排好相应工作,给予适当的位置和充分的尊重和信任。在职称评定、工资待遇等工作和生活的问题上,应给予关心和关怀,使他们能安心工作。在补充新人员时,还应适当考虑个人的兴趣爱好。坚持任人唯贤的原则就能够充分发挥各种人才的积极性和创造性,使实验室的各种能力得到最大限度的发挥。

2. **注重实绩的原则** 工作实绩包括人的敬业精神、专业技术能力等,是人们通过投入脑力劳动和体力劳动创造出来的。思想政治觉悟高,对工作认真负责,专业能力强,就能提高劳动效率,工作实绩就突出。因此,评价实验室人员工作的好坏,能力高低,只能以其工作的实际业绩为根据。

注重实绩就是要坚持德才兼备的原则。"绩"是德的实际反映,是能的具体体现,是勤的结晶。只有德而缺乏能,往往是心有余而力不足;相反能力很强但欠缺道德,也不能把事情办好,所以一定注重实绩,坚持德才兼备的用人原则。但注重实绩并不是简单地以实绩对工作人员进行取舍和褒贬,因为个人的实绩除了德、能和勤等因素影响以外,还要受环境因素、群体因素以及其他各种因素的影响。因而对一个人的实绩评价应进行全面分析和综合考虑。

3. **激励的原则** 激励是指激发人行为动机的心理过程,即通过各种客观因素的刺激来引发和增强人的行为的内在驱动力,即运用各种有效的方法,调动人们的积极性和创造性。

心理学认为,需要、欲望越强烈,动机就越强烈,行为的积极性、主动性就大大提高。根据这一原理,可通过满足或限制个人需要的办法,来改变人的心理状态,影响其动机,从而达到改变行为方向和行为强度的目的。这种做法在行为学中称为激励。因此,在人力资源管理中运用激励机制就是采取各种办法来激发人的欲望,使其产生某种工作动机,并通过适时地给予适当的满足或限制的办法,来影响其工作动机,以达到调动员工工作积极性和创造性的目的。

有关研究表明,一个人如果工作积极性很高,他的才能可发挥出80%~90%;反之如果没有积极性和主动性,就只能发挥其才能的30%左右。可见合理的激励机制在调动实验室人员积极性、创造性和主观能动性方面所起的重要作用。因此,根据各自的情况,在大量调查研究的基础上,制定出符合本单位特点的激励措施,是保证实验室能力发挥不可缺少的重要因素。

4. 建立竞争的原则　建立竞争机制就是要让所有的工作人员放开手脚,靠实力在竞争的浪潮中自由拼搏,充分发挥每个人的主观能动性。坚持竞争原则,要解决以下几个问题:

(1)在用人方面,必须坚持德才兼备,能者上,不称职者下,杜绝一切形式的任人唯亲和各种照顾。

(2)各层次工作人员的录用和提拔,要通过公开平等的考试(考核)择优任用。

(3)工作人员的职务升降要以实绩为主要依据,把对工作人员的考核与使用结合起来。

5. 精干的原则　一个实验室机构的设置,要本着精简、效能和节约的原则,要根据实验室的职能任务来组织队伍,既要有合理的层次和系统,又要有相互间的有机结合,以形成一个最佳效能的群体。建立起一支既掌握现代科学技术知识,又具有事业心强、管理有方、组织严密的精干队伍,使实验室创造出显著的绩效。

6. 民主监督的原则　由于人力资源管理的直接对象是人,决定了管理工作的复杂性和特殊性。复杂性体现在人本身是复杂的,而管理者很难做到完全彻底地"知人"、了解人,而对人知之不深,就很难做到完全合理地使用;特殊性体现在人是有思维和感情的,人与外界的任何一种事物接触,都会引起一系列心理活动,而心理活动又会影响到他的工作动机,从而影响到他的工作积极性。因此,任何一项人事决策,不管正确与否,其影响之广、之深、之久是其他决策无法比拟的。因此,人力资源的管理必须引入监督机制。监督就是对人力资源管理的民主过程,要提高透明度,克服神秘化。要做到民主监督,应做好工作人员录用的公正、公开;干部提拔的公平合理;评议干部的民主化;制度的健全;人事监督机构的设置。

7. 岗位责任制原则　实验室应该建立完善的岗位责任制,制订出以岗位责任制为中心的综合目标管理责任制和自查、抽查、考核相结合的定期考核制度。要使每一个实验室人员都清楚自己的岗位,明确岗位的责任,知道自己该做什么,怎么做,做得好不好,以保证实验工作的顺利进行。

(四) 实验室核心能力人才的建设

1990 年,美国著名经济管理学家 C. K. 普拉哈拉德和 G. 哈默于提出"核心竞争力"即"核心能力"的概念。并将其定义为技能与竞争力的集合,是指能为企业进入市场带来潜在机会,能借助最终产品为顾客利益作出重大贡献而不易被竞争者所模仿的能力。其本质内涵是让消费者得到真正好于、高于竞争对手的不可替代的价值产品、服务和文化。据麦肯锡咨询公司的观点,"核心竞争力"是指某一组织内部一系列互补的技能和知识的结合,它具有使一项或多项业务达到竞争领域的一流水平、具有明显优势的能力。实验室核心能力人才的建设就是要形成"核心能力",对于有条件的实验室,应通过行之有效的手段,全面提升实验室的"核心能力"。

1. "核心能力"中实验室人才的基本特点　从"核心能力"的固有品质看,该项能力是实验室人才素质中最有价值的资产,核心能力一旦形成,就会成为单位可持续性发展的战略性优势,以实验室人才的核心能力为依托,就可以随时根据变化了的外部环境形势,及时创造利于自己生存和发展的条件与先机,从而立于不败之地。

(1)"核心能力"人才素质的动态性:人与疾病作斗争的疾病控制领域历来是"充满不确定性的领域"。作为实践活动的主体,实验室人才本身的素质结构也必然与一定历史时期的疾病控制态势相适应,纵观古今中外的历史和现实,无不向人昭示一部人类社会与疾病作斗争的历史几乎就是一部反映人才素质调整和能力变革的发展史。

（2）"核心能力"人才能力的异质性：人与疾病作斗争既是力量的对抗，更是谋略的较量，而且首先是人们掌握的科学知识。面对突发而至的公共卫生事件，需要有"核心能力"的人才靠某种科学性的行为，表现为在突发公共卫生事件应急检验的关键时刻，作出超乎寻常的奇谋良策，为突发公共卫生事件进行定性和判断。因此，核心能力在很大程度上是实验室人才独一无二的高能素质，这往往是一般性人才不具备或暂时不具备的能力。

（3）"核心能力"人才生成的特殊性：实验室核心能力往往与特定的个体人才相伴而生，它是在实验室人才成长与发展过程中经过精心培育和长期积淀而成的，深深融合在人才的内在品质中，特色内涵突出，表现出很强的难模仿性。

（4）"核心能力"人才效能的递增性：核心能力一旦形成，就不会像实物资产一样因使用而减少、因时间而损耗，当它被应用、共享和发挥时，核心能力还会进一步加强。因此，"核心能力"的形成往往就意味着实验室人才对某检验领域实践活动的把握、独享、控制甚至垄断。

2. "核心能力"中对实验室人才的内在要求

（1）具备良好的身心素质：身心素质包括身体素质和心理素质两个方面的因素。强健的身体素质是发挥聪明才智的物质（体力、生理）基础。面对种类繁多的各种不同的检验活动和不明原因的突发公共卫生事件，既有艰苦的脑力劳动，又有繁重的体力劳动。作为"核心能力"的承载机体，实验室人才要有健壮的体魄，旺盛的精力，能适应艰苦紧张工作的耐力，才能具有应对条件变化的应变力和抗御疾病的抵抗力；良好的心理素质是聪明才智得以发挥的精神力量。具备了良好的心理素质，就能耐得住寂寞、忍受失败和挫折，就能在任何错综复杂的干扰和假象中保持清醒的头脑，时刻富有事业心和进取心。

（2）具备合理的知识结构：面对不断涌现的新知识、新技术和新方法，知识密集和高科技手段已成为实验室检验实践的主要特点，专业人才、智能人才成为实践活动的主体。从素质结构上讲，随着疾病预防控制体系建设步伐的不断加快，各种仪器设备的科技含量持续递增，实验室人才必须加大以前沿信息为先导、现代高技术为基础的"关键性知识"在素质结构中的比重，以促进实验室"核心能力"的形成。从层次结构上讲，"核心能力"的形成需要整个单位各部门的协调运转，任何一个层次上都离不开科学技术和前沿信息类"关键性"知识载体的支撑作用，要达到各层次的高度合成和协调，必须通过人才结构优化促进整体功能改善，否则将直接影响实验室"核心能力"的形成。

（3）具备强烈的创新思维：创新作为人类实践中的一种富有成效的活动形式，既是一个人素质发展的高级表现，更是一个实验室发展壮大的生机与活力源泉，实验室"核心能力"中的人才需善于跟踪技术领域新进展，结合不断变化的外部形势，实现全方位资源共享的基础上，因地制宜，不失时机地开拓创新，始终占领高科技前沿阵地。此外，由于技术领域的激烈竞争和技术壁垒的存在，关键技术等核心知识和信息从来都是秘而不宣、秘不可知，这就要求实验室高度重视对人才"原始创新"能力的培养，力求在某些决定性环节上突破条件约束，以获得技术优势，奠定"核心能力"的基础。

3. 培养学科梯队的方式

（1）完善人才开发机制：改变科技活动中侧重于对个人培养的模式，重点放在对某一研究方向上人才群体的培养，根据学科特点及人员的科研、技术水平，排出应形成的人才梯次，有拔尖的、有中等的和有做辅助工作的。一个学科只有形成良好的梯队，才能各尽其能，各尽其责,更好地发挥每个人的作用和聪明才智,防止实验室"核心能力"的贬值和流失。

(2)建立人才竞争机制:由实验室最高管理者任命学科带头人而又缺乏科学评价体系的状况,很难让优秀人才脱颖而出,只有建立一种变"伯乐相马"为"竞争赛马"的竞争机制,才能造就出优秀的科技帅才。在建立科学评价体系的基础上,把总体要求、基本条件和需要达到的目标张榜公布,让全体科技人员竞争答辩,竞选入围对象,建立一支思想过硬、结构合理、业务水平高并富有开拓精神的实验室科技人才队伍。

(3)完善人才激励机制:对优秀人才要在科研基金、人员配备、实验条件上给予重点扶持,外出进修、生活保障上给予重点照顾。

目前,人才的严重流失是制约实验室培育"核心能力"的一大瓶颈。我国各级疾病预防控制机构实验室面临人才短缺和人才断层的困境。表现为一般性人才较多,而具备强力竞争优势的高素质人才缺乏,使得"人才既'多'又'缺'的现象并存",作为实验室的管理者来讲,要使人才以坚定的信念为导向,做到在任何情况和任何条件下,都恪守"以实验室为家"的执着精神,牢固树立"以人为本"的理念,通过建立科学合理的用人机制,增强人才的紧迫感和压力感;通过强化人才激励与保障措施,增强人才的价值感、安全感及人才的归属感和荣誉感,营造一个和谐的实验室工作和科研环境。

二、人力资源培训

人力资源培训系指"由组织提供有计划、有组织的教育与学习,旨在改进工作人员的知识、技能、工作态度和行为,从而使其发挥更大的潜力,以提高工作质量,最终实现良好组织效能的活动。"各种方式、各种类型的培训是人力资源管理的重要内容,是提高整体素质和水平、充分发挥员工效能的有效的重要措施。

(一)培训的基本概念

1. 现代培训的主要内涵　培训是一种组织行为,是组织的责任和义务;培训是一种教育和学习活动,应当有计划地进行;培训的目的在于提高员工的整体素质;培训是一种提高组织效益的投入行为,有助于组织目标的实现。

人力资源培训是实验室人力资源开发的基础性工作,也是实验室在当代市场的激烈竞争中赖以生存和发展的基础。

2. 实验室人力资源培训的必要性

(1)培训是知识更新的需要:由于科技不断进步,新理论、新知识和新技术层出不穷。随着生命科学的深入,对于生命现象的认识和对疾病的诊断治疗必将有重大的进展,甚至突破。因此,每个工作者必须紧跟生命科学前进的脚步,不断学习、实践和创新。人们只有不断接受培训,才能跟上时代前进的步伐。

(2)培训是自身生存和发展的需要:科技的进步使社会阶层不断发生变化,随着知识的不断升值,财富分配的轴心发生偏转,知识资本(智力资本)逐渐得到社会的认可,学习和培训也因此成为人们的一种需求,成为生存和发展所必需。

(3)培训是提高个人竞争力和增强综合国力的需要:知识经济时代,知识的无限性、易老化性(易陈旧性)日益明显,知识的生命周期在变短,人们已拥有的知识作为商品的价值,随着新知识、新技术和新工艺的产生而变得一文不值。同时,知识经济时代是一个竞争的时代,是一个主要靠知识和智力取胜的时代。个人竞争力取决于个人对知识的占有和应用,国家间的竞争则表现为综合国力的竞争,而提高综合国力的关键是人才,谁拥有人才谁就拥有未来。因此,客观上要求每一个人应不断地接受培训,增长知识,增长才干。

(4)培训是实验室聚集人才、增加凝聚力的手段和参与市场竞争的需要:人才是实验室发展的基础和动力,是实验室在竞争中取胜的关键。人才进入市场,自主择业,实验室到市场中择人。当代人才不仅看重实验室提供的物质生活条件,更看重自身价值的实现条件,能否获得良好的培训和拓展自己的知识、智力已成为其择业的重要条件。因此,培训是实验室吸引和凝聚人才的重要手段。

(二)培训的原则

1. 理论与实践相结合　理论是实践的先导,学习理论的目的是要解决实验室检验工作中存在的问题。所以,培训必须注意理论与实践的结合,围绕为服务对象和为实验室工作服务设定培训内容。

2. 分类培训、因材施教、学以致用　应当根据员工所从事的工作岗位职责的不同,分类进行培训。要从培训对象的实际出发,并考虑未来的发展方向和需要来安排培训内容,因材施教。一般地讲,"干什么、学什么","缺什么、补什么"。同时,还应当要求学员学以致用,在实践中检验培训效果。

3. 长期战略与近期目标相结合　实验室对人员的近期培训是为了解决目前的需要。因为人才培养效益是滞后的,没有远虑必有近忧,所以,在安排培训时必须考虑到实验室的长远发展。因此,实验室必须制定人才培养规划,远期目标与近期安排有机结合,既要确保实验室近期工作的有序进行,又要保证长远目标的实现。

4. 以内部培训和在岗培训为主　实验室是一个实验任务繁重、面向社会多方面服务的机构,它必须通过实验室的检测服务创造社会效益和经济效益,因此不可能安排很多人同时参加培训,而只能以内部培训和在岗培训为主。

5. 以专业知识和技能培训为主　实验室应从时间和内容的安排上,保证培训应以专业知识和专业技能培训为主。

6. 灵活和激励　每个人的经历、能力、精力、知识、经验、兴趣、理想与追求等都不尽相同,培训要有一定的灵活性和针对性,这样才能收到较好的效果。激励能激发学习热情,对实验室工作人员来讲,激励更为重要,激励能促进成年人克服各种干扰,坚持学习。

7. 系统综合和最优化　培训是涉及实验室各个专业的一个系统工程,需要综合考虑各专业实验室、各类人员的相互关系,不能忽略任何一方,又不能无所侧重。最优化原则是培训要抓住最本质和最主要的内容,根据培训对象的特点,科学设置培训课程,合理安排教学进度,选择有效的教学方法,实现最佳的培训效果。

8. 循序渐进和紧跟发展前沿　实验室是由各级卫生专业技术人员组成的知识密集型单位。对初、中级人员的培训应遵循由浅入深、循序渐进的原则安排学习内容。高级人员的培训则应注重国内外先进理论和先进技术手段的学习、研究和运用为主。

(三)培训的类型及途径

1. 培训的类型　依据培训与岗位的关系,培训类型分为:

(1)岗前培训:岗前培训分为新录用人员上岗前和本科室人员从事新岗位时培训两种。新录用人员上岗前的培训,其内容涉及实验室和科室基本情况的介绍、岗位规范的学习以及从业要求等;本科室员工到新的技术岗位时也要进行培训,其内容包括实验方法学、质量控制措施、影响实验结果各种因素及临床价值等。培训后经考试合格,主管人员应书面授权后方可进行本岗位工作。

（2）在岗培训：又称不脱产培训，即边工作、边学习。

（3）离岗培训：又称脱产培训，包括外派进修学习、参加脱产学习培训班、保留公职参加学历教育等。此外，还包括转岗培训和待岗培训等。

2. 培训的时间与途径　依据培训时间的长短分为长期培训和短期培训。长期培训一般指半年及其以上时间的培训，如挂职锻炼一般都在1年以上，学历教育一般在2年以上；短期培训则时间比较灵活，可以是几小时、几天或几个月。培训又可分为内部培训、外部培训和内外联合培训等。

（1）内部培训：系指由实验室组织的在实验室内部进行的培训，如实验师的规范化培训、实验室内各科室学术讲座和科内各种新技术训练等。内部培训是培训的最主要途径，其优点是培训面可大可小，视对象和条件可灵活掌握；投入少，简便易行，方便管理。

（2）外部培训：一般是指组织派出本实验室人员到外单位学习，由本实验室支付培训费，或由实验室与学习者个人共同支付费用，或者相关单位、组织赞助经费。派出学习是一种组织行为，培训结束后，被培训者应当返回本单位工作。外部培训又可分为国外培训、国内培训和国内外联合培训等。

还有一些外部培训是工作人员根据个人或组织的需要，利用业余时间由个人自行安排接受的培训教育，这种形式正在成为当代培训的一种重要途径和新风尚。

（四）培训的组织实施

培训的组织实施主要包括需求分析、制订培训计划、培训具体设计、培训实施和培训评价等。下面仅就其主要方面予以概述。

1. 需求分析　围绕开展什么样的培训有利于组织和员工的发展，进行需求分析。

（1）确定培训目标：根据科室建设目标和发展计划，从中找出实现组织目标的人才需求，探索人才战略，判定培训目标。

（2）分析人力资源现状：找出人力现状与实现组织目标所需人才之间的差距，了解科室人力自身对培训的需求，了解卫生人力资源市场的行情。

（3）需求分析：根据本学科发展需要，结合本单位人才特点，分析人才培训的需求，以满足人才需要的可能性，从外部引进本实验室急需、紧俏人才的可能性。从解决现存问题、适应环境变化的挑战和未来发展需要三个方面确定人员培训的需求；可以依据培训对象，分别制订计划，并且根据需要和重要性按优先顺序排队，以保证重要项目的实施。在分类分层计划的基础上，将确定下来的培训任务按执行时间排序，便于工作安排和监督。

（4）作出培训需求评估。

2. 制订培训计划

（1）制订计划的原则：①突出重点。在普遍培训的基础上，要突出重点。科室人员培训重点应该是在本科工作的人员，特别是重点专业工作人员和科室短缺的人才。所谓重点专业是指在本专业和本地区处于领先地位、在社会或同行中有较大影响的可作为本科室特色的实验室。培训内容也要突出重点，对初级人员培训重点应是侧重基础理论、基本知识、基本技能的培训；对中、高级人员培训的重点应侧重高新技术、新知识、新理论和科技发展新动态的介绍和研讨。②组织需要与个人需求相结合。按照培训人员的自身素质、技术水平，结合实验室对人才的需求确定培训对象。组织需求是第一位的，在满足组织需求的前提下，努力照顾到个人的理想和价值的实现。③系统性、渐进性。工作人员个体水平的提高和科室整体技术水平的提升都是一个渐进的过程，计划的制订必须考虑在培训期内可能达到的目标。根据人员现状,分层次、分阶段、有步骤地进行。④可操作性。一个规划或计划必须具有可操作性。首先,要考虑实验室人员的可调整性,脱产学习不能影响正常的实验室工作,通过合理调整和安排,确保培训和工作两不误;其次,要考虑计划是否可行,如培训经费、师资、培训设施与设备能否满足要求等。⑤整体性。培训要服从实验室整体战略目标,重点专业、重点人员(团队)的培训都应建立在提高科室整体水平的基础上。培训的安排应根据科室发展的需要,统筹规划,有序进行。

(2)计划的时限:根据计划的内容和科室人员情况而定。一般为1年,有时也可3~6个月。人力资源培训计划应当与科室的总体发展规划及计划的时限相一致。

(3)计划的内容:一般应包括实施策略、培训政策、培训对象、培训内容、培训师资、培训方式、方法和技术,还要考虑委托或选送培训的单位,实施时间、进度和培训的组织管理,支持条件以及由于培训造成的人员工作调整、培训评估等。能实现组织目标和个人理想契合的培训计划是最佳的计划。

3. 实施培训

(1)成立培训领导机构:科室的领导者和管理者应有人力资源培训与开发工作的理论和实践经验,具有人力资源开发与培训的战略眼光,具备较多的管理知识和较广泛的知识面,善于人际交往,具有服务和献身精神以及一定的组织和管理能力。

(2)确定接受培训的对象:参加每一次培训的学员类型与层次应基本一致,以便于课程设计的针对性并保证教学效果。

(3)选定培训教师:教师承担着传授知识和技能的主要任务,是培训成败的关键。教师应当是在所授知识领域有较深造诣的专家。教师应认真安排课程,提供丰富、恰当的内容,有效运用各种必要的教学辅助设备与设施,进行生动活泼的讲解,达到良好的教学效果。

(4)解决培训经费:经费是培训得以实施的重要保证。应当有明确、合理的经费预算,规定使用范围、使用重点和方向,加强培训经费管理。

(5)培训实施:要保证培训所需的教材、教学设备和环境要求;设有培训记录,其内容包括每次培训内容、参加人数、教员、教学质量和学员对教学的反馈意见及学员成绩的考评记录。

4. 培训的评估 评估是运用科学的理论、技术、方法和程序对培训项目的建立、设计、实施、组织管理以及培训实际效果等进行的系统考察,收集系统的有关资料、信息,评价该项目是否达到了预期目标并作出总结,为进一步决策提供参考。评估的类型一般有全面评估和单项评估两类。

(1)全面评估:一般是指在规划、计划结束或某一培训项目(培训班)结束后,对培训从开始计划、设计到项目完成一系列过程的全面评估。

(2)单项评估:一般是指对培训工作的某个方面、某个环节的评估。包括培训计划评估、培训成本评估、教学评估、培训管理评估和教学设计评估等。

三、人力资源的考核

对实验人员的考核是全面了解实验室人员德才水平、业务能力、工作业绩而经常或定期进行的一项管理工作。通过考核,可以使德才兼备和踏实工作的实验人员的自身价值得到实现,单位应通过晋升或委以更重要的工作,为他们创造更好的工作环境,激励他们更大的积极性和创造性。建立科学的考核制度,是实验室人力资源管理的一项重要内容。

（一）考核的基本原则

1. 求是的原则 这是考核过程中应遵循的最重要的原则。考核必须从实际出发，实事求是地进行分析和评价，切忌主观臆断或用静止的观点看待问题。应防止用以后总模式去衡量每个员工，考核工作中，要重视调查和认识材料，尽量做到知人论事，兼有实据。在考核工作中，各级组织、领导和人事干部要排除一切干扰，坚持实事求是的原则，客观、全面、公正、公平地进行评价。

2. 兼重原则 在考核工作中，必须坚持政治与业务并重的原则。德与才是不可分割的统一体，离开"德"，"才"就失去了正确的指导方向；没有"才"，"德"便失去了内在支撑。在考核工作中，片面地强调"德"或片面强调"才"都是错误的。

3. 实绩的原则 考核工作中要侧重在实践中考察专业技术人员的劳动成果和工作实绩。实绩是实验室人员实际为社会作出的劳动成果，是一个人政治思想、工作能力和工作态度的客观表现。一个的思想品行好坏，能力高低，最终要体现在实绩上。在考核的各个项目中，都应该以工作成绩为主，工作成绩的分数一般应占考核总分的一半以上。

4. 按级别考核的原则 对不同系列、不同层次的专业技术人员，根据其不同的任职条件或岗位职责确定具体的考核内容和考核渠道。按各类人员各自的工作类型和业务特点，结合当前从事的工作进行考核，不同层次的专业技术人员（如同一系列的高级、中级、处级人员）由于其职责不同，要求不同，考核的标准也不应不同，应有能级、层次之分，使其真正做到干什么，考核什么。

（二）考核的方法

1. 定性考核与定量考核相结合 对专业技术人员的考核，需要对其品德、素质、能力和业绩全面进行衡量，这就需要一种兼有测量之长和评定之优的方法，定性与定量相统一的原理能够满足这一要求。

定性考核就是用比较概要的标准，对被考核对象的品德、素质、绩效进行鉴别和评价，具有简便、直接、便于考核的优点。定性考核结果很好的衡量技术人员的品德和素质，但并不能准确的衡量出技术人员的能力和业绩。定量考核是将考核要素规范化并建立数学模型，通过计算以数值代表被考核者成绩，其优点是客观、准确和便于比较。这种方式可以很好的衡量专业技术人员的能力和业绩，但不能很好地体现品德和素质。所以，应结合定性和定量考核两种方式全面衡量专业技术人员品德、素质、能力和业绩等方面。

2. 平时和定期考核相结合 平时考核是指对专业技术人员进行经常性地观察考核，了解其平时的工作状况及成绩的一种考核。平时考核是对被考核人动态过程的一种积累过程，具有及时性、连续性和简便易行等特点，并达到一定的可信度，相对比较准确。平时考核为定期考核积累资料，是定期考核的基础。年度考核是最常见的定期考核方式。年度考核是在平时考核的基础上结合年度工作总结，全面了解、分析和评价实验室工作人员在一定时期内作出的成绩和效果，考察其是否称职。将平时考核和定期考核相结合，可以更加准确地反映实验室工作人员的工作绩效，为晋升、调资、奖惩和续聘提供依据。

（三）考核结果的使用

考核的目的是发现人才，选拔人才，达到奖勤罚懒、去弱留强的目标，其根本出发点还是为了发挥全体专业技术人员的积极性和创造性，为社会创造更多的精神财富和物质财富。因此，考核结果与实验室人员的晋升、调资、奖惩和续聘等挂钩，是现代人力资源管理不可忽视的有效杠杆。考核结果除作为晋升、调资、奖惩和续聘提供依据外，还应作为实验人员参加培训和进修等方面的参考,也是实验室人员自我改进的依据。

第二节　实验室规划与建设管理

实验室建设,无论是新建、扩建或是改建项目,它不是单纯的购买仪器设备,还需要综合考虑实验室的总体规划、合理布局和平面设计,以及供电、供水、通风、安全措施和环境保护等基础措施和基本条件。尤其现代实验室,先进的仪器设备和科学合理规划的实验室是提升实验室科技水平,促进科研成果增长的必备条件。因此,实验室建设是一项复杂的系统工程,需要科学的实验室规划与建设管理。

一、实验室规划与设计

实验室工作内容、工作量与工作半径均有差异,因此建设规模、建筑类别及建筑形式也不尽相同,其建设用房一般可按用途分为四类:实验用房、业务用房、保障支持用房和行政用房。以疾病预防控制中心实验室为例,其中实验用房是总体布局中的主要建筑物,占总建筑面积的比例为:省级不少于41%、地级不少于40%、县级不少于35%。

1. 实验用房　包括微生物、理化、毒理、消毒与媒介生物、放射卫生、职业卫生和环境卫生等各种项目功能实验室。

2. 业务用房　包括急慢性传染病防治、慢性非传染病防治、免疫预防、公共卫生(环境卫生、职业卫生、放射卫生、食品卫生等)、科研与质量管理、健康教育与促进、医学教育、图书与信息和学术交流等功能用房。

3. 保障支持用房　包括中心供应室、冷库、车库、常规库房、危险品库房、应急物资贮备库房、配电房(站)、职工活动中心、安全保卫和维修保养等功能用房。

4. 行政用房　包括党、政、人事、财务、档案和工会等功能用房。

实验用房的规划与设计必须遵守国家的法律、法规和规定。结合当地城市建设总体规划、区域经济发展水平和卫生规划,正确处理好需要与可能、现状与发展的关系,确定好实验室的建设规模,以满足社会对疾病控制和卫生服务的需求。

二、实验室选址与布局

(一)选址

实验室建设应符合当地城市建设总体规划要求,其选址应符合下列要求:

1. 充分利用城市基础设施。

2. 地形规整,交通方便。

3. 避让饮用水源保护区。

4. 避开化学、生物、粉尘、噪声、振动、强电磁场等污染源及易燃易爆场所。

(二)布局

1. 总平面布局　总平面布局分为集中布局形式和分散布局形式。

(1)集中布局形式:将实验用房与其他功能用房或大多数功能用房集中设置在一个建筑物内。集中布局形式的优点是便于各部门之间相互联系,易于管理,节约用地,适于规模小、投资少的建设单位。

采用集中布局时,实验用房应置于楼宇上部,其他功能用房置于楼宇下部。各类用房应按照实验用房、业务用房、行政用房和保障支持用房依次竖向排列。如疾病预防控制中心实验用房在楼宇中自上至下宜按照毒理(包括动物存养)、理化、微生物依次布置,以便合理设置工程管网,同时有利于有毒有害以及恶性气体的排放与稀释。

对于容易造成交叉干扰,且难以有效隔离的实验室,不应同层混合布置。

(2)分散布局形式:分为相对分散布局与全面分散布局。相对分散布局,即将实验用房或大多数实验用房集中在一个建筑物内,并与其他功能用房分开设置,形成独立的综合性实验建筑物;全面分散布局,即将各种类别的实验用房按功能归类,分别设置独立建筑物。如分别设置微生物实验楼、理化实验楼、毒理(包括动物存养)实验楼等实验建筑物。

实验用房与其他功能用房分区明确,相互干扰少,可以充分满足实验性质的多样性与特殊性的要求,便于科学安排实验工艺以及合理组织人流与物流,易于管理,安全可靠。

有条件者应优先考虑采取分散布局形式,若受条件限制确需采取集中布局形式的,应明确功能分区,保证实验用房相对独立;还应考虑到实验室不良气体排出,因此实验建筑物宜设置在当地夏季最小风频的上风向,以降低对其他建筑物内空气的污染。

2. 楼层平面布局 楼层平面通常可分为单廊式、复廊式和回廊式。

实验建筑物的平面布局应遵循下列原则:楼层平面宜为中廊式。实验区应位于楼层一端,垂直主通道、实验人员办公及生活等区域位于楼层另一端,与实验有关的辅助用房可置于上述二个区域之间。这种平面布局的优点主要有以下几方面:

(1)分区明确:可实现实验区(含洗消室等实验有关用房)与其他功能区域的隔离,便于分区管理。

(2)布局合理:实验室沿走廊两侧设置,便于合理布局,交通顺畅,两侧相关实验工作易于相互配合。以人工操作为主的实验室可置于朝阳侧,争取最佳工作环境;以仪器为主的实验室可置于背阳侧,避免阳光对仪器设备的直射影响。

(3)适合设置独立区域:对生物安全性要求较高实验室可以布置在楼层一端形成独立区域,以避免外界干扰或对外界产生干扰。例如将三级生物安全实验室及其他有较大潜在危险的致病微生物实验室、放射性实验室、动物实验室等要求较为特殊的实验室设置在楼层的尽端,便于最大程度避免对外界或受外界的影响。

(4)实验室可自然通风且采光效果好。

三、实验室建筑结构的要求

实验建筑物由各种类型的实验室组成。疾病预防控制中心实验室的特点是实验内容广泛,要求各异,其大小、形态及室内环境指标多不相同,应根据实验的对象、内容与要求进行建造。有的需要建筑物提供大空间来形成开放型实验室,如许多化学实验室,由于它们的共性较多,需要的工作面较大,因此常被希望建成大空间的工作平台,以便相互配合,提高工效;有的需要在较大的空间内按实验的特定要求划分出多个区域,形成一个组合型实验室。例如:①基因扩增实验室,根据特定的专业要求,应设置五个(或四个)相互隔离的工作区域,即试剂贮存和准备区、样品粉碎区(根据需要设置)、样品制备区、扩增反应混合物配制和扩增区以及产物分析区,并通过内部专用走廊相并联。同时对室内环境也有特定要求,需设置通风系统,形成单向的气流包保护区,避免各个实验区之间的相互干扰。②HIV血清学实验室,按照专业要求,应设置清洁区、半污染区及污染区三个区域,根据需要还可设置血清库。整体布局应符合合理的工艺流程以及人流与物流的要求。

因此,实验建筑物具有以下两个特点:一是无一般民用建筑中惯有的"标准层"或"标准间"的概念;二是需要建筑物提供大面积的敞开空间以及一定的层高,以便各种类型实验室的布置与建造。鉴于上述特点,实验建筑物宜采用框架(剪)结构,消除混合结构中承重墙对空间的限制,为各类实验室的建设提供有利条件。

(一)开间模数

实验室开间模数的确定应以方便操作、减少浪费为原则。实验室开间模数宜为 3.5 ~ 4.0m,以 3.6m 为最佳,基本能够满足疾病预防控制机构微生物、理化和毒理等各类实验室的工作要求。

(二)进深

实验室的进深变化较多,各国都有自己的进深尺度,一般归纳起来多在 6.0 ~ 9.0m 之间。疾病预防控制机构实验室的特点与高能物理实验室、声学实验室和飞行动力实验室等其他行业的实验室不同,实验室的布置以边台或结合中央台为主,冰箱、孵箱、试剂柜和生物安全柜等设备通常需沿墙放置,若进深过小,边台长度与设备空间也相应过小,实验室利用率较低,因此,进深不宜太小;若进深过大,视觉比超出正常范围,建筑的合理性差。根据各国情况,结合我国的实践经验,实验室进深宜取 6.0 ~ 9.0m,以 7.0 ~ 8.0m 为佳,基本上能够满足疾病预防控制机构各类实验室的要求。

(三)高度

实验室的高度包含层高、净高和技术夹层三个要素。层高是指楼板面到楼板面的高度;净高是指楼板面到吊顶的高度;技术夹层是指吊顶到楼板底的空间,应满足暖通空调、水电管道等设备与构件的安装和检修的需要。实验室的层高需根据净高结合技术夹层高度的要求来确定。

净高与自然通风与采光的效果有关。合适的净高不仅有利于生产性有害气体的扩散与稀释,还可以避免建筑浪费以及降低制冷与采暖的能耗;同时不会给人体造成较大的压抑感。

技术夹层高度与安装风管、加压风机、高效过滤器等设备(构件)有关。若暂时受条件限制,在新建实验楼中不设上述特殊条件实验室及中央空调系统,但应考虑到未来发展的需求,应预留一定高度的技术夹层。

在确定实验室建筑高度时,要防止两种现象发生:一是未考虑到洁净实验室等特殊条件实验室的基本要求,或将来有建造特殊条件实验室的可能,一味强调节省投资,从而降低建筑高度;二是盲目认为实验室高度越大越好,片面追求高度,造成不必要的浪费。

实验室建筑层高宜为 3.7 ~ 4.0m;一般实验室净高不宜低于 2.7m;有洁净度、压力梯度和恒温恒湿等特殊要求的实验室净高宜为 2.5 ~ 2.6m。在确定建设高度时,应尽量扩大技术夹层的高度。

(四)走廊宽度

人流量与物流量以及建筑物的长度等因素决定了走廊宽度。一般实验室的人流量与物流量都很小,因此走廊宽度不需太大;同时宽度也不宜太小,应以满足大型仪器设备运输及紧急情况人员疏散的要求。在我国,疾病预防控制机构实验建筑物的走廊净宽以 1.6 ~ 2.0m 为宜。

(五)墙面与地面

实验室墙体应采用表面吸附性小、清洗方便和光滑平整的建筑材料建造。实验室采取透明化分隔时,地面以上应采用不低于 1m 的实墙,以便放置装有电源插座的实验边台,并耐受推车等物体的冲撞,提高安全性。走廊两侧可以在合理的前提下尽量提高透明面积的比例。

实验室地面应采用耐腐蚀、耐磨损、易冲洗的建筑材料。对于无洁净度要求的实验室,包括一般无菌室和 HIV 初筛实验室等可以选用地砖,不仅耐酸耐碱,而且价格低廉。对于洁净实验室、生物安全实验室以及其他有特定要求的实验室地面材料除应满足上述一般要求外,更应满足整体无缝隙的要求。通常较为理想的材料有环氧树脂与 PVC 卷材。

(六)防火

实验建筑物的建筑耐火等级不应低于二级,消防设施的设置应符合国家有关建筑设计防火规范的规定。

对于大型贵重仪器实验室以及过水后将发生严重危害环境或严重危及人体健康事故的实验室,应采用合理的气体灭火装置。适用于实验室的气体灭火装置通常有无管网自动气体灭火装置和手动灭火器。采用自动气体灭火装置时,应在室内外分别设置手动控制开关,同时还应在消防值班室设置手动直接控制装置。

(七)防雷

实验建筑物应设置完善的防雷系统。二级以上生物安全防护实验室、计算机网络机房、大型仪器分析室等对安全性要求比较特殊的场所,需设置独立的防雷系统。

(八)防震

实验室建筑物的抗震设防类别不应低于乙类建筑,有特殊要求的另行考虑。

四、实验室基础设施要求

(一)通风

1. 通风(aeration)的意义　实验过程中,常会产生各种有毒、有害、有腐蚀性、异臭和易燃易爆气体,这些有害气体要及时排出室外,同时将新鲜空气送入室内,避免造成室内空气污染,保障实验人员的健康与安全,延长仪器设备的使用寿命。所以,通风是实验室建设不可缺少的一项内容。

2. 通风的原则　实验室的送风系统应单独设置,不能采用可造成不同实验室之间空气交换的中央空调系统;实验室排风系统也需独立设置,即一柜一管一风机系统,不宜共用风道,不得借用消防风道。

3. 通风方式

(1)局部送风:是指将室外或经过处理的清洁新鲜空气送达室内某一局部地点的通风方式。

(2)局部排风:是指在集中产生有害气体的局部地点,设置捕集装置将有害物集中排出,以控制其在室内扩散的通风方式。它可以利用最小风量,获得最好的控制效果,在实验室中被广泛采用,如通风柜、万向吸风罩。

(3)全面通风:对于实验准备室、药品库和储藏室等实验用房有害物质往往呈散发状态,特点是点多面广,这种情况下就需要全面通风方式来控制。全面通风的方式一是自然全面通风,二是机械全面通风。机械通风常采用下送风上排风的形式,即在外墙上安装轴流风机(或在吊顶安置排风口),通过风管安装在外墙的轴流风机进行机械通风。对于散发腐蚀性气体的房间应采用防腐风机,对于散发易燃易爆气体的房间,应采用防爆风机。

4. 通风的建筑要求　从自然通风的要求考虑,实验建筑物不宜采用玻璃幕墙,宜采用窗下墙的形式,并尽量扩大外窗的可开启面积;采用机械通风时,在尽量靠近通风口的位置和不影响美观的前提下,于楼顶或外墙开设进、排风口。

(二)给水与排水

1. 给水　给水的目的是满足实验室三个方面的用水需求,即实验过程用水、日常用水和消防用水。

给水方式,通常是将上述三种用水合并为一个给水系统,由城市给水管网直接供水。高度超出城市给水管网水压范围的实验楼,应设置加压设备,宜选择变频恒压供水装置,不宜采用屋顶水箱供水,避免给水的二次污染。

实验过程中使用的纯水,可以在实验室安装纯水系统、超纯水系统或蒸馏水器,自行制备供给。

2. 排水　实验废水常含有酸、碱、氰化物、重金属等无机物,三氯甲烷、苯、醚等有机物以及致病微生物或放射性物质,所以,实验室废水不能直接排放。在有条件的城市,应将废水分类收集后交专业废物处理部门集中处理;无条件的城市或地区,应在实验室设置污水处理装置或采取有效措施,以除去废水中的污染物,杀灭致病微生物,使水质达到污水排放标准后再排入到城市排水管网。

(三)供电

实验楼的用电量远高于常规建筑物,一方面大量的各种形式和规格的仪器设备需要足够的电力供应;另一方面维持实验室特定的室内环境指标需要大量的供电容量,更为重要的是应考虑满足实验室未来发展的需要。因此,新建实验建筑物的供电应留有足够的负荷余量。例如保存菌种、毒种、试剂和疫苗等实验室需要不间断供电。所以实验室供电设计有如下要求:

1. 供电容量应留有余地,配电导线以铜芯为宜。

2. 一般采用双路供电,不具备双路供电条件的应设置自备电源,有特殊要求的,应配备不间断电源。

3. 在每一实验室内设有三相交流电源和单相交流电源,最好设置一个总电源控制开关。

4. 各种不同用途的仪器设备应分别设置控制开关。

(四)电梯

实验建筑物的电梯,按用途可分为客梯和货梯两类;按专业清洁要求可分为清洁梯和污物梯两类。

实验建筑物的垂直交通,在满足人流需要的同时,更应满足物流,包括大型仪器设备运输的需要。根据我国现行的有关建筑标准与规范的要求,高层建筑必须安装电梯,多层建筑可以不设电梯。但是,由于实验工作特性的需要,多层实验楼也宜安装电梯。无论是高层还是多层实验建筑物,在确定电梯时应至少设有一部货梯或至少有一部客梯可兼作货梯,以便实验用品,特别是大型仪器设备的垂直运输。有条件者,宜单独设置污物梯。

客梯(清洁梯)的位置应设于楼宇主入口视觉显著、交通便利的区域;货梯一般与客梯相邻,这种设置可以降低造价、提高效率,但也可以根据特殊需要,避开主要人流路线,在楼宇的其他区域独立设置,通常是设于楼宇的另一端。在这种情况下,货梯往往更多地被赋予了污物梯的内涵。独立的货梯或污物梯可以通过门禁系统进行管理,仅用于设备、材料、样品和其他供给的运输,并便于实现封闭清理与消毒。

（五）实验台柜

通常,实验台柜有钢结构、钢木结构、木结构和钢筋混凝土结构等四种形式。实验台主要由台面、台下柜体、电源插座、水槽构、水嘴等构成,有的根据需要,在台面上设置试剂架等设施。

根据实验需要及人体结构学实验台的尺寸要求:高度通常为 0.82～0.85m,以放置仪器为主的台面可适当降低高度;化学及生物实验台宽常为 0.75m;物理实验台常宽度为 0.75～0.90m;长度由板材的定型尺寸及实验室的具体情况而定。

台面通常用木板、塑料、石材或环氧树脂板制成(简称物理板和化学板)。要求耐腐蚀、耐热,具有一定的强度,不易使玻璃仪器破碎;表面光洁、耐渗透、不翘不裂。根据不同实验室的要求,可选用不同的台面材料。

（六）其他设施

1. 洗眼器与紧急冲淋器　洗眼器与紧急冲淋器是在非常态状况下使用的二种应急救援设施。

在理化实验区,往往需要同时设置洗眼器与紧急冲淋器。对于强腐蚀性化学品用量较大,并且有较多备用贮存的实验室,宜在每个实验室同时设置洗眼器与紧急冲淋器;对于一般化学实验区,可以洗眼器为主,紧急冲淋器为辅,设置在易受化学灼伤的实验室内。

在微生物实验区,通常以设置洗眼器为主,对紧急冲淋器的设置无特别要求。对于一般致病微生物实验室,宜在每个实验室的出口处设置洗眼器;对于二级以上生物安全实验室,应按国家有关要求设置洗眼器与紧急冲淋器。

洗眼器与紧急冲淋器的水质应保持清洁。在建筑设计时应合理设置排水系统,以便定期置换管中陈水,保持水质常新。紧急冲淋器的底部不宜设置挡水板或淋浴盆,以防应急人员绊倒,并采取地面防水措施,以免日常管理时影响周边环境。

2. 安全防护报警　有条件的实验室应设置与检测范围相应的有毒有害气体报警器等安全防护报警设施。

第三节　实验室仪器设备管理

仪器设备是现代实验室开展工作的必备物质条件和重要技术手段,对保证工作质量和技术水平起着关键的作用。仪器设备管理工作的实质是在一定条件下,如何使仪器设备最大限度地发挥它的社会效益和经济效益。仪器设备管理就是依据科学的方法和原则制定管理制度,对实验室仪器设备在整个寿命周期中计划、维护和监督,使之有序、安全和高效地为实验室工作服务。仪器设备科学有效的管理是实验室检测结果准确有效的基础保障。实验室检测水平的高低,不仅取决于其仪器设备的配置和人员的业务素质,更取决于仪器设备的整体管理水平。

一、仪器设备管理的任务和管理制度

（一）仪器设备管理的任务

制定科学的管理制度和执行有效管理措施,做好仪器设备的管理、维护和保养,以保证实验室检测结果的准确有效。仪器设备管理是一项包括了仪器设备运行全过程的系统管理工程。仪器设备从购置到报废这段时间,有两个变化过程,一是仪器设备的物质变化过程;二是仪器设备的经济价值变化过程。针对这两种变化过程,在管理过程中采用两种管理方式。一是技术管理,主要管理仪器设备的物质变化过程,其目的是掌握仪器设备物质变化规律,使仪器设备处于良好的技术性能状态,保证工作质量和技术水平。二是经济管理,主要管理与仪器设备从购置、运行直到报废等有关各项费用,其目的是掌握仪器设备价值变化规律,包括购置的经费、运行的经费、维护修理的经费和更新的经费等,以期花费资金最小,求得最大的经济效益。仪器设备管理应该是这两种方式的动态管理过程,是技术与经济管理的统一体。

仪器设备管理的任务具体包括以下几个方面:

1. 遵循"技术先进、经济实用、资源共享、分级和重点装备相结合"的原则选购仪器设备。

2. 做到购置时仪器设备主机、附件配套齐全,到货及时安装调试、验收、投用,出现故障时及时修复。

3. 合理利用仪器设备,不保留过多剩余能力,也不能是高性能设备长期在倒低挡运行或存储不用。

4. 做好仪器设备革新改革、更新换代工作,同时做好引进设备的研究、消化和改革。

5. 加强仪器设备维修与管理人员的技术培训,提高维修和保养技术,保证备件、配件的供应。

6. 开展经济核算,重视经济效益。

（二）仪器设备的管理制度

制定并执行科学的仪器设备管理制度是仪器设备管理工作规范有序的基础。仪器设备从申请购置、使用到报废处理,涉及人员较多,从机构领导、设备部门、财务部门及使用科室的相关人员都参与其中。因此,只有制定可执行的管理制度,才能规范有序完成仪器设备管理工作。仪器设备管理制度主要有:仪器设备申购制度、仪器设备审批制度、仪器设备采购制度、仪器设备验收制度、仪器设备领用制度、仪器设备档案制度、仪器设备使用制度、计量器具周期检定制度、保养维修制度和调拨报废制度等。

二、仪器设备的购置管理

（一）装备原则

仪器设备装备应遵循"技术先进、经济实用、资源共享、分级和重点装备相结合"的原则。

1. 技术先进原则　装备仪器设备首先要考虑技术的先进性,要有前瞻性。充分考虑本学科在国内外的发展趋势,充分了解相关仪器设备在国内外的最新发展信息,充分考虑目前国际上仪器设备发展速度、更新换代周期缩短等因素。在考虑技术先进的同时,也应考虑技术先进的仪器设备对客观使用条件的适应性和可能性。

2. 经济实用原则　装备仪器设备要在充分调研的基础上,结合本单位实际工作要求,通过周到细致的性能和价格比较,选定符合本单位经济情况的仪器设备。切实做到统一领导、统筹安排、合理计划、专管共用、全面管理,最大限度地发挥仪器的使用价值。

3. 资源共享原则　资源共享是提高设备使用效益的有效途径。在单位内部,对使用面宽、使用量大和维护保养要求高的仪器设备,可采用"集中管理、共同使用"的原则,建立仪器设备资源共享平台,以提高仪器设备的利用率。在社会上,鼓励实验室积极参加地区仪器设备协作共用网络,努力构建仪器设备的协作共用平台,加大对外开放的力度。

4. 分级和重点装备相结合原则 如全国疾病预防控制机构分成省、地和县三级,各级疾病预防控制机构仪器设备的装备分为:A. 完成常规工作所需要的仪器设备;B. 按照基本功能必须装备的基本仪器设备;C. 根据地域特点工作需求应装备的基本仪器设备三个等级。由于省、市和县三级疾控机构开展工作的内容、深度和广度的不同,其技术水平的要求也不尽相同,技术力量的构成配置也存在较大差异,因而对三级疾控机构装备仪器设备的标准也不同。另外,在三级疾控机构内部,也存在重点实验室、国家实验室和一般实验室的区别。所以要根据三级疾控机构实验室配置的实际情况,实行分级和重点装备。

(二)购置计划的制订

为了保证和提高检测工作的技术水平,有必要确立仪器设备按需或定期更新换代的机制。实验室应结合工作内容、科研人员的技术水平、使用环境的要求以及资金的保障能力等情况,在充分做好预测的基础上,向仪器设备管理部门提交"仪器设备购置申请表"。在提出装备理由的同时,还应提交可行性调研论证报告。仪器设备主管部门组织专家充分讨论和论证的基础上,结合财务部门提供的年度和近期购置仪器设备的经费保障情况,制订仪器设备购置计划。

(三)仪器设备的购前调研

购前调研是管理仪器设备的一个重要程序,也是确保采购仪器设备性价比的必要环节。首先要成立调研小组并明确责任人。调研人员根据拟购仪器设备调研论证方案,进行初步技术调研,提出仪器设备工作性能技术参数,评估国内外仪器生产厂家资质、对拟购仪器设备进行市场调研,最终提出可行性调研论证技术报告。

购前调研中需要注意的问题:

1. 根据购置仪器设备的金额大小和使用范围,灵活确定调研人员名单。

2. 对于仪器设备精度的选择,也要从实效出发,不盲目追求高、精、尖。

3. 购置仪器设备要从实际出发,本着"性能适用、节约成本"的原则,凡是国内厂家生产的仪器设备质量良好,性能稳定,满足需要,不必进口。

4. 明确采购对象后,要认真填写仪器设备购置申请表,按程序履行审批手续。

5. 大型仪器设备同时附专项书面调研报告。

(四)采购

目前,我国各级机构的实验室购买仪器设备的资金大多是国家财政拨款资金或需要由国家财政偿还的公共借贷款。因此,其采购方式为政府采购。在市场经济条件下,为了规范政府采购行为,提高政府采购资金的使用效益,维护国家利益和社会公共利益,保护政府采购当事人的合法权益,促进廉政建设,各级机构都要严格按照《中华人民共和国政府采购法》规定进行采购。

政府采购的方式有六种:公开招标、邀请招标、竞争性谈判、单一来源采购、询价和国务院政府采购监管部门认定的其他采购方式。公开招标是政府采购的主要采购方式。

(五)验收管理

仪器设备的验收是购置过程的结束,常规管理的开始;是了解仪器设备技术性能、建立原始档案的过程;是保证仪器设备正常运行的关键步骤。仪器设备验收是一项技术性强且时间紧迫的工作,必须制定并遵循一套完善的验收程序。

　　成立专门验收小组,根据验收程序做好相应的准备工作、熟悉验收工作流程、拟定验收、安装的计划,并认真实施。验收工作应及时地严格按照有关要求和程序进行,特别是进口的大型仪器设备,合同索赔期具有时效性,验收不及时可能会造成不必要的损失。

　　根据仪器设备验收流程,验收主要包括以下5个步骤:

　　1. 准备工作　由于仪器设备的验收和安装调试具有时间紧迫性、技术复杂性和政策合法性三个特征,所以仪器设备验收过程必须要有充分的人员组织准备、技术准备和条件准备。

　　(1)组织准备:成立验收小组是组织准备的首要环节。验收小组主要由使用单位的技术人员、设备管理人员、档案管理人员和商检人员共同组成,当验收小组成员明确掌握各自职责要求后,方可进行验收。

　　(2)技术准备:进一步搜集该仪器的性能原理、技术参数、操作规程、系统组成和要害组件等方面的资料。同时,到已配备并使用该型号仪器的单位学习培训,掌握各项技术指标、测试验收要领、操作方法和注意事项等。

　　(3)条件准备:根据仪器设备对工作环境的要求,落实实验室的硬件配套设施。当实验室的配套硬件设施全部按照要求配备到位以及标样、试剂等准备齐全后,仪器方能进场组织验收,以免因准备不充分而影响验收。如果仪器设备验收不合格,要立即按照法定程序申请索赔。

　　2. 实物核对　实物核对指仪器设备安装以前的验收,其工作重点是以签订的合同为依据,核对实物与标书、订货清单(装箱单)是否相符,同时进行仪器设备外形、机内各组件等检查。

　　具体验收程序:

　　(1)核对凭证:为确保购进的仪器设备与拟采购的仪器设备相符,应就装箱单所述的生产单位、型号、规格、批号、数量等与采购单据进行核对,同时检查其技术资料所描述的性能与所要求的技术指标是否一致。

　　(2)数量点验:数量清点应当以合同、装箱单、合同配置清单为依据逐项核对并作记录。包装箱内一般应有下列文件:检验合格证、使用说明书、维修手册、维修电路图纸等。清点时不仅要核对数量,还应逐项核对产品的规格、型号和编号是否相符。如出现实物数量与单据不符,应当做好记录并保留好原包装,便于向厂方要求补发或索赔。

　　(3)外形查看:对主机及附件进行检查,查看内容包括:仪器的外形、仪器的面板、制造厂名称、产品名称、型号、电源电压、频率、额定功率、出厂编号和出厂时间等。

　　(4)机内各组件检:在必要的情况下,应打开外壳对机内各组件进行检查,查验其型号、规格与合同是否符合,有无缺件等情况。部件的外观品质是否良好,防止翻新或旧的部件混入整机。

　　(5)重点检查精密、易碎部件:对于精密、易碎的部件,如探头、仪表、监视器、镜头和光源等,要仔细查看。

　　(6)验收结果:验收结束后应填写验收报告,所有与合同要求不符的情况都应做好有关记录并拍照和录像,以备索赔。验收报告应由使用科室、设备管理部门与厂商代表三方验收人员签字。

　　3. 安装调试　按合同规定,供方应派合格的技术人员进行安装调试,参加安装调试的人员由使用部门有经验的具有高级职称的工程技术人员与实验技术人员及操作管理人员组成。参加调试人员应先熟悉设备的安装、使用说明书,了解仪器设备的性能,掌握安装调试的基本要求。安装调试完成后,仪器设备应连续开机以验证设备的可靠性。安装调试工作应在索赔期前完成。

4. 技术验收 对仪器设备的功能配置验收与技术性能指标检测。功能配置验收应根据招标文件和合同技术配置单中提供的各项功能(包括软件功能版本),逐项进行核对并进行操作演示,检查是否缺少或与合同是否相符,设备是否能正常工作,并作记录。这项工作也可以与设备调试同时进行。技术性能指标检测应根据招标文件或合同技术配置的各项可测技术性能指标,按厂方提供的测试条件、对设备逐项进行测试。对检测结果应作出合格与不合格的结论,并做好记录。检测验收报告应由参加检测的各方共同签字。

对不合格的检测项目应由生产厂商负责重新调试或更换新部件,直至测试合格。对功能配置不符或技术性能指标达不到出厂技术要求,又无法调整复原者,应向供应商提出更换或技术索赔。进口设备索赔工作应通过商检部门鉴定、签发鉴定证书,由外贸代理机构协助进行,并报海关备案。

5. 建账归档 验收工作完成后应及时提交验收报告,同时将各种验收记录与验收报告一并归档。对验收合格的仪器设备应建立专门的账目和档案,由实验室与设备管理部门进行归档保存,仪器设备移交使用部门并进入日常运行管理。

(六)索赔

索赔是一项时间性、技术性和政策性很强的工作。一般索赔时限通常为仪器到达口岸后 90 天内。仪器验收合格交付使用日起的 12 个月内,如确因在正常运行情况下出现性能不良或故障等质量问题,经过商检复验出证也可申请索赔,逾期后索赔权作废。索赔范围主要包括规格、质量、数量等与合同不符的项目。因此,做好验收准备工作、及时组织安装调试、尽快投入使用、认真观察仪器设备的运行状态并做好记录,是索赔成败的基础。

三、仪器设备的使用管理

仪器设备的使用管理主要包括规章制度的建立、技术人员培训、日常运行管理、维修及维护管理。

(一)规章制度建立

建立规章制度是发挥仪器设备社会和经济效益、确保仪器设备使用寿命的重要前提,也是仪器设备管理工作的重要内容。仪器设备管理是一项复杂的系统工程,其中涉及各种技术、经济与安全的问题。应根据国家有关的法律、法规和政策,建立健全仪器设备管理的各项规章制度,使仪器设备的管理工作制度化、规范化。

切实可行的规章制度是有效管理的重要基础,有关仪器设备管理的规章制度应包括:购置审批制度、采购管理制度、验收管理制度、操作使用管理制度、维修保养工作制度、报损报废制度、调剂管理制度、事故处理制度和计量管理制度等。

(二)技术人员培训

为延长仪器设备的实际使用寿命,挖掘仪器设备的技术潜能,从根本上提高仪器设备的使用效益、经济效益和社会效益,应强化仪器设备使用人员爱护国家资产的责任意识和思想素质、不断提高他们的操作技能。充分调动广大实验工作者的积极性和创造性,坚持仪器设备操作人员的技术培训制度,鼓励他们参加各种技能培训,引导他们主动参与设备的日常管理,重视设备的维护保养、功能开发和改造升级。

（三）仪器设备日常使用管理

1. 编写操作指导规程　仪器设备除了本身质量之外，使用方法的正确与否也直接关系到使用效果，甚至关系到使用者的安全。仪器设备操作指导规程一般应在仪器安装调试、投入使用两个月内制定颁发。其主要内容有：仪器名称、性能用途、操作步骤、检查方法（包括开机、关机、运行检查和期间核查）、维护保养等。对于国家没有颁发检定程序的仪器设备，使用单位应及时建立自校规程。

2. 落实使用记录制度　坚持仪器使用记录制度，既可全面掌握仪器的使用情况、性能状态及变动历史，又便于对仪器实行动态评估。仪器使用记录的主要内容有：开机日期、关机日期、工作时数、运行状态（包括停电、停水及工作异常等情况）、运行检查、期间核查、维修保养和工作内容等。

3. 仪器设备警告标志　仪器设备在使用中可能造成工作人员或无关人员的危害，必须有明确的危险警告标志。如放射线、电离辐射、高磁场等区域，应在有危险的通道与入口处设置明显的警示标志，警告哪类人员不能靠近或禁止入内，提醒进入操作区的注意事项以及可能造成的危害。

（四）维修、维护管理

1. 仪器维护的重要性　仪器设备的保养维护是一件经常性的工作。做好仪器设备保养维护工作的关键是坚持操作使用人员持证上岗制度。操作使用人员要严格按作业指导书操作仪器设备、进行保养维护，避免操作不当引发的人为故障。此外，要注意改善仪器设备的使用条件，如精密仪器设备实验室要配备空调、除湿机等，确保仪器的安全，最大限度地延长仪器设备的实际使用寿命。

2. 仪器设备维护工作的主要任务

（1）建立切实可行的《仪器设备维护保养制度》。

（2）定期组织仪器设备的检修工作，认真填写《仪器设备维修记录》。

（3）拟定维修备品备件的购置计划并组织采购。

3. 仪器设备的维护途径

（1）预防为主：仪器设备的维护应坚持"预防为主"的原则，重点是做好日常维护保养工作。重视维修队伍建设，制定制度，明确职责，有条件的单位，要设立专门的检查维修（包括安装）机构或者专职检查维修人员或可参加仪器保险。

（2）落实维修经费：维修经费不能及时解决是造成仪器设备故障率高的原因之一，因此要重视维护和维修，落实维修经费，保证设备的有效运行。管理部门掌握仪器设备的运行状况，保证必要的维修经费，要保证一定数量的仪器设备维修和零配件费用，其数额应根据本单位现有仪器设备的新旧程度和经费情况，可按仪器设备总金额的2%~5%提取，并设专项经费，由仪器设备管理部门支配。

（3）加强维修技术力量：落实维护维修人员，加强维修技术力量，有条件的机构，建立相应的维修机构、专门的检查维修（包括安装）机构或者专职检查维修人员，建立一支维修队伍，适时督促和加强维护、维修工作，减少带病使用和待修状态。积极推广预防维修，进行定期维修和维护、保养，使设备始终处于良好的工作状态。开展横向合作，借用外单位的维修力量，合理利用，扩大维修技术优势，提高了仪器设备的利用率和完好率。

（4）仪器设备的维护：仪器设备出现故障，使用科室应填写《仪器设备维修申请表》。仪器设备管理部门按照使用科室《仪器设备维修申请表》安排送修或组织自修。单位组织自修时,修理期间的仪器应粘贴维修标志,对影响精度的仪器修理后,经检定合格后,更换合格标志方可投入使用。其他承修单位,应具有修理计量器具法定资质。检测科室质量监督员要对以往涉及该仪器的检测报告进行重新审核,必要时重新检测。

（5）落实仪器设备定期维护制度:定期巡回检查仪器设备运转使用、保养状况和仪器性能,是减少仪器设备故障频发、保证仪器正常运转的有效措施。有关领导、仪器设备管理部门、使用科室与专业维护人员应定期或不定期的检查仪器设备的安全使用情况,发现问题,及时解决。同时,科室仪器设备保管员在使用前应检查仪器是否处于正常状态、是否在检定有效期内、环境条件是否满足仪器正常运转的要求。

（6）落实仪器设备维护经济核算制度:严格执行仪器设备维护保养经济核算制度。仪器设备零配件的更换、消耗品的取用,要建立专账,做到专人保管、专人登记、管用分开、独立核算。

（7）建立仪器设备检查维修技术档案:记录仪器设备的维修情况,建立维修技术档案,以备查验。

四、仪器设备检定、校准和期间核查

（一）仪器的检定

仪器的检定（Verification）是指查明或确认计量器具是否符合法定要求的程序,它包括检查、加标记和（或）出具检定证书。检定通常是进行量值传递、保证量值准确一致的重要措施。《中华人民共和国计量法》规定,县级以上人民政府计量行政部门对社会公用计量标准器具,部门和企业、事业单位使用的最高计量标准器具,以及用于贸易结算、安全防护、医疗卫生和环境监测方面的列入强制检定目录的工作计量器具,实行强制检定。未按照规定申请检定或者检定不合格的,不得使用。1987 年 5 月 28 日国家计量局发布了《中华人民共和国强制检定的工作计量器具明细目录》,列出了 55 类工作计量器具,经 1999 年,2001 年和 2002 年三次调整,现共计有 59 类工作计量器具需经强制检定后才能使用,其中医学实验室相关的项目主要有温度计、砝码、天平、流量计、个人剂量计、有害气体分析仪、酸度计和分光光度计等。实验室购入的新仪器,特别是对测定数据有重要影响的仪器设备,必须经过检定合格后方可使用。检定期满的仪器设备也须经再次检定并合格后使用。检定不合格或未经检定的仪器设备不得用于出具检测数据。

实施强制检定程序时,由使用单位将所有在用的需强制检定的计量器具登记造册,建立管理基本档案,报当地质量技术监督部门备案,同时向其指定的检定机构申请检定。如当地不能检定,应向上一级质量技术监督部门指定的检定机构申请检定。因体积庞大或不便运输等客观条件限制而不能送检的计量器具,由检定机构派员到现场检定。

在《中华人民共和国强制检定的工作计量器具明细目录》之内的计量器具,只要不是作为计量基准、社会公用计量标准、部门和企业事业单位的最高计量标准以及用于贸易结算、安全防护、医疗卫生和环境监测等四方面的工作,以及目录之外的计量器具,都属于非强制检定的计量器具。非强制检定的周期和检定方式由实验室自行决定,根据仪器设备的使用频率和稳定性,一般在 3~6 个月检定一次。

（二）仪器的校准

校准（Calibration）指在规定条件下,给测量仪器的特性赋值并确定示值误差,将测量仪器所指示或代表的量值,按照比较链或校准链,溯源到测量标准所复现的量值上。简单地说,校准就是把待校准的仪器或测量系统与已知参考标准进行比较的过程,并报告比较的结果。校准和检定是两个不同的概念,但两者之间有密切的联系。校准与检定的对象都是测量仪器、测量系统或计量器具。但检定除有与校准一样的比较过程外,还要对照检定规程对拟检定的仪器的计量特征进行全面评价,以给出合格与否的结论。检定与校准的主要区别见表7-1。

表7-1 检定与校准的区别

项目	检定	校准
要求	国家法律强制要求	实验室技术要求
效力	具有法制性,属法制计量管理范畴的执法行为	不具有法制性,属检验机构的自愿溯源行为
依据	检定规程	校准规范,也可是检定规程或校验方法
内容	全面评价计量仪器的计量特征	确定计量仪器的示值误差
证书	如合格,出具检定证书,写明合格级别;如不合格,则只给检定结果通知书	均出具校准证书,并给出示值误差值和校准不确定度(或级别)

　　校准对环境、仪器和人员均有一定要求。首先,校准如在实验室内进行,则应满足实验室要求的温度、湿度条件。如在实验室以外的场所进行,则环境条件应能满足仪器仪表现场使用的条件;其次,作为校准用的标准仪器的误差限应是待校仪器误差限的 $1/10 \sim 1/3$;第三,进行校准的人员应经考核,并取得相应的上岗证,否则出具的校准证书或校准报告无效。

(三) 期间核查

　　期间核查(intermediate checks)也称为"运行检查"(in-service checks),是指在仪器的两次检定(或校准)期间,对检测设备的运行状态进行检查,以保证其技术性能或指标符合检测工作的要求。期间核查的目的是维持测量仪器校准状态的可信度,即确认上次检定或校准时仪器的性能是否发生改变。仪器的期间核查与检定有联系,但又有区别。检定的目的是确定被检定对象与对应的由计量标准复现的量值的关系。因此仪器的期间核查并不等于检定周期内的再次检定,而是核查仪器的稳定性、分辨率、灵敏度等指标是否持续符合仪器本身的检测技术要求。它适用于对检测结果的准确度和有效性有影响的检测设备,重点是使用频率高、易损坏、性能不稳定的仪器,这些仪器设备在使用一段时间后,由于操作方法、环境条件(如电磁、辐射、温度、湿度和灰尘等),以及移动、震动、样品和试剂溶液污染等因素的影响,并不能保证检定或校准状态的持续可信度。如分析天平是检测实验室称取物质质量的常用仪器,使用频率最高,容易受到被称量物质的污染,使用不当会造成传感装置损坏,影响天平的灵敏度和准确度。又如分光光度计样品室、比色皿的污染等都可影响其灵敏度和准确度。所以,使用环境差或使用环境条件发生较大变化的仪器;使用过程中容易受损、数据易变或对数据可疑的仪器;脱离实验室的控制后又返回实验室的仪器(如外借仪器);临近下次检定日期的仪器,这些情况下的仪器均需进行期间核查。

　　仪器期间核查不是仪器检定周期内的再次检定,虽然在条件允许时也可按检定规程进行校准。仪器期间核查时间间隔一般是在仪器的检定或校准周期内进行 $1 \sim 2$ 次为宜,对于使用频率高的仪器应增加核查的次数。

　　实验室仪器设备的期间核查一般采用以下几种方法。

1. 标准物质核查法　用标准物质校准拟核查仪器设备的参数,考查仪器设备测量的某参数是否在受控范围内,其评价标准为:

$$En = \left| \frac{x - X}{\Delta} \right| \leq 1$$

式中:x 为测量值;X 为标准值;Δ 为与被核查仪器设备准确度指标相对应的允差限值,或最大允许误差值。

2. 两台设备比较法

(1)两台设备技术指标相同时:先用被核查设备校准/测量样品的每个参数,得到测量值 x_1;然后再用另一台设备同时校准/测量样品的相同参数,得到测量值 x_2。其结果的评价标准为:

$$En = \left| \frac{x_1 - x_2}{\sqrt{2}U_{Lab}} \right| \leq 1$$

式中:x_1 为被核查设备的测量值;x_2 为与被核查设备技术指标相同的另一台设备的测量值;U_{Lab} 为实验室核查结果的测量不确定。

(2)两台设备技术指标不同时:先用被核查设备校准/测量样品的每个参数,得到测量值 x_1;然后再用技术指标高的设备同样校准/测量样品的相同参数,得到测量值 x_2。其结果的评价标准为:

$$En = \left| \frac{x_1 - x_2}{\sqrt{U_{Lab} + U_0^2}} \right| \leq 1$$

式中:x_1 为被核查设备的测量值;x_2 为比被核查设备技术指标高的另一台设备的测量值;U_{Lab} 为实验室核查结果的测量不确定度;U_0 为技术指标高的另一台设备的测量不确定度。

3. 监督样或留存样核查法　在被核查设备经计量检定机构检定/校准后,立即测量核查标准某个参数得测量值 x_1,作为该设备期间核查的参考值。在该设备期间核查的时间间隔内,再次测量该核查标准的相同参数,得到测量值 x_i。其评价标准为:

$$En = \left| \frac{x_i - x_1}{\sqrt{2}U_{Lab}} \right| \leq 1$$

式中:x_1 为核查标准的参考测量值;x_i 为第 i 次测量核查标准的测量值;U_{Lab} 为实验室核查结果的测量不确定度。

仪器的期间核查也可采用质控图法。

如期间核查结果 $En \leq 0.7$,则表明被核查的仪器设备仍保持其检定状态,该仪器设备/过程处于受控;如 $En > 1$,表明被核查的仪器设备可能存在问题,测量设备/过程可能失控,必须查找原因并迅速采取纠正措施或重新送检定;如 $0.7 < En < 1$,表明被核查的仪器设备的检定状态接近临界,必须查找原因并采取适当的预防措施,如增加核查次数。

如果在期间核查中查出问题,由于仪器设备不稳定或超出允差范围对过去的检验工作造成影响时,应及时停用该仪器,查找由该仪器上次检定合格的日期或上次核查合格日期到查出问题的时间间隔内所有使用该仪器检测的所有检测报告。对由于该仪器的缺陷导致过去的检测报告数据错误,并且检测报告已发出时,应立即采取措施。如立即通知委托方商量复检,追回原报告,重新检测后,发出新的报告。将可能造成的损失减少到最低程度。当发现检测报告未发出时,检测科室暂停检测,至仪器设备修复后再复检,并向委托方说明原因,取得谅解。对核查中发现的不合格的或偶尔出现超差的仪器设备都应按程序文件的规定，查清问题，进行调整、修理、降级使用或报废处理。

五、仪器设备资源共享平台

（一）构建大型精密仪器设备资源共享平台的内涵

大型精密仪器设备在提高实验室科技水平和经济效益方面发挥了重要作用。但由于国家财力有限，目前尚不能普及，存在以下两方面问题：一方面，一些拥有大型精密仪器设备的实验室使用效率不高或有一些剩余能力；另一方面，缺乏现代化实验手段的中小型实验室又迫切要求购置有关仪器。为减少重复购置，节省国家资金，充分发挥现有大型精密仪器的作用和效益，早在1982年，国家科委就制定了"大型精密仪器管理暂行办法"，提出了大型精密仪器"协作共用"的办法。该暂行管理办法要求："国务院各有关部门和省、市、自治区科技主管部门应负责组织好专管共用、地区协作网等多种形式的协作共用。各单位的大型精密仪器除完成本单位的实验、测试任务外，必须参加所在省、市、自治区科技主管部门组织的协作共用。行业专用的大型精密仪器由国务院有关部门组织协作共用。"

随着社会的发展，科技的进步，特别是计算机网络技术的发展。如今，这种专管共用协作网已经有了很大的发展。大型精密仪器设备资源共享平台就是国家、地区和单位科技主管部门在科技资源配置中利用现代计算机网络技术，运用共建共享的机制，对大型精密仪器设备等资源进行重组与建设所构建的物质和信息服务系统。平台构成要素为：①信息网络运行体系；②实物资源体系；③专业技术服务体系；④管理服务体系；⑤政策法规体系。

（二）构建大型精密仪器设备资源共享平台的意义

在大型精密仪器设备资源共享平台（resource sharing platform）体系中，实物资源体系就是各单位的大型精密仪器设备，分布在各个实验室，是共享平台的核心。实物资源体系通过共享网络体系联系在一起。通过专业技术服务体系和管理服务体系运作起来。管理服务体系负责制定有关管理办法及制度，建立运行考核指标体系，并组织实施、监督执行，协调解决实施过程中出现的问题。政策法规体系起着协调作用。这是一种大型精密仪器设备管理的好方法。建立大型仪器设备资源共享平台，让许多实验室的仪器设备协作共用，充分利用仪器设备的剩余能力和通过协作对仪器设备不足能力作相应的补充，十分必要。另一方面，这种管理功能齐全、开发高效、体系完备、公开透明，专业性、科学性很强。更有利于仪器设备维护保养，保证仪器设备的质量和寿命。是节省经费和提高利用率的有效途径。

（张艾华　和彦苓）

第四节　实验室物资管理

一、实验用水的管理

水是实验室常用的物质，配制溶液、洗涤仪器或冷却等都需要用水。实验用水的纯度直接影响到实验结果和仪器的使用期限。天然水和自来水中含有各种离子、有机物、颗粒物质和微生物等杂质，不能直接使用，必须经过纯化后才能使用。在实际工作中，应根据分析任务和实验要求合理地选择适当规格的实验用水。

（一）实验室用水的规格

根据我国 GB/T 6682-2008《分析实验室用水规格和试验方法》规定，实验室用水的纯度分为三个级别：一级水、二级水和三级水。分析实验室用水的规格见表7-2。

表7-2 分析实验室用水的水质规格

指标名称	一级	二级	三级
pH 值范围(25℃)	—	—	5.0～7.5
电导率(25℃)/(mS·m^{-1})	≤0.01	≤0.1	≤0.5
可氧化物质[以(O)计]/(mg·L^{-1})	②	≤0.08	≤0.4
吸光度(254nm,1cm 光程)	≤0.001	≤0.01	—
蒸发残渣[(105±2℃)]/(mg·L^{-1})	—	≤1.0	≤2.0
可溶性硅(以 SiO$_2$ 计)/(mg·L^{-1})	≤0.01	≤0.02	—

注：①由于在一级水、二级水的纯度下，难以测定其真实的 pH 值，因此对一级水、二级水的 pH 值范围不做规定；②由于在一级水的纯度下，难以测定可氧化物质和蒸发残渣，对其限量不做规定。可用其他条件和制备方法来保证一级水的质量

一级水用于有严格要求的分析试验，包括对颗粒有要求的试验，如高效液相色谱分析用水。一级水可用二级水经过石英设备蒸馏或交换混床处理后，再经 0.2μm 微孔滤膜过滤来制取。

二级水用于无机衡量分析等试验，如原子吸收光谱分析用水。二级水可用多次蒸馏、反渗透或离子交换等方法制取。

三级水用于化学分析试验。三级水是实验室最普通的实验用水，过去多采用蒸馏方法制备，故称为蒸馏水。目前，为节能和减少污染，大多改用离子交换或电渗析等方法制取。

（二）实验用水的检验指标

GB/T6682-2008《分析实验室用水规格和试验方法》中规定，实验室用水的主要检验指标有 pH 值、电导率、可氧化物质、吸光度、蒸发残渣及可溶性硅，各项检验必须在洁净环境中进行，并采用适当措施，避免试样的玷污。水样均按精确至 0.1ml 量取，所用溶液以"%"表示的均为质量分数。试验中均使用分析纯试剂和相应级别的水。

电导率是纯水质量的综合指标，一级和二级水的电导率必须"在线"测定，即将电极装入制水设备的出水管道中测定，电极常数为 0.01～0.1cm^{-1}。在实际应用时，人们往往习惯于用电阻率衡量水的纯度，若以电阻率表示，一、二、三级水的电阻率分别大于或等于 10MΩ·cm、1MΩ·cm、0.2MΩ·cm。

（三）实验用水的制备方法

GB/T6682-2008《分析实验室用水规格和试验方法》中规定，制备分析实验用水的原料水应当是饮用水或其他比较纯净的水。如有污染，则必须进行预处理。常用的制备实验用水的方法有：蒸馏法、离子交换法、电渗析、反渗透法、电去离子技术等。

1. 蒸馏法 蒸馏法是最早用于制备实验用水的方法。将原料水在蒸馏装置中加热气化，水蒸气通过冷凝管冷凝后即可得到蒸馏水。蒸馏一次的水为一次蒸馏水或普通蒸馏水，由于水中仍含有一些杂质，如 CO$_2$、某些易挥发物以及容器材料中某些水溶性成分等，导致电阻率达不到 MΩ 级，因此不能满足许多新技术的需要，只能用于配制普通实验溶液或洗涤器皿。要使一次蒸馏水达到纯度指标，必须进行重蒸馏。经过两次以上蒸馏的水称为重蒸

馏水,可用于要求较高的实验。但实践表明,多次蒸馏无助于进一步提高水质,因为水质受到低沸点杂质、空气中 CO_2、器皿的溶解性等多重因素影响。

目前,实验室中多采用硬质玻璃、铜、石英或聚四氟乙烯等材料制成的蒸馏器。其中,石英亚沸蒸馏器特别适用于制备高纯水,特点是:在液面上加热,使液面始终保持亚沸状态,这样可将水蒸气带出的杂质降至最低;蒸馏时头和尾都弃掉1/4,只接收中间部分,冷凝后用石英容器接收。由于整个蒸馏过程中不使用玻璃容器或铜容器,且避免了与大气接触,因此可制得高纯水,电阻率约为 $5.0M\Omega \cdot cm$。

蒸馏法的优点:设备成本低,操作简单;缺点:能量消耗大,产率低,且只能除去水中非挥发性杂质,不能去除水溶性气体。

2. 离子交换法　离子交换法是目前各类实验室中普遍使用的方法,是利用阴、阳离子交换树脂上的 OH^- 和 H^+ 可分别与原料水中的其他阴、阳离子交换的原理来净化水质,其交换反应如下:

阴离子 A^- 与阴离子交换树脂中 OH^- 的交换平衡:

$$—RN^+(CH_3)_3OH^- + A^- \Longrightarrow —RN^+(CH_3)_3A^- + OH^-$$

阳离子 $M+$ 与阳离子交换树脂中 $H+$ 的交换平衡:

$$R-SO_3^-H^+ + M^+ \Longrightarrow R-SO_3^-Na^+ + H^+$$

交换生成的 OH^- 和 H^+ 结合成 H_2O。用该方法制得的水称为"去离子水"。

离子交换法的优点:除去离子类杂质能力强,出水量大、成本低;缺点:不能除去非电解质和有机物杂质,树脂本身也会溶解出少量有机物。用该方法制得的去离子水质量可达到二级或一级水指标,可满足一般化学实验的需要。若要获得既无电解质又无微生物等杂质的纯水,还需将离子交换水再进行蒸馏。

3. 电渗析法　电渗析法是在离子交换技术的基础上发展起来的,是将离子交换树脂制成膜,在直流电场作用下,利用阳、阴离子交换膜对水中阴、阳离子的选择性透过,使杂质离子从水中分离出来。

与离子交换法相比,电渗析法的优点是设备自动化,无需用酸、碱进行再生;缺点是去除耗水量较大,只能除去水中的强电解质,且对弱电解质去除效率低,不能除去非离子型杂质,常含有少量微生物和某些有机物等。因此,用该方法制备的水不适用于高要求的实验。

4. 反渗透法　反渗透法的原理是通过加压使水分子渗透过孔径微小的反渗透膜,使水中 $95\% \sim 99\%$ 的杂质截留在反渗透膜上。由于反渗透膜的孔径仅 $0.0001\mu m$ 左右(细菌 $0.4 \sim 1.0\mu m$;病毒 $0.02 \sim 0.4\mu m$),因此,该方法能有效除去水中可溶性盐、胶体、细菌和病毒等杂质,但对于一些更微小的离子,如硝酸根和溶解氯还是不能有效地除掉。

5. 电去离子技术　电去离子技术(electrodeionization,EDI)是将电渗析技术和离子交换技术相融合。通过阴、阳离子交换膜对阴、阳离子的选择性透过作用和离子交换树脂对离子的交换作用,在直流电场的作用下实现离子的定向迁移,从而完成水的深度除盐,水质可达 $15M\Omega. cm$ 以上。在进行除盐的同时,水电离解产生的 OH^- 和 H^+ 对离子交换树脂进行再生,因此不需酸碱化学再生并能连续制取超纯水。该方法具有技术先进、操作简便和优异的环保优点。

目前,国内外厂商已先后推出了多种纯水、超纯水设备,可供选用。这些设备整合了离子交换、反渗透、超滤和超纯去离子等技术,能达到实验室对水纯度的要求,具有操作简便、设备简单和出水量大等优点,可广泛应用于不同要求的分析工作。

（四）实验用水的贮存

影响纯水质量的因素主要有空气、容器和管路。

纯水一经放置，特别是与空气接触，容易吸收空气中 CO_2 等气体及其他杂质使其电导率会迅速上升，水的纯度越高，影响越显著。因此，纯水瓶应随时加盖，纯水瓶附近不要存放浓 HCl、$NH_3 \cdot H_2O$ 等易挥发试剂。

用玻璃容器存放纯水，可溶出某些金属及硅酸盐；聚乙烯容器溶出无机物较少，但有机物比玻璃容器多。普通蒸馏水可保存在玻璃容器中，去离子水通常保存在聚乙烯塑料容器中；用于痕量分析的高纯水（电阻率 $\geq 18.2 M\Omega \cdot cm$）应现用现制备，临时保存在石英容器中。

纯水导出管在瓶内部分可用玻璃管。瓶外导管可用聚乙烯管，在最下端接一段胶管以便配用弹簧夹。

（五）实验用水的合理选用

根据分析的任务和要求的不同，对水的纯度要求也不同，应根据不同情况选用不同级别的实验用水。一般化学分析实验用三级水即可；仪器分析实验、临床实验室用水等一般使用二级水；特殊实验如酶学测定以及超微量分析等，多选用一级水。

二、一般化学试剂的管理

化学试剂是实验室里品种最多、经常性消耗的物质。试剂选择与用量是否适当，将直接影响实验结果；化学试剂大多具有一定的毒性及危险性，对其加强管理是确保人身财产安全的需要。因此，化学试剂的管理是实验室工作人员的重要工作。

（一）化学试剂的分类和规格

在实验工作中用于与待检验样品进行化学反应，以求获得样品中某些成分的含量（化学分析）；或者用于处理供试样品，以进行物相或结构的观察（物理检验）等用途的"纯"化学物质称为"化学试剂"。化学试剂的种类繁多，世界各国对化学试剂的分类和分级标准不尽相同。有的按"用途-化学组成"分类，如无机试剂、有机试剂和生化试剂等；有的按"用途-学科"分类，如通用试剂、分析试剂、标准试剂和临床化学试剂等；也有的按纯度或贮存方式分类。国际纯粹化学与应用化学联合会（IUPAC）对化学标准物质的分级有 A 级、B 级、C 级、D 级和 E 级，见表7-3。我国习惯将相当于 IUPAC C 级和 D 级的试剂称为标准试剂，E 级为一般试剂。我国化学试剂的产品标准有国家标准（GB）和专业行业标准（ZB）及企业标准（QB）三级。

表7-3　IUPAC 对化学标准物质的分级

级别	规定
A	相对原子质量标准。
B	与 A 级最接近的基准物质。
C	含量为（100±0.02）% 的标准试剂。
D	含量为（100±0.05）% 的标准试剂。
E	以 C 级或 D 级试剂为标准进行对比测定所得的纯度或相当于这种试剂的纯度，比 D 级的纯度低。

根据国家标准及部颁标准,化学试剂按纯度一般可分为优级纯、分析纯、化学纯和实验试剂四个等级,见表7-4。但并非每种试剂都具备四种纯度的产品,各种试剂的指标也不一定相同,这主要是由生产工艺决定的。

表7-4　试剂的分级和使用范围

等级	名称	英文名称	标签颜色	符号	使用范围
一级品	优级纯	Guaranteed reagent	绿色	G.R	纯度高(≥99.8%),适用于重要精确分析和科研,有的可作为基准物质
二级品	分析纯	Analytical reagent	红色	AR	纯度次于一级(≥99.7%),适用于一般研究工作和重要分析
三级品	化学纯	Chemical pure	蓝色	CP	纯度次于二级(≥99.5%),适用于一般分析工作
四级品	实验试剂	Laboratorial reagent	黄色	LR	纯度较低,只适用于一般化学实验

化学试剂中,有些试剂的纯度往往不太明确,例如:指示剂除少数标明"分析纯"、"试剂四级"外,通常只写明"化学试剂"、"企业标准"或"生物染色素"等;常用的有机溶剂、掩蔽剂等通常只作为"化学纯"试剂使用,必要时进行提纯。

基准试剂的纯度相当于或高于优级纯试剂,杂质少,稳定性好,化学组成稳定,主要用于标定标准溶液的浓度,也可直接配制标准溶液。

高纯试剂又可细分为高纯、超纯、光谱纯试剂等。高纯试剂的纯度远远高于优级纯试剂,其杂质含量以百万分率或十亿分率计,是为了专门的使用目的而用特殊方法生产的纯度最高的试剂,特别适用于一些痕量分析。目前国际上尚无统一的明确规格,我国除对少数产品(如高纯硼酸、高纯冰醋酸、高纯氢氟酸等)制订了国家标准外,大多数高纯试剂的质量标准还很不统一。具体指标按用途决定,例如:"色谱纯"试剂是在最高灵敏度以1×10^{-10}g无杂质峰来表示的;"光谱纯"试剂是以光谱分析时出现的干扰谱线的数目强度大小来衡量的,即其杂质含量用光谱分析法已测不出或其杂质含量低于某一限度。

生物化学中使用的特殊试剂纯度的表示方法不同于化学分析中的一般试剂;例如,蛋白质类试剂,经常以含量表示或以某种方法(如电泳法等)测定杂质含量来表示;酶的纯度是以酶的活力表示,即每单位时间能酶解多少物质。

国外试剂规格有的与我国一致,有的不同。可根据标签上所列杂质的含量对照加以判断,如常用的ACS(American Chemical Society)为美国化学协会分析试剂规格、"Spacpure"为英国"Johnson Malthey"出品的超纯试剂、德国E. Merck生产的"Suprapur"(超纯试剂)等。

(二)化学试剂的选用

化学试剂的选用应遵循"在能满足实验要求的前提下,试剂级别就低不就高"的原则。化学试剂的纯度越高,价格越贵,高纯试剂和基准试剂的价格比一般试剂高数倍甚至数十倍。在实际工作中选用试剂纯度应与分析目的、分析方法和检测对象的含量相适应,做到科学合理地使用化学试剂,不能盲目地追求高纯度试剂,以免造成不必要

的浪费,也不能随意降低规格而影响分析结果的准确度。试剂的选择应注意以下几方面:

1. 不同的分析方法对试剂纯度要求不同。痕量分析应选用高纯或优级纯,以降低空白值和避免杂质干扰;配位滴定最好选用分析纯及优级纯试剂,因为试剂中有些杂质金属离子会封闭指示剂,使终点难以观察;仪器分析实验一般使用优级纯、分析纯或专用试剂;作仲裁分析或试剂检验时,应选用优级纯或分析纯试剂。

2. 滴定分析中常用的标准溶液,一般先用分析纯试剂粗略配制,再用基准试剂标定。在对分析结果要求不很高的实验中,也可用优级纯或分析纯试剂替代基准试剂。滴定分析中所用的其他试剂一般为分析纯。

3. 很多优级纯和分析纯试剂所含的主体成分相同或相近,只是杂质含量不同。如果实验对所用试剂的主体含量要求高,则应选用分析纯试剂;如果对试剂杂质含量要求严格,则应选用优级纯试剂。

4. 如果现有试剂纯度不能达到某种实验要求时,可进行一次或多次提纯后再使用,在提纯过程中不得引入其他杂质。

(三)化学试剂的保管

化学试剂种类繁多,性质各异,在贮存过程中容易受到环境或其他因素的影响,保管不当容易变质失效或受到污染,不仅浪费,而且还可能导致实验失败,甚至会引发事故。因此,严格按照安全操作规程及安全管理规程的要求存放、保管和使用试剂是十分重要的。

化学试剂应根据试剂的毒性、易燃性、腐蚀性和潮解性等不同特点,以不同方式妥善管理。

1. 分类存放试剂　无机试剂可按酸、碱、盐、氧化物和单质等分类;有机试剂一般按官能团排列,如烃、醇、酸和酯等;指示剂可按用途分类,如酸碱指示剂、氧化还原指示剂和金属指示剂等;专用有机试剂可按测定对象分类。试剂柜和试剂均应保存在阴凉、通风、干燥处,避免阳光直射,远离热源、火源,要求避光的试剂应装于棕色瓶中或用黑纸或黑布包好存于暗柜中。

2. 选择适当的容器存放试剂　容易腐蚀玻璃而影响试剂纯度的试剂(如:氟化物)应保存在塑料瓶中;见光会逐步分解的试剂(如 $AgNO_3$、$KMnO_4$ 等)、与空气接触易被氧化的试剂($如 SnCl_2$、$FeSO_4$ 等)及易挥发的试剂(如溴水、氨水等)应放在棕色玻璃瓶内,置冷暗处存放;吸水性强的试剂(无水碳酸盐、氢氧化钠等)应严格密封;H_2O_2 虽然是见光易分解物质,但不能存放在棕色玻璃瓶中,因为棕色玻璃瓶中的重金属氧化物成分对 H_2O_2 有催化分解作用,因此 H_2O_2 需要存放在不透明的塑料瓶中;强碱性试剂(如 $NaOH$、KOH 等)应存放在带有橡胶塞的试剂瓶中。

3. 注意化学试剂的存放期限　一些试剂在存放过程中会逐渐变质,甚至形成危害。盛放试剂的试剂瓶都应贴上标签,并写明试剂的名称、纯度、浓度和配制日期,标签外应涂蜡或用透明胶带等保护。要定期检查试剂和溶液,变质或受玷污的试剂要及时清理,标签脱落要及时更换,脱落标签的试剂在未查明之前不可使用。

三、危险性化学试剂的管理

危险性化学试剂是指易燃、易爆、有毒、有腐蚀性,对人员、设施、环境等易造成损害的化学试剂。多数分析实验工作或多或少地需要使用危险性化学试剂,因此需要加强危险性化学试剂的安全管理。

(一)危险性化学试剂的分类

1. **易燃易爆类试剂** 这类试剂具有易于燃烧和爆炸的特性。一般将闪点在25℃以下的化学试剂列入易燃化学试剂,闪点越低,越易燃烧。一些易燃试剂在激烈燃烧时可引发爆炸。

(1)易爆炸试剂:这类试剂遇到高热、摩擦、撞击、暴晒或明火等,可发生剧烈的化学反应,产生大量的气体和热量,从而引起猛烈的燃烧和爆炸。如:三硝基苯酚(苦味酸)、叠氮化合物等。

(2)易燃液体试剂:这类液体试剂具有闪点低、易着火、挥发性大、黏度小和易扩散的特点。其蒸气与空气混合形成可燃混合物,当达到一定比例时,遇明火、静电或电火花可导致燃烧。如:乙醚、丙酮、二硫化碳、苯等。

(3)易燃固体试剂:燃点较低、对物理或化学作用敏感、容易引起燃烧的固态物质称为易燃固体。物理作用因素包括热源、火源、机械力(摩擦、撞击、震动等)、高能辐射(激光、红外线等);化学作用因素包括氧化剂、还原剂、氧化性酸等。易燃固体按燃点和易燃性可分为两级:①一级易燃固体,如红磷、磷化合物、硝基化合物、氨基化钠、重氮氨基苯等,对火源、摩擦及其敏感,有些遇到氧化性酸可燃烧爆炸,或在燃烧时释放有毒气体;②二级易燃固体,如亚硝基化合物、易燃金属粉末(镁粉、铝粉、锰粉等)、萘、硫黄等,燃烧性能较一级易燃固体差,但也易燃,且可释放有毒气体。

(4)易自燃试剂:有些物质在无外界热源的作用下,由于氧化、分解、聚合或发酵等原因,在常温空气中自行产生热量,由于向外散热的速度处于不平衡状态,热量逐渐累积,从而达到燃点引起燃烧,这类物质称为自燃物。自燃物一般具有化学性质活泼、燃点低的特点。潮湿、高温、包装松散、结构多孔、助燃剂或催化剂等因素的存在,都可促进自燃。这类试剂通常分为两级:①一级自燃物,如:黄磷、白磷、还原铁等,在空气中氧化速度极快,燃烧迅速而猛烈,危险性大;②二级自燃物,其化学性质较一级自燃物稳定,如桐油、亚麻仁油等植物油类,由于含有不饱和键化合物,在潮湿和高温环境中容易产生自氧化作用和聚合作用,从而引起自燃。

(5)遇水易燃试剂:这类试剂在遇水或受潮时,发生剧烈的化学反应,放出可燃性气体和大量热,在没有明火的条件下可引起燃烧或爆炸。如金属K、Na、Li、CaC_2等。

2. **强氧化性试剂** 强氧化性试剂大多数是过氧化物或具有强氧化能力的含氧酸及其盐,如:过氧化氢、硝酸钾、高氯酸及其盐等。这类试剂具有十分活泼的化学性质,能释出活性态氧,对其他物质产生强烈的氧化作用。当受到高温、日晒、撞击、摩擦等外界因素的影响,或与有机物、酸类、易燃物、还原剂等接触时,容易发生剧烈化学反应,引起可燃物质燃烧或构成爆炸性混合物。

3. **有毒化学试剂** 有毒化学试剂指极少量侵入人体后就能引起局部或整个机体功能发生障碍甚至造成死亡的化学试剂。常用半数致死剂量(LD50)或半数致死浓度(LC50)表示毒性大小,LD50或LC50越小,毒性越大。WHO推荐的五级标准将试剂的毒性分为剧毒、高毒、中等毒性、低毒和微毒五个等级,见表7-5。生物试验LD50 <50mg/kg以下的称为剧毒物质,如氰化钾、氰化钠等。

表7-5　外源化学物急性毒性分级（WHO）

毒性分级	大鼠一次经口 LD50（mg/k）	6只大鼠吸入4小时,死亡2~4只的浓度(×10⁻⁶)	兔涂皮 LD50（mg/kg）	对人可能致死的估计量 g/kg	总量 g/kg
剧毒	<1	<10	<5	<0.05	0.1
高毒	1~	10~	5~	0.05~	3
中等毒	50~	100~	44~	0.5~	30
低毒	500~	1000~	350~	5~	250
微毒	5000~	10000~	2180~	>15	>1000

我国国家标准《职业性接触毒物危害程度分级》（GBZ 230-2010）中,根据毒物的 LD50 值、急慢性中毒的状况与后果、致癌性、工作场所最高容许浓度等6项指标全面权衡,将毒物的危害程度分为Ⅰ~Ⅳ级,见表7-6。

表7-6　职业性接触毒物危害程度分级

危害程度	常见有毒试剂
Ⅰ级（极度危害）	汞及其化合物、苯、砷及其无机化合物（非致癌的除外）、氯乙烯、铬酸盐与重铬酸盐、黄磷、铍及其化合物、对硫磷、羰基镍、八氟异丁烯、氯甲醚、锰及其无机化合物、氰化物
Ⅱ级（高度危害）	三硝基甲苯、铅及其化合物、二硫化碳、氯、丙烯腈、四氯化碳、硫化氢、甲醛、苯胺、氟化氢、五氯酚及其钠盐、镉及其化合物、二甲基磷酸酯、氯丙烯、钒及其化合物、溴甲烷、硫酸二甲酯、金属镍、甲苯二异氰酸酯、环氧氯丙烷、砷化氢、敌敌畏、光气、氯丁二烯、一氧化碳、硝基苯
Ⅲ级（中度危害）	苯乙烯、甲醇、硝酸、硫酸、盐酸、甲苯、二甲苯、三氯乙烯、二甲基甲酰胺、六氟丙烯、苯酚、氮氧化物
Ⅳ级（轻度危害）	溶剂汽油、丙酮、氢氧化钠、四氟乙烯、氨

4. 腐蚀性化学试剂　腐蚀性化学试剂指能灼伤人体组织,对金属和其他物品因腐蚀作用而发生破坏现象,甚至引起燃烧、爆炸和伤亡的液体和固体试剂。该类试剂大多具有刺激性,对眼睛、黏膜和气管有刺激作用,腐蚀损害皮肤、组织,对眼睛非常危险。轻微时可引起喉痛、黏膜红肿（有的催泪）,严重时可引起气管炎、肺气肿,甚至死亡。常见的腐蚀性化学试剂有发烟硝酸、发烟硫酸、盐酸、氨水等。

5. 低温存放试剂　这类试剂需要低温存放才不致聚合、变质或发生其他事故。该类化学试剂有苯乙烯、丙烯腈、甲醛及其他可聚合的单体、过氧化氢、氨水、碳酸铵等。

（二）危险性化学试剂的管理

1. 易燃易爆类试剂　这类试剂应单独存放在阴凉通风的专用橱中,并在明显位置贴上写有"易燃"字样的醒目标志。存放温度应低于30℃（理想的存放温度为 -4~4℃）,隔绝火源、热源和电源,还应做好防雨和防水工作。如果有条件,可在用砖或水泥制成的料架上放置,并根据贮存危险物品的种类配备相应的灭火和自动报警装置。在大量使用这类化学试剂的地方,一定要保持良好通风,所用电器一定要采用防爆电器,绝对不能有明火。

易燃液体,如:二硫化碳、苯、醚等,应密封于棕色试剂瓶中,置于阴冷处存放。试剂瓶不可盛装过满,启封用毕后,可用火棉胶重新封口,绝对不允许用正在燃烧的蜡烛进行滴蜡封口。这类试剂应单独存放,避免与强氧化剂或其他可燃物接近。如散落在地上,应立即用纸巾洗干,并做适当处理。

夏季用冰箱保存乙醚(闪点为 -45℃)时,由于冰箱空间小,若长期不打开冰箱,乙醚会充满整个空间,普通冰箱使用继电器控温,容易产生火花引起爆炸。故必须使用防爆冰箱。

易自燃试剂:如黄磷(自燃点为 34℃)、白磷等应放在水中保存。贮存在阴凉干燥通风处,温度不宜超过 30~32℃,相对湿度应在 75%~80% 以下。

遇水燃烧试剂,如 K、Na 等,必须浸没在装有煤油或液状石蜡的试剂瓶中保存。CaC_2、过氧化物等必须密封贮存,否则吸湿后会造成意外。

2. 强氧化性试剂 此类试剂应存放在阴凉、干燥、通风处,最高温度不得超过 30℃,应与酸、炭粉、木屑、硫化物、糖类等易燃物、可燃物或还原剂隔离。有条件时,氧化剂应分库或同库分区存放。

3. 有毒性试剂 盛放有毒试剂的容器应密封,并在容器表面应贴上"有毒"或"剧毒"等字样的标签。有毒试剂应与易燃易爆、氧化性、酸类试剂隔离,存放在阴凉干燥处。剧毒试剂如氰化钾、氰化钠和三氧化二砷等,必须锁在保险柜中,并且建立双人登记签字领用制度和使用、消耗、废弃物处理等制度,剩余的试剂必须交回。

4. 腐蚀性试剂 此类试剂存放处要求阴凉、干燥、通风处,温度不得超过 30℃,与氧化剂、易燃易爆性试剂隔离。酸性腐蚀性试剂与碱性腐蚀性试剂、有机腐蚀性试剂与无机腐蚀性试剂应相互隔离。应选用抗腐蚀材料(如耐酸水泥或陶瓷)制成的料架。另外还应根据各种试剂自身的性质,分别采用防潮、避光、防冻、防热等不同保护措施。

5. 低温存放试剂 这类试剂需要低温存放才不致聚合、变质或发生其他事故。存放的适宜温度应在 10℃ 以下。

对于规模较小的实验室,当危险性化学试剂的数量很少时,允许与普通化学试剂同库贮存,但仍需按其特性分类分别存放,特别是遇水易燃物品,必须特别防护,防止万一发生火灾时与水或灭火剂发生反应引发新的危险。

四、标准物质的管理

为了保证分析测试结果的准确度,并具有公认的可比性,必须使用标准物质校准仪器、标定溶液浓度和评价分析方法。标准物质是测定物质成分、结构或其他有关特性量值的过程中不可缺少的一种计量标准。目前,我国已有标准物质近千种。

(一)标准物质的定义

标准物质(reference material,RM)是具有一种或多种足够均匀和很好地确定了的特性,用以校准测量装置、评价测量方法或给材料赋值的材料或物质。标准物质可以是纯的或混合的气体、液体或固体。例如,校准黏度计用的水、量热法中作为热容量校准物的蓝宝石、化学分析校准用的溶液等。

有证标准物质(certified reference material,CRM)是附有证书的标准物质,其一种或多种特性值用建立了溯源性的程序确定,使之可溯源到准确复现的表示该特性值的测量单位,每一种出证的特性值都附有给定置信水平的不确定度。

标准物质的名称,美国惯用 SRM(standard reference material),欧洲及其他一些国家惯用 CRM,我国计量名词术语中规定用 RM。

（二）标准物质的分类和分级

1. 标准物质的分类　标准物质按其被定值的特性可分为化学成分标准物质（冶金、环境分析、化工等标准物质）、物理或物理化学性质标准物质（光学、磁学、酸度、电导等标准物质）以及工程特性标准物质（粒度、橡胶耐磨性、表面粗糙度等标准物质）。目前，世界上研制标准物质历史最久的美国国家标准技术局（NIST）也按这种方式分类。ISO 颁布的认证标准物质目录按标准物质应用的领域部门进行分类，共分为 17 个类别。

我国标准物质管理办法中规定，按标准物质的属性和应用领域将标准物质分成十三大类，包括钢铁、有色金属、建筑材料、核材料与放射性、高分子材料、化工产品、地质、环境、临床化学与药物、食品、能源、工程技术、物理学与物理化学。

2. 标准物质的分级　根据标准物质特性量值的定值准确度，通常将标准物质分成两级或三级。美国国家标准技术局将标准物质分为两级，即一级标准物质（primary reference material）和二级标准物质（secondary reference material）。我国也将标准物质分为一级标准物质和二级标准物质，它们都符合"有证标准物质"的定义。

一级标准物质是统一全国量值的一种重要依据，由国家计量行政部门审批并授权生产，由中国计量科学研究院组织技术审定。一级标准物质用绝对测量法定量或两种以上不同原理的准确可靠的方法定值。若只有一种方法定值，可采取多个实验室合作定值。它的准确度达到国内最高水平，均匀性良好，稳定性在一年以上，主要用于研究与评价标准方法、作为仲裁分析的标准、二级标准物质的定值等。一级标准物质的编码以代码"GBW"开头，编号的前两位数是标准物质的大类号，第三位是标准物质的小类号，第四、五位数是同一类标准物质的顺序号。

二级标准物质常称为工作标准物质，由国务院有关业务主管部门审批并授权生产，采用准确可靠的方法或直接与一级标准物质相比较的方法定值。定值的准确度应满足实际工作测量的需要，准确度和均匀性能满足一般测量需要，稳定性在半年以上，主要用于评价现场分析方法、现场实验室的质量保证及不同实验室间的质量保证等。二级标准物质的编码以代码"GBW（E）"开头，编号的前两位数是标准物质的大类号，后四位数为大类标准物质的顺序号，最后一位是用英文小写字母表示的复制批号。

（三）标准物质的特性

1. 量值准确　量值准确是标准物质的基本特征，标准物质作为同一量值的一种计量标准，即凭借该准确特性量值校准仪器测量方法、进行量值传递、保证检测质量。

2. 均匀性好　在使用标准物质时常是取其中一部分，而标准物质的标示值是对一批标准物质定值的数据，因此均匀性好是标准物质使用的重要特征。

3. 性能稳定　标准物质的稳定性是指标准物质长时间贮存时，在外界环境条件的影响下，物质特性量值和物理化学性质保持不变的能力。

4. 批量生产　标准物质必须有足够的产量和贮存以满足需要，特别是二级标准物质和质控物直接用于大量实际工作时。

5. 标准物质证书　一、二级标准物质必须有国家相关机构颁发的证书。标准物质证书是介绍该标准物质的属性和特征的主要技术文件，是向使用者提供的计量保证书，是使用该标准物质进行量值传递和进行量值溯源的凭据。

（四）标准物质的用途与选用

1. 标准物质的主要用途

（1）用于评价测量方法和测量结果的准确度：进行实际样品分析时，在测定样品的同时测定标准物质，如果标准物质的分析结果与所给证书上的保证值一致，则表示分析测量方法和结果准确可靠。

（2）作为校准物质：例如用氧化谱钕滤光片校正分光光度计的波长，用pH标准物质校准pH计的刻度值，也可用标准物质监测和校正连续测定过程中的仪器稳定性、灵敏度和分辨率等。

（3）用作分析工作的标准：采用工作曲线法定量时，需要配制不同浓度的标准系列（即工作标准），采用标准物质作为工作标准，可以大大提高分析结果的准确性和可比性。

（4）用于分析质量保证工作：在分析测试中，质量控制的方法很多，但比较简便可靠的方法是在分析中使用标准物质。

2. 标准物质的选择原则

标准物质的选择应考虑分析方法的基体效应、定量范围、操作方式、样品的基体组成和测定结果的准确性要求等诸多因素，应遵循以下原则：

（1）采用与待测试样组成相似的标准物质：所谓相似只是要求类型上相似、基体大致相同，如待测样品为水质试样，那么就选择水质标准品。

（2）标准物质的准确水平与期望分析结果的准确度匹配：我国标准物质证书上用"不确定度"、相对标准偏差等方式表示标准物质特性值的可靠性，所选用的标准物质的准确度应高于期望分析结果准确度的3~10倍。

（3）标准物质的浓度水平应与直接用途相适应：由于分析方法的精密度会随测试浓度的降低而放宽，因此应选择与被测试样浓度接近的标准物质。若标准物质用于评价分析方法，应选择浓度接近方法上限和下限两个标准物质；若用标准物质校准仪器，应选用浓度在仪器测量范围内的标准物质。

（五）标准物质的管理

1. 建立标准物质总账，记录标准物质的名称、组成、批号、购买日期、有效期、证书号和存放地点等信息。

2. 标准物质应由专人保管，设专门存放区域，配有明显标识，并采取适当的防污染措施，以保证其有效性。

3. 超出有效期限的标准物质，或在有效期内出现异常的标准物质，应由管理人员填写标准物质报废申请，经审批后处理。

4. 剧毒化学品的标准物质应按剧毒化学品管理规定进行管理，对使用进行跟踪记录。

五、质量控制血清的管理

（一）质量控制血清

质量控制血清（质控血清）是指已有靶值的血清，主要用于临床实验室的检验质量评价工作中。在每次的常规检验中加入一份或数份，通过所得结果来了解本次检验的情况。若质控血清检验结果的误差能控制在一定范围内，就说明该检验没有发生不允许的误差。如果出现超过允许误差范围的异常结果，则提示该检验不合格，应寻找原因，纠正后重检待测标本。因此，质控血清在质控工作中起重要作用。

质量控制血清分定值和未定值两种。如只用一份质控血清定值，一般定在正常值与异常值交界点上，定性测定时处于弱阳性水平，称为临界值。临界值质控血清可以作为试剂盒中的阳性对照品和阴性对照品以外的第三个对照品,它可以灵敏地反映出试剂盒的检出水平,确保弱阳性反应的标本不漏检。

(二)质量控制血清的选用

每个实验室可以根据自己的条件,选用国家临床中心提供的质控血清,或自己制备本室使用的质控血清。自制的不定值质控血清,在一批质控血清将用完之前,需准备下一批质控血清。质控血清要求性能稳定,较长期内效价不变,其理化性质应与病人样本相近,这样才能有效地起到监测作用。

(三)质量控制血清的保存

质量控制血清可以在-20℃保持半年定值不变,冰冻状态融化使用时,应先混匀,未用完部分可在4℃保存。一般按一周实验用量分装、分类、标记、封口、-20℃冻存于冰箱中,不可反复冻融,一旦融化后应该存放2~8℃,尽快使用。

六、标准菌株的管理

要搞好临床微生物学检验质控,必须保存有一批标准菌株作为对仪器、培养基、染色液、试剂和诊断血清的质控菌株,也可作为培训细菌检验的工作人员的教具。

(一)标准菌株

1. 标准菌株　是由国内或国际菌种保藏机构保藏的,遗传学特性得到确认和保证并可追溯的菌株。生物学特性敏感的标准菌株可用于培养基、试剂、染色液和抗血清的质控,对抗菌药敏感的标准株可用于做药敏试验的质控,标准菌株还可用于鉴定未知被检菌时作为对照使用,还可作为制备诊断用抗血清的抗原以及用来测定商品抗血清的效价等。

2. 标准菌株应具备的条件　①标准菌株在形态、生理、生化及血清学等方面要具有典型特性并相当稳定;②标准菌株对所试药物要产生恒定的抑菌环和恰当的最小抑菌浓度值;③标准菌株对测试项目反应要敏感。

3. 标准菌株的来源　标准菌株常常来源于权威机构,如:美国典型菌种保藏中心(American Type Culture Collection,ATCC)、英国国家菌种保藏中心(The United Kingdom National Culture Collection,UKNCC)、中国普通微生物菌种保藏管理中心(China General Microbiological Culture Collection Center,CGMCC)、中国工业微生物菌种保藏管理中心(China Center of Industrial Culture Collection,CICC)等。此外,实验室分离菌株也可作为标准菌株,但必须经过严格鉴定,其形态、生理、生化特征典型,经多次传代,特征恒定,否则不能作为标准菌株。

(二)标准菌株的管理

1. 供应商的选择　选择有资质的标准菌株合格供应商,每批标准菌株必须附带有供应商的合格证或检测报告或说明书,来证明所采购的标准菌株是合格的。

2. 标准菌株和验收　实验室收到标准菌株,首先应进行符合性感官检查,记录菌株号和标准菌株来源途径信息,确保溯源性清楚。同时还应记录标准菌株名称和数量、生产日期、接收日期和有无破损等情况。

3. 冻干标准菌株的复苏　购回的标准菌株一般为冻干粉剂,依照随产品附有的菌种复活方法,在相应的生物安全水平下打开包装,选择合适的培养基和培养条件(根据生产商说明或有关技术通则)进行复活。冻干菌株的传代次数不得超过5代。

4. 菌株性能的确认

（1）纯度检查（观察菌落形态）：取复活后的培养物，在相应的鉴别平板或非选择平板上划线分离，培养出单菌落，观察菌落形态是否符合该菌株要求，同一平板上的单菌落大小、形状、颜色、质地和光泽是否相似，对于出现两种以上形态的菌株，应再分别挑取单菌落划线，检测是否出现相同特征。

（2）细胞形态：取划线平板上的单菌落，革兰染色反应应符合要求，且呈现一致性。

（3）必要时进行生化鉴定

（4）污染处理：如发现菌株有污染，挑选目标菌培养成功后，将培养物灭菌销毁（121℃，30分钟）。

5. 标准菌株的保存 保存菌种的方法应根据菌种的类型和保存目的进行选择，一般包括以下几种方法：

（1）一般保存方法：用高层琼脂保存，使细菌处于代谢缓慢状态，并按照各种细菌生长的情况作定期移种。此方法是最简单的保存方法，不需要特殊设备，并可随时提供使用，最长可保存1年。但细菌经多次移种后，性状可能发生变异。

（2）低温冷冻保存方法：取对数生长期的细菌混悬于小牛血清或无菌脱纤维羊血0.5～1.0ml中，容器中加入无菌玻璃珠数枚，贮存于−40℃低温冰箱中保存。需要时用无菌镊子取出一枚玻璃珠置培养基中，即可获得新鲜菌种。大部分细菌用此方法可保存6～12个月，甚至更长时间。应注意：标准菌株保存管一经融化使用后，不得再次冻存。

（3）冷冻干燥法：是菌种保存最佳方法，可以免去细菌因频繁传代而造成的菌种污染、变异和死亡。此法需冷冻干燥设备，操作较费时，但适用于需要长期保存的菌种。

菌株保存的注意事项：①不能用含有可发酵性糖的培养基保存菌种；②不可以使用选择性培养基，不能从药敏试验平板培养基上留取菌株；③不得使培养菌干枯，所有试管要保持良好的密封性；④对温度变化敏感的细菌，如淋病奈瑟菌和脑膜炎奈瑟菌，不可贮存于冰箱，但可用快速冷冻干燥法长期保存；⑤作为抗菌药物敏感试验用的标准菌株，由保存状态取出后，不能连续使用1周以上，应定期传代，但一般不超过6次，必要时进行更换。

6. 标准菌株的期间核查 标准菌株的期间核查频率为每半年一次；工作菌株期间核查的方法同菌株的性能确认方法；同时建立标准菌株期间核查记录。

7. 标准菌株的废弃 标准菌株如已老化、退化，或变异、污染等，经确认试验不符合的或该菌种已无使用的应及时销毁。废弃的标准菌株由部门负责人批准，使用人员放入121℃高压锅内，高压灭菌45分钟后作为废弃物处理。

8. 记录 实验室应记录标准菌株的配制、复活、传代和确认等工作内容并定期交文档管理员存档。

七、培养基的管理

培养基是供微生物、植物和动物组织生长和维持用的人工配制的养料，一般都含有碳水化合物、含氮物质、无机盐（含微量元素）以及维生素和水等。有的培养基还含有抗生素和色素，用于单种微生物的培养和鉴定。

（一）培养基的分类

1. 按物理状态分类 培养基可按其物理状态分为固体培养基、液体培养基和半固体培养基三类。

（1）固体培养基：是在培养基中加入凝固剂，如琼脂、明胶或硅胶等。固体培养基常用于微生物分离、鉴定、计数和菌种保存等方面。

（2）液体培养基：液体培养基中不加任何凝固剂。这种培养基的成分均匀，微生物能充分接触和利用培养基中的养料，适于作生理等研究，由于发酵率高，操作方便，也常用于发酵工业。

（3）半固体培养基：在液体培养基中加入少量凝固剂而呈半固体状态。可用于观察细菌的运动、鉴定菌种和测定噬菌体的效价等方面。

2. 按微生物的种类分类　培养基按微生物的种类可分为细菌培养基、放线菌培养基、酵母菌培养基和真菌培养基等四类。①常用的细菌培养基有营养肉汤和营养琼脂培养基；②常用的放线菌培养基为高氏 1 号培养基；③常用的酵母菌培养基有马铃薯蔗糖培养基和麦芽汁培养基；④常用的霉菌培养基有马铃薯蔗糖培养基、豆芽汁蔗糖（或葡萄糖）琼脂培养基和察氏培养基等。

3. 按用途分类　培养基按其用途可分为基础培养基、加富培养基、选择性培养基和鉴别培养基。

（1）基础培养基：是含有一般微生物生长繁殖所需基本营养物质的培养基，牛肉膏蛋白胨培养基是最常用的基础培养基。

（2）加富培养基：是在基础培养基中加入血、血清、动植物组织提取液制成的培养基，用于培养要求比较苛刻的某些微生物。

（3）选择培养基：是在普通培养基中加入特殊营养物质或化学物质，以抑制不需要的微生物的生长，有利于所需微生物的生长，用于将某种或某类微生物从混杂的微生物群体中分离出来。

（4）鉴别培养基：是在培养基中加入某种试剂或化学药品，使培养后会发生某种变化，从而区别不同类型的微生物，如：鉴别大肠杆菌的伊红亚甲蓝培养基、鉴别纤维素分解菌的刚果红培养基等。

（二）培养基的管理

1. 培养基的购买　培养基保管员或岗位检验人员要根据培养基使用情况及剩余量及时向实验室主任提出申购，经质量管理部经理审批后方可购买。应当从可靠的供应商处采购，生产厂家应尽量稳定，必要时应当对供应商进行评估；一次购入量不宜过多。

2. 培养基的接收　培养基购进后，由保管员负责接收，并及时填写相应的接收记录，如培养基标签未标注效期，则应当在培养基的容器上标注接收日期。

3. 培养基的保管

（1）培养基的保管：培养基性状均为粉末，有特殊气味，容易受潮。保管员核对品名、数量后，按标签的要求于阴凉干燥处贮存，防止光照，潮湿。

（2）储存期限：新购进未开瓶的干粉培养基按厂家说明书上的储存期限储存。开口后的干粉培养基的储存条件和效期均按说明书上的规定执行。

4. 培养基的使用

（1）培养基购进后，按批对其进行灵敏度检查，检查合格后方可使用，并有相关记录。

（2）在配制培养基时应先检查干燥培养基的外观性状。凡结块、霉变者均不能使用。

（3）培养基的配制方法、消毒温度、消毒时间均应按培养基的标签要求进行。每配制一批培养基都应填写培养基配制记录。

（4）微生物限度检查用培养基应尽量现用现配，否则应置 2～10℃ 冰箱保存，配制好的基础营养培养基应在 2 周内用完;生化鉴别培养基应在 1 周内用完;选择性分离鉴别培养基制成平板后应在 24 小时内用完。使用培养基时应及时填写相应的使用记录。

(5)实验完毕后,被微生物污染的培养基均应经 121℃,30 分钟高压灭菌处理后才能丢弃。

八、玻璃器皿的管理

(一)玻璃的化学组成、分类和性质

玻璃中最主要的成分是二氧化硅(SiO_2),约占 65%~81%,还含有氧化钙(CaO)、氧化钠(Na_2O)、氧化钾(K_2O)、三氧化二硼(B_2O_3)和氧化铝(Al_2O_3)等,有些特殊性能的玻璃还加入了氧化铅(PbO)、氧化锌(ZnO)、氧化镁(MgO)等化合物。

根据玻璃的成分和含量的百分比不同,主要分类见表 7-7。

表 7-7 玻璃的分类

分类名称	主要成分	特性	用途
钠钙玻璃	72% SiO_2 15% Na_2O 11% CaO	熔制温度低,易于加工成型,价格便宜。	用于制作无须加热的玻璃器皿,如试剂瓶、量筒、量杯等
硅硼玻璃 (耐热玻璃)	76%~81% SiO_2 12%~14% B_2O_3 2%~4% Na_2O 2% K_2O	具有较高的热稳定性、化学稳定性和耐热震性	用于制造化学、生物、物理实验仪器和耐热器皿
铅玻璃	$PbO \geq 15\%$	具有较高的光折射率和优越的电器特性	用于制造光学部件、电器元件和防辐射屏
高铝玻璃	Al_2O_3 含量达 10%~20%	热膨胀系数小,受热后易回复原状	用于制作玻璃温度计、高温燃烧管等
石英玻璃 (硅酸玻璃)	$SiO_2 \geq 99.95\%$	热稳定性非常好,耐酸(氢氟酸、浓磷酸、冰磷酸除外),不耐碱	用于制作光学部件、比色皿等

通常情况下,玻璃具有良好的化学稳定性。这是由于玻璃在生产出来后,首先与空气中的水蒸气接触,通过一系列复杂的化学反应,在玻璃表面形成一层极薄的化学保护膜。玻璃的化学组成不同,保护膜的结构也不同,对玻璃的保护作用也就不同。一般情况下,大多数酸很难破坏玻璃表面的这层保护膜,因此玻璃具有较好的抗酸性能。但氢氟酸可在常温下腐蚀玻璃,这是因为氟更容易与硅结合;另外,热浓磷酸和冰磷酸对玻璃腐蚀作用也较为明显。硅酸盐玻璃一般不耐碱,特别是在加热情况下容易受碱侵蚀;玻璃器皿长期使用后,可能出现玻璃表面灰暗、出现斑点和油脂状薄膜等,这是由于玻璃中的碱性氧化物在潮湿空气中可与二氧化碳反应生成碳酸盐而导致的。

(二)玻璃器皿分类

实验室玻璃器皿是实验用玻璃制品的总称。玻璃器皿不同于一般仪器,没有光、电、机等部件,也不属于固定资产。通常可分为玻璃容器、玻璃量器、玻璃烧器、成套玻璃器皿和其他玻璃器皿五大类。

1. 玻璃容器　实验室中最常用的玻璃容器是试剂瓶,用于长期存放化学试剂和药品。试剂瓶的材质多为钠钙玻璃,质地较软,不能直接加热。

试剂瓶分棕色和无色(白色)两种,棕色试剂瓶用于贮存对光不稳定的化学试剂和药品。

根据瓶口的形状可分为螺口试剂瓶、磨口试剂瓶和滴瓶。磨口试剂瓶又分为广口(大口)、细口和下口等几种。

2. 玻璃量器　玻璃量器是用于度量液体的玻璃器皿,一般材质为钠钙玻璃,不能直接加热。

根据用途可分为量出式和量入式。量出式用于测量从量器中排出的液体体积,用符号"Ex"表示,常用的有滴定管、移液管;量入式用于测量注入量器内的液体体积,用符号"In"表示,常用的有容量瓶;量筒既是量出式也是量入式。

按准确度不同,量器分为 A 级和 B 级两类。玻璃量器的容量是在标准温度 20℃ 的条件下确定的,不同种类精确度不同,多有一定误差。量出式量器中微量滴定管和微量移液器相对误差较小;量入式量器中容量瓶相对误差较小。在实际工作中应根据实验需要进行选择,有些还需要在使用前进行检定和校准。

3. 玻璃烧器　玻璃烧器的材质通常为硅硼玻璃,具有良好的热稳定性,一般耐急变温度可到 280℃,可以直接加热。玻璃烧器分烧杯和烧瓶两类。

烧杯又分高型、低型和三角形,其中以低型烧杯最常用,烧杯上一般印有容量分度线,但刻度仅为估计值,因此不能用烧杯作为精准量度。

烧瓶常见的种类主要有锥形烧瓶(三角烧瓶)、圆底烧瓶(球形烧瓶)、圆形平底烧瓶、三口烧瓶和凯氏烧瓶等。烧瓶又分普通口和磨砂口两种。磨口尺寸是依据国际和国家标准,用磨口部位直径和磨口部位椎体长度来标示的,如 BZ14/23 是指磨口大端直径为 14mm,磨口部位椎体长为 23mm。因此,在购买选择磨口烧瓶时,除考虑烧瓶的容量和形状外,还需注明它的口径。标准磨砂口烧瓶可与其他具有磨砂塞的标准玻璃器皿连接组合成仪器系统,如回流系统、蒸馏系统和反应系统等。

4. 成套玻璃器皿　是指经二次加工成型、形状特殊、结构复杂、用途专一的玻璃器皿。实验室中常见的有蒸馏器、旋转蒸发仪和冷凝装置等。

5. 其他玻璃器皿　实验室中还有一些玻璃材质的仪器,如试管、分液漏斗、培养皿、培养瓶、盖玻片、蒸发皿、比色杯和搅拌棒等。

(三) 玻璃器皿的洗涤

使用不清洁的玻璃器皿,会影响实验结果的准确性,因此在实验之前,必须将所用玻璃器皿洗涤干净。实验室中常用的洗涤方式有:①刷洗法:即用蘸有清洗剂的毛刷刷洗仪器,洗涤过程中不能使用具有研磨效果的洗涤剂,以免损伤表面;②超声波清洗法:即在超声波洗涤仪上进行清洗,与其他洗涤方法相比,超声波洗涤比较温和,只要将器皿妥善地安放在清洗网中,就不会受损,但使用中应避免器皿直接接触超声传感器;③浸泡法:即在室温下将器皿泡入清洗溶液约 20～30 分钟,然后使用自来水冲洗,最后用去离子水清洗,遇有顽固污物可适当升高浸泡的温度与延长浸泡时间。

在实际工作中应根据实验要求、污物性质和玷污程度、玻璃器皿的类型和形状等选择合适的洗涤方法。洗涤过的玻璃器皿要求清洁透明,倒置时水沿器壁自然下流且不挂水珠。

1. 新购玻璃器皿的清洗　新购玻璃器皿,其表面附有游离金属离子、油污和灰尘,可先用洗涤剂(肥皂水、去污粉或洗洁精等)洗涤剂刷洗,用流水冲净后,浸泡于1%～2% HCl 溶液中过夜,流水冲净酸液后,最后用蒸馏水冲洗 3 次,晾干备用。

2. 使用过的玻璃器皿的清洗

(1)一般玻璃器皿的洗涤:如试管、烧杯、锥形瓶、试剂瓶、量筒等,首先用自来水洗刷后,再用毛刷蘸洗涤剂刷洗,再用自来水反复冲洗,最后用蒸馏水淋洗 3 次。倒置晾干备用。

(2)容量分析仪器的洗涤:吸量管、滴定管和容量瓶等,先用自来水反复冲洗,待晾干后,再用铬酸洗液浸泡过夜,用自来水冲净酸后,最后用蒸馏水淋洗数次,晾干备用。

(3)比色杯(皿)的洗涤:用毕后立即用自来水反复冲洗,再用蒸馏水或纯水冲洗数次,倒置于比色架上晾干备用。避免用碱液或强氧化剂清洗,切忌用试管刷刷洗或粗糙布、滤纸擦拭。有些有机染料(如考马斯蓝)极易附着在玻璃表面,不易用流水冲净,可先用95%乙醇浸泡 2 分钟,再用自来水冲净乙醇,然后用蒸馏水或纯水冲洗 3 次,倒置于比色架上晾干备用。

(4)砂芯玻璃滤器的洗涤:可反复用水抽洗沉淀物,或针对不同沉淀物采用适当的洗涤剂溶解沉淀,再用蒸馏水冲洗干净,置于 110℃烘箱内烘干,然后保存在无尘柜或有盖的容器内,防止灰尘堵塞滤孔。

(5)组织培养用玻璃器皿的洗涤:对于含有病原微生物的试管、培养瓶和培养皿等玻璃容器,应首先进行高压灭菌或用化学试剂消毒,倒掉灭菌后的污物,再用自来水冲洗玻璃容器,去除培养基及杂物,用自来水浸泡过夜。再用含有去垢剂的温热自来水,用刷子仔细刷洗容器,用温热自来水将污垢彻底洗净后,最后用蒸馏水和超纯水分别冲洗 3 次,开口朝下晾干备用。

对于用水或洗涤剂刷洗不干净的玻璃器皿,可用铬酸洗液清洗。铬酸洗液具有很强的腐蚀性,容易灼伤皮肤和腐蚀衣物,使用时要注意以下几方面:①浸入洗液前应将容器晾干,以免稀释洗液影响洗涤效果;②洗液用后应倒回原瓶以便重复使用;③洗液变绿后不再具有氧化性和去污力,不能再用;④由于六价铬化合物具有毒性,所以冲洗所用的第一遍和第二遍洗涤水不能倒入下水道,应回收处理。

(四)玻璃器皿的干燥

玻璃器皿常用干燥方法有晾干、烘干和吹干等。

1. 晾干 玻璃器皿洗净后,可沥尽水分。倒置于无尘的干燥处,让其自然风干。

2. 烘干 一般玻璃器皿洗净、沥尽水分后,可置于烘箱中 105～110℃,烘 1 小时左右;有盖(塞)的玻璃器皿,如容量瓶、称量瓶等,应去盖(塞)后烘烤,且烘干后应放置在干燥器中冷却保存;量器不能用烘烤方式干燥。

3. 吹干 对于急于干燥的仪器或不适合放入烘箱的较大玻璃器皿,可用吹干方式干燥。通常先用少量乙醇、丙酮倒入已经沥干水分的器皿中摇洗,控净溶剂后用吹风机吹干,先用冷风吹 1～2 分钟,待大部分溶剂挥发后改用热风吹至完全干燥,最后再用冷风吹散残余的蒸气。此方法最好在通风橱中操作,以防中毒,且操作过程中不得接触明火,以防有机溶剂爆炸。

(五)玻璃器皿的灭菌

高压蒸气灭菌是一种使用最广泛、效果最好的消毒方法,可杀灭包括芽胞在内的所有微生物。为到达灭菌效果,在进行高压蒸气消毒灭菌前,玻璃器皿必须清洗干净。器皿不能装得过满,要保证消毒器内气体的流通。在加热升压之前,先要打开排气阀门排放消毒器内的冷空气,冷气空气排出后,关闭排气阀门,同时检验安全阀活动自如,继后开始升压。当达到所需压力时,开始计消毒时间。灭菌过程中,操作者不能离开工作岗位,要定时检查压力,防止意外事件发生。

(六)玻璃器皿的存放

仪器清洗、干燥后,应分门别类存放以便取用。常用的玻璃器皿应存放在实验柜中,较大或形状复杂的玻璃器皿应放置在固定的木架上,不要放置抽屉中,以防抽屉拉出或推入时造成玻璃器皿晃动、碰撞而受损。玻璃不要与金属或其他硬而重的物品混放,应单层摆放,不得多层叠堆,更不得在上方放置重物。下面介绍几种常用玻璃器皿的保管方法:

1. 带磨口的玻璃器皿 为保证磨口的配套,常用的磨口玻璃器皿如容量瓶、比色管、分液漏斗等应在清洗前用皮筋或线绳拴好塞子;需要长期存放的磨口玻璃器皿应在磨口和活塞处要垫一张纸条,以防止粘连。

2. 移液管、吸量管 可在清洗干燥后,用滤纸包住两端,置于移液管架上。

3. 滴定管 清洗后倒置夹在滴定管架上。长期不用的滴定管,要清除磨口处的凡士林,然后在活塞和磨口处垫一张纸片,用皮筋拴好活塞保存。

4. 比色皿(杯) 清洗完毕后,在托盘中垫一层干净的滤纸,倒置晾干后装入比色皿盒中保存。

5. 成套玻璃器皿 如索氏提取器、冷凝装置等清洗干燥完毕后,应存放于专用的包装盒中。

九、实验用塑料器皿的管理

实验室常用的塑料器皿有试剂瓶、试管、吸头、吸管、量杯、量筒、一次性注射器和移液器等。塑料制品具有易于成型、加工方便、卫生性能优良和价格便宜等特点,正在逐步取代玻璃制品,广泛用于科研、教学等领域。

(一)实验室常用的塑料制品种类

塑料的主要成分是树脂,以增塑剂、填充物、润滑剂、着色剂等添加剂为辅助成分,不同结构的塑料制品具有不同性能。一般实验室选用对生物材料不敏感的塑料制品,如聚乙烯、聚丙烯、聚甲戊烯、聚碳酸酯、聚苯乙烯和聚四氟乙烯等。化学试剂可影响塑料制品的机械强度、软硬度、表面光洁度、颜色和大小等。因此,在选用塑料制品时应充分了解每种塑料制品性能。

1. 聚乙烯(PE) 化学稳定性较好,但遇到氧化剂会氧化变脆;常温下不溶于溶媒,但遇腐蚀性溶媒会变软或膨胀;卫生性能最好,如培养基所用蒸馏水通常保存在聚乙烯瓶中。

2. 聚丙烯(PP) 结构和卫生性能与 PE 相似,白色无味,密度小,是塑料中最轻的一种。可耐高压,常温抗溶,与多数介质不起作用,但对强氧化剂比 PE 敏感,不耐低温,0℃易碎。

3. 聚甲戊烯(PMP) 透明,耐高温(可耐 150℃ 高温,短时可耐 175℃);抗化学品能力与 PP 接近,容易被氯代溶媒和碳氢化合物软化,比 PP 更易被氧化腐蚀;硬度高,室温下脆性高、易碎。

4. 聚碳酸酯(PC) 透明、坚韧、无毒、耐高压、耐油。能与碱液和浓硫酸作用,受热后可发生水解并溶于多种有机溶媒。可用作离心管,可在紫外灭菌箱内全程灭菌。

5. 聚苯乙烯(PS) 无色、无味、无毒、透明、卫生性能好。抗溶媒性能弱,机械强度低,性脆,易开裂,不耐热,易燃。常用于制作一次性医疗用品。

6. 聚四氟乙烯(PTEE) 白色,不透明,耐磨,常用于制作各种塞子。

7. 聚乙烯对肽酸 G 共聚物(PETG) 透明、坚韧,不透气,无细菌毒素,广泛用于细胞培养,如制作细胞培养瓶;可用放射性化学品消毒,但不能用高压消毒。

(二)塑料制品的清洗

通常可用中性洗涤剂清洗塑料制品,然后用自来水、蒸馏水冲洗;超声波清洗方法也适用于清洗塑料制品;当然也可以根据塑料表面污物的性质及塑料制品的性能,选择一些特殊的清洗方法。

1. 油脂的清洗 若塑料制品表面有油脂,通常先用弱碱性洗涤剂清洗,再用自来水充分冲洗,最后用去离子水冲洗。PC、PP 和 PS 塑料制品只能使用中性去污剂手动洗涤,也可用乙醇清洗,其他有机溶剂或溶媒也会破坏这些塑料制品。对于可用有机溶媒清洗的塑料制品,浸泡清洗的时间也不宜过长,以防其膨胀变形,用溶媒清洗后的塑料制品要用自来水反复冲洗,再用去离子水冲洗数次,控干待用。

2. 有机物的清洗 用铬酸洗液浸泡也可去除塑料表面的有机物,但由于其具有强氧化性,可能导致塑料制品变脆,因此浸泡时间不宜超过 4 小时;另外,常温下用次氯酸钠溶液也可去除有机物。

3. 痕量元素的清洗 塑料制品通常都含有痕量金属元素,常见的元素有 Na、Ca、Fe、Al、Cu、Zn、Mg、Pb、Si 和 B 等。为防止这些元素溶出影响实验结果,可在使用前用 1mol/L 盐酸溶液浸泡,再用去离子水冲洗;对于超净实验,可在浸泡过盐酸溶液后,再用 1mol/L 硝酸溶液浸泡(总浸泡时间不得超过 8 小时),然后用去离子水冲洗。若塑料制品表面吸附了痕量的金属有机物,可先用乙醇、碱或三氯甲烷清洗表面,再用 1mol/L 盐酸溶液浸泡,最后用去离子水冲洗,控干待用。

(三)塑料制品的灭菌

含有生物危险品的塑料制品必须先灭菌再清洗或丢弃,对于 PP、PMP 材质的塑料制品可反复高压蒸气灭菌;PC 和 PS 反复高压蒸气灭菌后拉力减弱,因此不采用该方法进行灭菌。塑料比金属或玻璃的导热慢,达到灭菌效果的时间较长,通常灭菌温度和气压分别为 121℃和 103.4kPa,灭菌时间为 15~20 分钟。

(四)塑料制品中核糖核酸酶和去氧核糖核酸酶的去除

通常 RNA 提取和 RT-PCR 实验操作失败的原因是由于器皿被核糖核酸酶(RNase)和去氧核糖核酸酶(DNase)污染。实验中应尽量使用不含 RNase 的一次性塑料制品。重复使用的塑料制品可用 0.1% 二乙基焦碳酸(DEPC)水溶液于 37℃浸泡 2 小时,再用去离子水冲洗,然后放入高压蒸汽灭菌器中,高压灭菌 15 分钟去除残余的 DEPC。

本 章 小 结

实验室资源是实验数据和结果真实、可靠和准确的根本保障。本章主要讨论实验室人力资源管理、实验室的规划与设计、实验室的仪器设备、试剂管理等内容。了解实验室人力资源管理和实验室规划与设计的内容。熟悉实验室仪器设备的日常管理规范及购买流程。掌握化学试剂、实验室用水和标准物质的规格及应用范围。

复习思考题

1. 如何依据实验室人力资源管理基本知识规划自己的职业方向？
2. 名词解释：检定、校准、期间核查。
3. 期间核查和检定有何区别？
4. 实验室对基础设施有哪些要求？
5. 如何保管危险性化学试剂？
6. 何为标准物质？标准物质有何用途？

（王 晖）

第八章　实验室评价制度

　　人们通过实验数据判断事物的发展规律,选择事件的处理措施,制定法律和法规标准,尤其是实验室出具的产品检验检测数据,直接决定产品的命脉。随着社会经济和科学技术的发展,国内外贸易交易活跃,人们对质量评价和成果鉴定的需求不断增加,检验数据对社会整体质量的影响有目共睹,对社会秩序影响越来越大。同时,多家实验室对同一产品出具检验数据的情况普遍,而实验室数据间相互矛盾的情况越来越多,对实验室检验数据的质疑声越来越多,但鉴于实验室检验属于高技术服务产业,普通用户或消费者很难对实验室技术能力进行评价,数据相关方要求建立第三方实验室评价制度的呼声越来越强。1978 年,国际标准化组织(International Standard Orgnization,ISO)颁布《实验室技术能力评审指南》,成为了第一个国际社会形成共识的实验室技术能力评价指南性标准。该标准进入中国后,发展成实验室资质认定制度和实验室认可体系,构成了我国实验室评价制度。二者共存,目的和用途互补。

　　前面各章节从实验室开展检验服务等技术活动角度,阐述了实验室检验质量保证的质量管理方法和内容,包括人(人员)、机(设备)、料(关键试剂等消耗品)、法(检验方法)、环(环境设施)、样(采抽样)、测(质量控制)、报(检验报告)等直接影响检验数据质量的"硬件",也包括机构资源配置、管理制度、与被服务方(客户)关系、记录、质量自我评价、不断纠正/预防/改进等间接影响检验数据质量的"软件"等要素的规范性管理模式,它们是实验室(检验机构)出具具有质量保证的检验数据过程控制的基本要求,是实验室操作人员和管理人员在工作过程中必须遵守的职业操守,也是实验室自我质量评价及第三方认证认可的核心内容。而实验室评价制度对实验数据质量和实验室质量管理水平的提高起到了举足轻重的作用,同时增强了检验数据使用方对检验数据质量的信心。

第一节　实验室评价制度发展概况

一、国际实验室评价制度的发展概况

　　伴随着人们对实验室质量管理的认识,根据实验室活动的范围和实验目的不同,国际上陆续产生了实验室认可、良好实验室规范认证、医学实验室认可等实验室评价制度,其中实验室认可是主流。

(一)实验室认可

　　按照传统的定义,认可(accreditation)是权威机构对某一机构或个人有能力完成特定任务作出正式承认的程序;对于实验室认可,则是由权威机构对检测/校准实验室及其人员有能力进行特定类型的检测/校准作出正式承认的程序。按照最新的定义,认可是正式

表明合格评定(conformity assessment)机构具备实施特定合格评定工作的能力的第三方证明;对于实验室认可,则是正式表明检测/校准实验室具备实施特定检测/校准能力的第三方证明。所谓的权威机构,是指具有法律或行政授权的职责和权力的政府或民间机构。

合格评定通常指认证、检测和检查等活动。其中,认证、检测和检查的对象是产品、过程、体系、人员等,而认可的对象则是从事认证、检测和检查活动的机构。从事认证、检测和检查活动的机构通常称为认证机构、实验室和检查机构,统称为合格评定机构。从事认可活动的机构称为认可机构,认可机构通常由于政府的授权而具有权威性。认可是对合格评定机构满足所规定要求的一种证实,这种证实大大增强了政府、监管者、公众、用户和消费者对合格评定机构的信任,以及对经过认可的合格评定机构所评定的产品、过程、体系、人员的信任。这种证实在市场,特别是国际贸易以及政府监管中起到了相当重要的作用。按照认可对象的分类,认可分为认证机构认可、实验室及相关机构认可和检查机构认可等。

1. 国际、区域、各国实验室认可组织的发展 20世纪40年代第二次世界大战期间,作为英联邦的澳大利亚由于缺乏统一的检测标准和手段,无法为英国提供军火。战后,澳大利亚在分析了二战中被英国军方拒绝所供军火的教训,开始了寻找检验一致化的道路。在分析了对检验一致性造成影响的十大因素(仪器设备、环境条件、人员素质、对样品的管理、测试方法、每个人的职责、记录的结果、承受压力的能力、外部对实验室的服务、文件化的程序和文件管理)后,便开始了为统一检验结果一致性的实验室认可活动,为此着手组建全国统一的检测体系。1947年,澳大利亚首先建立了世界上第一个检测实验室认可体系——国家检测权威机构协会(NATA)。

1966年英国成立了校准服务局(BCS),随后在英国得到了广泛的推广,从而带动了欧洲各国实验室认可机构的建立。此后,世界上一些发达国家纷纷建立了自己的实验室认可机构,20世纪70年代美国、新西兰和法国等相继建立认可机构;80年代新加坡、马来西亚等国建立认可机构;90年代更多发展中国家(包括中国)建立认可机构。

在各个国家纷纷建立实验室认可制度,以保证和提高实验室技术能力和管理水平并促进贸易发展的同时,国家之间实验室认可机构的协调问题引起了各国的关注。如果每个国家实验室认可制度中的认可依据、认可程序各不相同,则认可的结果就没有可比性,贸易中的重复检测也就不可避免。在这种背景下,以协调各国实验室认可机构的运作并以促进对获得认可的实验室检测/校准结果相互承认为主要目的的国际和区域实验室认可合作机构就应运而生。

20世纪70年代初,在欧洲出现了区域性的实验室认可合作组织。经过不断发展,目前已成立了多个区域性实验室认可合作组织,主要有:①欧洲认可合作组织(European co-operation for Accreditation,EA);②亚太实验室认可合作组织(Asia Pacific Laboratory Accreditation Cooperation,APLAC);③美洲间认可合作组织(InterAmerican Accreditation Cooperation,IAAC);④南部非洲认可发展合作组织(Southern African Development Community Cooperation in Accreditation,SADCA)。实验室认可体系如图8-1所示。

1977年,在美国的倡导下成立了国际实验室认可大会(International Laboratory Accreditation Conference,ILAC),随后1979年正式签署的《贸易技术壁垒协议》(简称TBT)中采用了实验室认可制度。随着合格评定和实验室认可被(TBT)广泛推行,1996年ILAC由一个松散的论坛形式转变为一个实体,即国际实验室认可合作组织(International Laboratory Accreditation Cooperation,ILAC)。

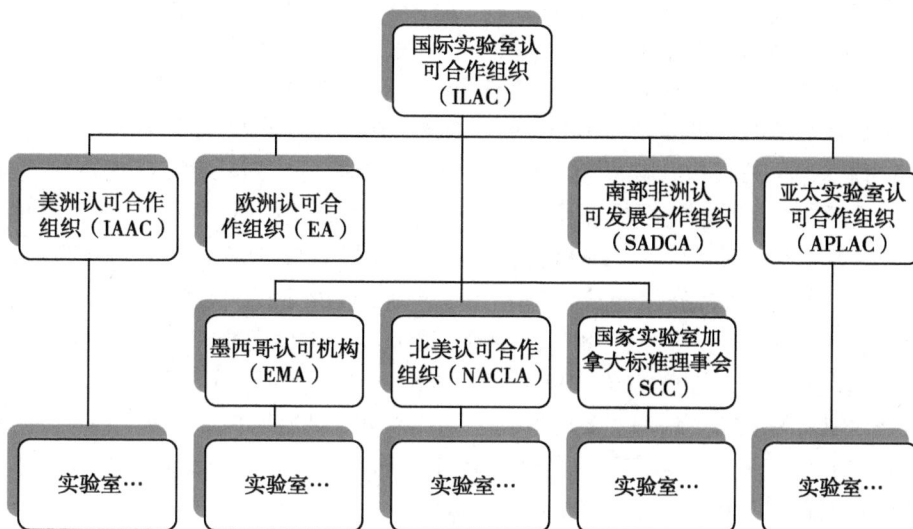

图 8-1　国际实验室认可体系示意图

ILAC 在全球范围内寻求建立和发展统一、有效的国际实验室认可制度,基于统一的国际标准,通过建立相互同行评审制度,形成国际多边互认协议,促使认可的实验室结果具有同等的可信性,以努力实现"一个标准、一次评定、一次认可、全球承认"的目标,促进国际经济贸易的发展。ILAC 的宗旨和目的是通过实验室认可机构之间签署相互承认协议,达到相互承认认可的实验室出具的检测报告,从而减少贸易中商品的重复检测、消除技术壁垒、促进国际贸易发展。

ILAC 主要围绕以下 5 各方面开展工作:①通过 ILAC 的技术委员会、工作组和全体大会达成的协议,对实验室认可的基本原则和行为作出规定并不断完善;②提供有关实验室认可和认可体系方面信息交流的国际论坛,促进信息的传播;③通过采取实验室认可机构之间签署的双边或多边协议的措施,鼓励对已获认可的实验室出具的检测报告的共同接受;④加强与对实验室检测结果有兴趣的和对实验室认可有利益关系的其他国际贸易、技术组织的联系,促进合作与交流;⑤鼓励各区域实验室认可机构合作组织开展合作,避免不必要的重复评审。

为了消除区域内成员国间的非关税技术性贸易壁垒,减少不必要的重复检测/校准和重复认可,各国际认可合作组织都致力于发展实验室认可的相互承认协议(Mutual Recognition Arrangement,MRA),促进一个国家/地区经认可的实验室所出具的检测/校准数据/报告,可被其他签约机构所在国家/地区承认和接受。当然,要做到这一点,签署 MRA 协议的各认可机构必须遵循以下原则:①认可机构完全按照有关认可机构运作基本要求的国家标准(ISO/IEC 17011:2004《合格评定-认可机构通用要求》)运作并保持其符合性;②认可机构保证其认可的实验室始终符合有关实验室能力通用要求的国际标准(ISO/IEC 17025:2005);③被认可的校准/检测服务完全可由溯源到国际单位制(SI)计量器具所支持;④认可机构成功地组织开展了实验室间的能力验证活动。目前已有多个国家的认可机构与不同国际认可合作组织签署了相互承认协议。

国际实验室认可组织四十多年的积极活动实践,提高了国际社会对获认可实验室出具检测和校准结果的接受程度,促进了实验室结果国际互认和国际贸易的发展。

2. 国际实验室认可评审标准　1977年,国际认可大会形成《检测实验室基本技术要求》,开启了实验室管理标准化的历程。第一个国际实验室评价指南是由国家标准化组织颁布的《实验室技术能力评审指南》(ISO导则25:1978),其后伴随着质量管理体系("ISO9000系列标准",其包括 ISO9000:1987、ISO9001:1987、ISO9002:1987、ISO9003:1987、ISO9004:1987、ISO8402:1986)和欧盟"实验室操作一般准则"(EN45001:1989)出现和发展,实验室能力通用标准经过多次修订,由指南性标准到强制性标准——《检测和校准实验室能力通用要求》(ISO/IEC 17025:1999),目前最新有效版本为2005版。1988年,《检测实验室认可体系-验收认可机构通用要求》(ISO/IEC 导则54:1988)和《检测实验室认可体系-运作通用要求》(ISO/IEC 导则55:1988)出台后,国际实验室认可体系在同一管理标准下运作,为实验室多边互认奠定了基础。1993年,《校准和检测实验室认可体系-运作和承认通用要求》(ISO/IEC 导则58:1993)合并了以上两个标准。2004年,《合格评定-认可机构通用要求》(ISO/IEC 17011:2004)进一步整合其他标准,成为现行有效管理标准。实验室认可评审准则发展模式如图8-2所示。

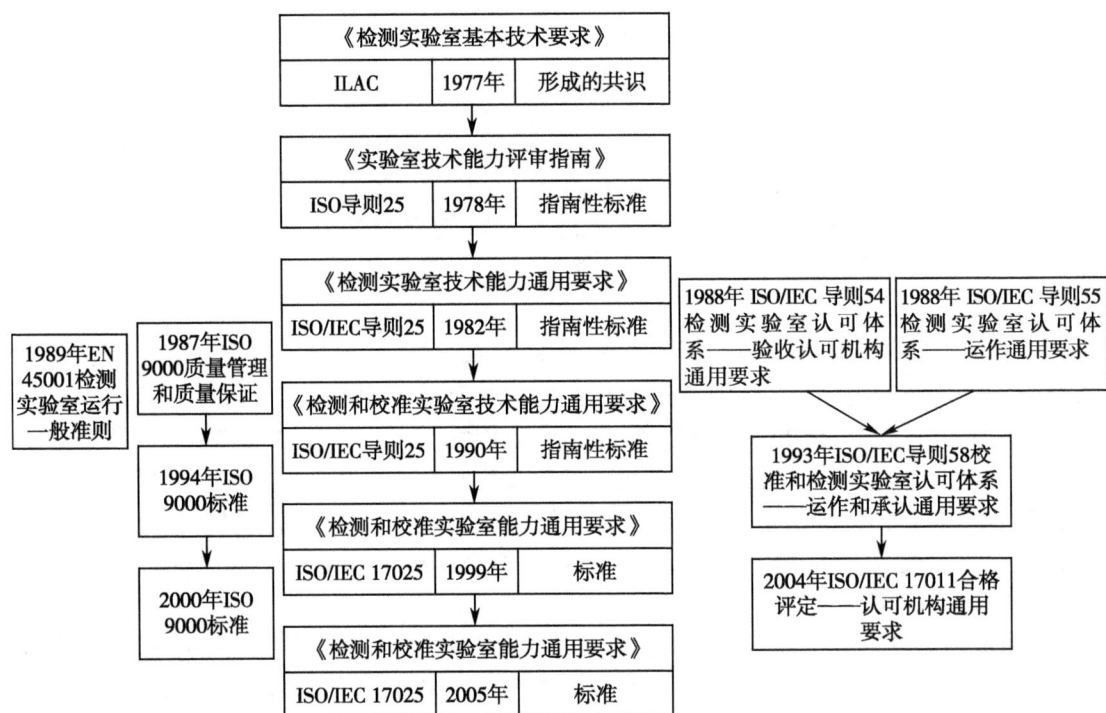

图8-2　国际实验室认可评审准则发展模式图

(二) 良好实验室规范

20世纪70年代,美国建立第一个用于非临床毒理学安全性评价研究的"良好实验室规范(Good Laboratory Practice,GLP)",目前,GLP已经被广泛应用于食品和食品添加剂,动物用药,药品和生物制剂,医疗器材,诊断试剂,医用电子产品,化妆品、工业用品等科学研究和检验分析领域。GLP与ISO/IEC 17025相比,前者更加强调注重过程充分质量监督,适用于结果很难比对或评价的研究数据质量评价;而后者更侧重过程质量控制和结果质量保证,适用于利用成熟方法获得的检验出证数据质量评价。

1974年,美国FDA(美国食品和药品管理局)发现,企业研究所甚至国家研究单位的动物实验室数据存在实验数据抄录和统计处理错误、人为采用有利实验结果、故意隐瞒诱发肿瘤结果等多种严重问题。随后 FDA 又对 66 个研究项目进行外审,确定其中 24 个项目存在实验设计、工作人员、管理部门、操作程序、记录和报告等方面问题。1978 年,美国国会通过了针对非临床实验室研究的《GLP 法规》,规定只有通过了 GLP 认证的实验室的非临床安全性评价研究结果才具有效性。

同一时期,美国环境保护署(简称 EPA)在外审中也确认 801 项重要研究报告中 594 个无效。1983 年,EPA 依据《联邦杀虫药、杀霉菌药和杀鼠药法》及《联邦毒物管理法》颁布了与 FDA 相似的 GLP 法规,利用它,对农产品、工业用化学品的卫生与安全测试进行管理。1989 年,EPA 对其进行了修正。1990 年,EPA 提出《良好自动化实验室规范》(GALP)的法规;它是专门规范实验室计算机和数据处理系统进行认证的法规。

鉴于规范毒理学研究成本大大提高,在美国,GLP 规范研究费用是非 GLP 规范研究的 5 倍。一般情况下,只用于确认或验证某种物质安全性或毒理学研究时使用,如,新资源物质申报要求的毒理学研究。

1981 年经济合作与发展组织(Organization for Economic Co-operation and Development,OECD)也发布了《GLP 规范》,并于 1996 年进行了修订。其规定,对注册或获取生产许可证前需要进行法定非临床类健康及环境安全性研究都必须符合 GLP 规范要求。其应用范围是药品、农药、化妆品、兽药、食品添加剂、饲料添加剂和工业化学品等特性的非临床类安全性测试研究数据。

2007 年起,欧盟实施《化学品的注册、评估、授权和限制》法规(REACH),要求进口欧盟国家的石油和化工产品必须拥有通过其认证的 GLP 实验室出具的安全性评价数据。

2008 年,联合国为了保证全球检测数据的一致性和可比性,在《化学品分类及标记全球协调制度》(GHS)要求全面提供化学品的健康危害和环境危害数据,并要求所有检测数据来自通过 GLP 认证的实验室。

2012 年 2 月,中国中化集团公司下属沈阳化工研究院安全评价中心和沈阳化工研究院农药检验实验室通过了经合组织 OECD 成员荷兰政府的 GLP 认证认可,其出具的相关评价数据将获得 OECD 成员的多边认可。

1982 年,日本颁布了包括药品、动物用药品、饲料添加物、农药、二种化学物质的五个 GLP 法规,由厚生劳动省,农林水产省与通商产业省共同管理。1990 年,又制定了药物的毒理动力学的指导原则。1997 年又规定任何药物之非临床试验均需符合 GLP 要求,并需接受厚生省及医药品副作用救济研究推广调查机构(OPSR)的检查。最近日本有形成单一 GLP 制度之趋势。

(三)医学实验室认可

2003 年,国际标准化组织技术委员会推出了《医学实验室-质量和能力的专用要求》(ISO 15189:2003)。该标准已经 2007 年和 2012 年两次修订,目前广泛应用于医学实验室和临床实验室质量管理体系建立和认可。

ISO 15189 是在 ISO 9001 和 ISO/IEC 17025 基础上增加了对医药实验室的有关技术方面的附加要求,其更加注重适用于医药实验室,如检验前程序包括测试样本采集的病人准备,确证,收集病人样本的程序以及运输,紧急医疗救护中病人样本的储存和处理;咨询服务、检验后程序等过程的管理要求。

针对医学实验室认可应进行 ISO 15189 认可还是 ISO/IEC 17025 认可的讨论,2003 年

APLAC 年会提出了 ISO 15189 和 ISO/IEC 17025 均可作为医学实验室认可准则。二者的关系是通用和专用的关系。ISO 15189 和 ISO/IEC 17025 均提供了一个框架,使得医学实验室可以按照实验室质量管理体系的思路,规范和改进他们的工作流程。

二、我国实验室评价制度的发展概况

我国实验室评价制度的产生和发展离不开国际实验室认可体系的发展,更离不开我国社会和经济发展。我国实验室评价制度包括实验室资质认定、实验室认可、GLP 等。

(一)实验室资质认定制度

1. 实验室资质认定 2006 年,国家质检总局发布了《实验室和检查机构资质认定管理办法》(质检总局 86 号令),规定了为行政、司法、仲裁机关和社会公益活动、经济或者贸易关系人提供具有证明作用的数据和结果的实验室和检查机构,必须通过资质认定。明确了实验室资质认定包括计量认证和审查认可两种方式。但其发展历史应从计量认证谈起。

1978 年,我国开启了社会经济发展的新篇章,市场活跃,经济活力迸发,跨区、跨省、跨国等贸易活动快速蔓延到全国,经济指数得到了"前无古人,后无来者"的发展,但同时产品质量和产品数量的矛盾突出,产品质量问题凸显。人们生活需求由追求温饱到追求小康,不论是生产流通企业、政府监管部门、消费者都越来越关注产品质量,检验数据在社会中的第三方公证地位越来越重要,尤其是进出口贸易的快速发展,相关方对检验检测数据质量的评价的需求与日俱增,与国际实验室评价制度接轨的需求越来越强烈。同期,不同政府监管部门也开始"大兴土木",集中快速地建立行业检验机构。不同政府监管部门对同类产品进行检验的现象频现,结果不一致情况也不断出现。规范检验检测机构活动,统一评价检验机构技术能力的需求与日俱增。伴随着国际实验室评价体系的全面推广,1986 年,在国际第一个实验室认可评价指南性标准出台 8 年后,我国颁布了《计量法》,开启了依法对检验机构开展强制性评价和行政许可,随后具有不同职能的国家行业主管部门将实验室评价制度规定到相关法规中,我国实验室评价制度逐渐建立并得以快速推广。

(1)实验室资质认定行政主管部门发展情况:最早的实验室资质认定行政主管部门是国家计量局。1987 年,为了统一依法开展计量认证和审查认可认定活动,国家计量局和国家标准局合并组建了"国家技术监督局",计量认证和审查认可分别由其中的计量司和监督司负责。1994 年,二个司的相关职能合并,成立了"实验室评审办公室",负责计量认证、审查认可和在国内刚刚开展的另一种实验室评价制度——实验室认可工作。1998 年国家技术监督局更名为"国家质量技术监督局",并成立了"认证与实验室评审管理司"负责计量认证、审查认可、实验室认可工作。2001 年至今,为了积极应对加入世界贸易组织的新形势,履行相关承诺,国家质量技术监督局和国家出入境检验检疫局合并组建了"国家质量监督检验检疫总局",同时合并原国家质量技术监督局和原出入境检验检疫局所管辖的多个认证认可职能部门,成立了"国家认证认可监督管理委员会(国家认监委)(Certification and Accreditation Administration of the People's Republic of China,CNCA)",负责管理全国的认证认可工作。

(2)实验室资质认定法律法规发展情况:1986 年,为了规范产品质量监督检验机构工作行为,提高检验工作质量,借鉴国际实验室认可制度的先进经验,结合我国实际,全国人大颁布了《计量法》,其第二十二条规定了"为社会提供公正数据的产品质量检验机构,必须经省级以上人民政府计量行政部门对其计量检定、测试的能力和可靠性考核合格"。随后国务院颁布的《计量法实施细则》（1987）第一次将我国的实验室认可制度命名为"计量认证（China Metrology Accreditation，CMA）"制度。规定了产品质量检验机构的计量认证范围、内容、发证部门和监督检查等要求，奠定了我国计量认证体系的法律地位。

1990 年，国家技术监督局颁布了我国第一个实验室评价制度——《产品质量检验机构计量认证技术考核规范》（JJF 1021-1990），俗称"6 要素 50 条"。这个规范参考了《实验室技术能力评审指南》（ISO/IEC 导则 25∶1982）国际标准指南，强调了检测和校准实验室的测量结果与计量溯源体系的衔接，形成了计量行政主管部门的行业标准。该标准的出台，标志着实验室评价和认可制度在中国实质性地启动，标志着国家技术监督部门依法履职。计量认证制度是我国引入的第一个实验室认可评价制度，换句话说，我国的计量认证实际上就是国际上的实验室认可，是权威机构对实验室检验活动实验室技术能力的一种正式承认。但在我国，计量认证是依法开展的活动，权威机构是政府部门，其更具法制强制性。

随后，1989 年，全国人大颁布了《标准化法》，其第十九条中规定了"县级以上政府标准化行政主管部门，可以根据需要设置检验机构，或者授权其他单位的检验机构，对产品是否符合标准进行检验。处理有关产品是否符合标准的争议，以前款规定的检验机构的检验数据为准。"1990 年国务院出台的《标准化法实施条例》，其第二十九条规定了"国家检验机构由国务院标准化行政主管部门会同国务院有关行政主管部门规划、审查。地方检验机构由省、自治区、直辖市人民政府标准化行政主管部门会同省级有关行政主管部门规划、审查"；第三十条规定了"国务院有关行政主管部门可以根据需要和国家有关规定设立检验机构，负责本行业、本部门的检验工作"。据此，原国家标准局开启了"审查认可（验收）"工作。国家技术监督局随后颁布了《国家产品质量技术监督检验中心审查认可细则》、《产品质量技术监督检验所验收细则》和《产品质量技术监督检验站审查认可细则》（俗称"39 条"），三个细则均吸收了 ISO/IEC 导则 25-1982 的主要内容，建立了审查认可（审查验收和依法授权）制度，使用 CAL 标志。技术监督行业内的是审查验收，业外的是依法授权。

2000 年，国家技术质量监督局为了避免重复现场评审，合并了计量认证和审查认可要求，发布了《产品质量检验机构计量认证/审查认可（验收）评审准则（试行）》（［2000］46 号），（13 个要素 56 条 156 款），该准则参考了《检测和校准实验室能力通用要求》（ISO/IEC 17025-1999）国际标准指南，增加了我国相关法律法规及相关文件的要求，更加适合国内现状。

2000 年，国家标准委员会发布了我国第一个实验室管理标准——《检测和校准实验室能力的通用要求》（GB/T 15481-2000，等同采用 ISO/IEC 17025∶1999）。2008 年国家标准委员会为实验室管理设定了标志性编号—27XXX，同时考虑编号与国际相关标准接轨 GB/T 15481 变迁为 GB/T 27025-2008（等同采用 ISO/IEC 17025∶2005）。

2003 年，国务院发布了《认证认可条例》（国务院 390 号令），明确了国家认监委的职责，规范了认证认可活动，基本建立了法律规范、行政监管、认可约束、行业自律、社会监督五位一体的实验室监管体制。其弱化了政府主管部门对部门内检验机构的直接管理，突出了检验认证机构的市场主体作用，强化了政府对中介组织和认证结果的监督，体现了政府职能转变的精神。

2006 年，国家认监委发布了《实验室资质认定评审准则》（2006），其等同采用了 ISO/IEC 17025∶2005 的要求，合并了部分相似要素，内容包括 19 个要素 75 条 178 款，同时增加了中国对实验室的特殊要求 19 条 33 款。

2. 司法鉴定机构资质认定 2005年,全国人大发布了《关于司法鉴定管理问题的决定》,要求从事法医类、物证类、声像资料类等司法鉴定机构必须通过计量认证或者实验室认可。2008年,司法部和国家认监委联合发布了《关于开展司法鉴定机构认证认可试点工作的通知》(司发通[2008]116号)。2009年国家认监委和司法部联合印发了《司法鉴定机构资质认定评审准则(试行)》(国认实联[2009]17号),全面推进了司法鉴定机构资质认定工作。2012年国家认监委和司法部组织专家对《司法鉴定机构资质认定评审准则(试行)》进行了补充修订,联合印发了《司法鉴定机构资质认定评审准则》,促进了司法鉴定机构资质认定的推行,是实验室资质认定的一种特殊形式,同样使用CMA标志。

3. 食品检验机构资质认定 2009年,《食品安全法》第一次在我国法律层面提出了"食品检验机构资质认定制度",其第五章第五十七条规定,只有获得食品检验机构资质认定的机构方可从事食品检验活动。2010年,卫生部依法发布了《食品检验机构资质认定条件》和《食品检验工作规范》。随后,国家质检总局和国家认监委相继发布了《食品检验机构资质认定管理办法》(质检总局131号令)和《食品检验机构资质认定评审准则》(国家认监委[2010]61号),其开启了我国食品检验机构资质认定工作。食品检验机构资质认定制度是一种行政准入制度,也是实验室资质认定的一种特殊形式,使用CMAF标志。

4. GLP认证(评价) 目前在我国有四个政府监管部门对毒理学安全性评价实验室开展GLP认证或评价,国家认监委负责化学品;国家食品药品监督管理总局负责保健食品、化妆品和药品;农业部负责农药、兽药和饲料添加剂;国家环保总局负责工业化学新物质。

1994年,国家药品监督管理局率先发布了《药品非临床研究质量管理规定(试行)》,标志着GLP在中国开始起步。1999年,国家药品监督管理局发布了《药品非临床研究质量管理规范》。2003年发布了《药物非临床研究质量管理规范检查办法(试行)》,2007年修订为《药物非临床研究质量管理规范认证管理办法》,标志着我国的GLP认证开始进入快速发展阶段。它规定了从事实验研究的规划设计、执行实施、管理监督和记录报告的药物非临床研究的组织管理、工作方法和有关条件,并对开展此类研究活动的实验室进行临床前安全评价GLP认证。至今,已经有50余家机构通过了该认证。

2000年卫生部发布《化学品毒性鉴定管理规范》(包括化学品毒性鉴定实验室条件及工作准则,即GLP);2001年6月发布《化学品毒性鉴定机构资质认证工作程序》和《化学品毒性鉴定机构资质认证标准》。2013年国务院颁布的《国家卫生和计划生育委员会主要职责内设机构和人员编制》(国办发[2013]50号),取消了卫生部门的化学品毒性鉴定机构资质认定职责,有关事务性工作转移给有条件的社会组织承担。标志政府和市场间关系的改革进入了检验检测的认证认可领域。

2003年,农业部颁布了《农药毒理学安全性评价良好实验室规范》(NY/T 718-2003)。随后颁布了《农药理化分析良好实验室规范准则(NY/T 1386-2007)。2006年颁布了《农药良好实验室考核管理办法》(农业部公告第739号)。2008年发布了《关于开展农药良好实验室规范符合性考核工作的通知》、《关于印发〈农药良好实验室考核专家管理办法〉和〈农药良好实验室规范符合性考核评价表〉的通知》(农办农[2008]129号)。但至今尚没有一家审核通过的GLP实验室。

2004年国家环保总局颁布《化学品测试合格实验室导则》(HJ/T155-2004),2008年颁布了《关于开展新化学物质登记测试机构检查的通知》(环办函[2008]22号),2009年环保总局参照国际通行的"良好实验室规范"(GLP)技术原则,公布了7家通过检查的新化学物质登记测试机构名单,批准其所提供的生态毒理学数据可作为新化学物质登记评估的依据。

2008 年,国家认监委针对《化学品分类及标记全球协调制度》(简称 GHS)和欧盟《化学品的注册、评估、授权和限制》法规(简称 REACH),颁布了"良好实验室规范(GLP)原则(试行)"(〔2008〕17 号公告),2013 年修订为"良好实验室规范(GLP)原则",它标志着我国开始统一对相关实验室开展 GLP 认证(符合性检查)活动。中国合格评定国家认可委员会(CNAS)受国家认监委授权,制定了操作层面的文件体系,建立了完整的化学品 GLP 评价体系。到 2013 年已有 7 家检测机构成为国家认监委批准的 GLP 实验室,涵盖化学品理化分析、毒性研究、水生和陆生生物的环境毒性研究等方面。2008 年该原则转化成国家推荐性标准《良好实验室规范原则》(GB/T 22278-2008),适用于法规所要求的所有非临床健康和环境安全研究,包括医药、农药、食品添加剂与饲料添加剂、化妆品、兽药和类似产品的注册或申请许可证,以及工业化学品管理。

(二)实验室认可制度

我国的实验室认可活动可追溯到 20 世纪 80 年代,1980 年,原家标准局和原国家进出口商品检验局共同组团,参加了在法国巴黎召开的国际实验室认可合作会议(ILAC),并开始分别研讨和逐步组建了我国最早的实验室认可体系。1986 年,经当时国家经济管理委员会授权,原国家标准局开展对检测实验室的评价工作,原国家计量局依据《计量法》开展对我国产品质检机构的计量认证工作。1989 年,原国家进出口商品检验局成立了"中国进出口商品检验实验室认证管理委员会"。1994 年,原国家技术监督局组建了中国实验室国家认可委员会(CNACL)。1996 年,"中国进出口商品检验实验室认证管理委员会"改组成立了中国国家进出口商品检验实验室认可委员会(CCIBLAC),后更名为中国国家出入境检验检疫实验室认可委员会。CNACL 和 CCIBLAC 分别于 1999 年和 2001 年通过了 APLAC 同行评审,分别签署了 APLAC 相互承认协议。

2002 年,随着我国进出口贸易的快速增长,面临经济全球化和我国加入世界贸易组织(WTO)的新形势,CNACL 与 CCIBLAC 合并成立了中国实验室国家认可委员会(CNAL),实现了我国统一的实验室认可体系。2006 年,为适应我国认证认可事业发展的需要和国际标准的变化,国家认证认可监督管理委员会根据《中华人民共和国认证认可条例》的规定,决定整合中国认证机构国家认可委员会(CNAB)和中国实验室国家认可委员会(CNAL),成立中国合格评定国家认可委员会(China National Accreditation Service for Conformity Assessment,CNAS),统一负责实施对认证机构、实验室和检查机构等相关机构的认可工作。

我国的实验室认可体系具有国际化和中国化有效融合的特点。所谓国际化,即认可准则采用相应国际标准,认可运行机制符合相关国际要求,积极加入国际互认体系;所谓中国化,即结合我国实际情况,探索实施中国化的认可工作措施,包括创新的认可评价机制、与行政监管紧密联系的认可工作机制、与最终用户紧密联系的认可反馈机制等,确保国际标准要求得到落实,确保认可结果权威可信,确保认可制度切实发挥作用。

CNAS 一直重视与国际组织及国际同行开展广泛的交流与合作,始终将国际合作与互认摆在重要的位置,制订和实施了"全面参与、整体跟进、多点突破、局部引领,履行国际协议义务,服务中国认可发展"的国际合作方针,积极参与国际组织的相关活动,在多次同行评审中建立了良好的国际形象。CNAS 已经签署了国际范围和亚太区域现有的全部多边互认协议,可在签署的承认协议范围内使用国际互认联合标识,认可结果得到协议其他签署方的承认。

CNAS组织机构包括：全体委员会、执行委员会、认证机构技术委员会、实验室技术委员会、检查机构技术委员会、评定委员会、申诉委员会、最终用户委员会和秘书处。中国合格评定国家认可委员会委员由政府部门、合格评定机构、合格评定服务对象、合格评定使用方和专业机构与技术专家等5个方面，总计64个单位组成。

CNAS的宗旨是推进实验室和检查机构按照国际规范要求加强建设，不断提高技术和管理水平；促进实验室和检查机构以公正的行为，科学的手段，准确的结果，更有效地为社会各界提供服务；统一负责对实验室和检查机构的评价工作，以适应现代化建设和贸易发展的需要。

CNAS的认可范围包括检测和校准实验室认可、医学实验室认可、生物安全实验室认可、司法鉴定/法庭科学机构认可、标准物质标/准样品生产者认可、能力验证提供者认可、检查机构认可、认证机构认可等。

第二节　实验室评价制度的作用

实验室评价制度一方面为检验机构规范性操作提供了标准模式，一方面为检验数据相关方传递了信任，提高了消费者使用检验数据的信心。

一、实验室资质认定和实验室认可的异同

实验室资质认定和实验室认可作为我国实验室评价制度的两种形式，相辅相成。二者的来源都是ISO/IEC 17025，但是二者的目的不同，其操作模式不同，其应用范围和意义略有不同。主要异同见表8-1。

表8-1　实验室资质认定和实验室认可的异同

异同点	实验室资质认定	实验室认可
评审标准	来源ISO/IEC 17025和相关法律法规	来源ISO/IEC 17025
评价机构	第三方政府机构	第三方权威机构
评价对象	第三方实验室	第一、二、三方实验室
法律依据	计量法、食品安全法、标准化法等	认证认可条例
法律地位	强制性行政许可	自愿、合同
实施主体	国家认监委和各级省质监部门	中国合格评定国家认可中心
标识证书	CMA、CMAF	CNAS
适用范围	国内使用	国际互认

二、实验室资质认定制度的作用

（一）实验室依法开展检验出证活动的准入门槛

目前实验室资质认定是我国实验室评价管理制度中应用范围最广、知名度最高的管理模式和"品牌"。经济活动和政府行政执法活动中评价产品质量的检验报告必须带有计量认证标志已经成为社会共识。从1990年至今，经过20多年的努力，计量认证作为一项重要

的行政审批事项,从无到有,从少到多,已经成为我国实验室(检测机构)资质认定主要形式。

(二)增强检验机构提供质量保证的信心

检验机构按照 ISO/IEC 17025 建立实验室质量管理体系,并保证其有效运行,即可证明实验室资源有保障,职责清晰,程序合理,制度恰当,相关活动有制度、有计划、有落实、有监督,所有相关人员的活动受控、可追溯,机构具有不断提高质量水平,不断完善改进的能力。机构的最高管理者可以对外宣称本机构的出证检验具有质量保证。尤其是在实验室的检验活动或检验结果遭到质疑之时,有效运行的质量管理体系可以提供最好的质量保证证据。

(三)提升检验机构检验质量水平,保证机构的可持续发展

实验室管理的目的是提升结果的稳定性,而不是单纯的技术水平的提高,因为检验结果质量水平离不开实验室管理。实验室质量管理评价标准,是集全球业内专家集体智慧的结晶,是实验室现代化管理经验的标准化体现,为实验室管理提供了质量保证和质量管理的标准模式。实验室资质认定在我国推广实施了 23 年,检验机构从学习到理解,再到践行,切实体会到了质量管理的成本-利益关系,体会到了质量管理的效率。实验室建立和有效运行实验室质量管理体系,确实使实验室的检验质量水平不断地得到提高。

(四)增强相关方对检验结果的信心

检验过程的技术性强、属于高技术服务行业,实验室质量管理内容也是博大精深,一般用户,很难判断其检验质量。实验室资质认定制度是政府部门组织相关技术专业人员对出证实验室的检验过程进行专业技术核查及质量评价,并给出质量是否有保证的证明。其不但维护了社会秩序,同时增强了司法部门、政府监管部门、生产经营企业、检验检测行业、公众等利用检验结果作出判断的相关方对检验数据的信任。

三、实验室认可制度的作用

认可是国家技术基础的重要组成部分,是市场经济运行的基础性制度安排,是符合 WTO 规则的技术性贸易措施。认可的特征是权威性、独立性、公正性、技术性、规范性、统一性、国际性;认可的核心是依据标准证实合格评定机构具有特定的技术和管理能力;认可的目的是增强对合格评定能力的信任,提升合格评定结果的可信性,为促进市场运行、政府监管、国际贸易效率的提升提供独特的评价服务。

认可的作用体现在:①证实合格评定机构具备实施特定合格评定的能力;②增强政府使用认证、检测和检查等合格评定结果的信心,减少作出相关决定的不确定性和行政许可中的技术评价环节,降低行政监管风险和成本;③通过与国际组织、区域组织或国外认可机构签署多边或双边互认协议,促进合格评定结果的国际互认,促进对外贸易;④促进健康、安全、社会服务等非贸易领域在规范性、质量和能力等方面的提高;⑤帮助合格评定机构及其客户增强社会知名度和市场竞争力;⑥通过对合格评定机构进行系统、规范的技术评价和持续监督,有助于合格评定机构及其客户实现自我改进和自我完善。

对于实验室认可来说,其作用和意义在于:①表明具备了按相应认可准则开展检测和校准服务的技术能力;②增强市场竞争能力,赢得政府部门、社会各界的信任;③获得签署互认协议方国家和地区认可机构的承认;④有机会参与国际间合格评定机构认可双边、多边合作交流;⑤可在认可的范围内使用 CNAS 国家实验室认可标志和 ILAC 国际互认联合标志;⑥列入获准认可机构名录,提高知名度。

第三节　实验室评价制度内容

无论国际还是国内,业内均公认 ISO/IEC 17025 国际标准是各种检测和校准实验室能力的通用评价标准,也是质量管理体系(ISO9000 系列)在实验室活动中的应用,在国际实验室认可中,使用 ISO/IEC 17025 要求,并针对不同产品或行业类别的实验室的活动内容和特点,规定了 ISO/IEC 17025 的应用说明,细化了各类实验室的评审准则。它一方面是评价者对机构的实验室质量管理体系是否有效运行和实验室技术能力评价的标准,另一方面是被评价机构—实验室自我评价和自我完善的标准。

一、实验室资质认定与 GLP 认证评审准则

(一)实验室资质认定

《实验室资质认定评审准则》(2006)全面吸收了 ISO/IEC 17025:2005 的精华,继续保留了中国法律法规和政府对检验检测机构的强制性考核要求和统一计量认证和审查认可评审要求。其将 ISO/IEC 17025 的 25 个要素整理为 19 个要素,描述为组织、管理体系、文件控制、分包、服务和供应品采购、合同评审、申投诉、纠正、预防措施及改进、记录、内审和管理评审等 11 个管理要素,51 个评审条款;人员、设施和环境条件、检验方法、设备和标准物质、量值溯源、抽样和样品处置、结果质量控制和结果报告等 8 个技术要素,53 个评审条款。

实验室资质认定现场评审时,现场核查表还包括机构法律地位、工作场所、独立性、公正性、政府任务、人员、环境、记录、分包、校准等方面对 ISO/IEC 17025 补充的 19 个特殊条款。这些条款也是实验室必须满足的管理要求。

(二)食品检验机构资质认定

《食品检验机构资质认定评审准则》(2010)规定了实验室资质认定评审准则(通用要求)和食品检验机构资质认定评审准则(特殊要求)内容。即在进行食品检验机构资质认定评审时,除了核查食品检验机构资质认定特殊要求之外,还需要评价评审通用要求—即实验室资质认定评审准则。

食品检验机构资质认定评审准则共 23 个评审条款。其依据食品安全法要求及针对食品检验的特点,增加并强调了法人资格、人员要求、动物实验资格、检验能力、必须建立的有关制度、专用于食品的设施设备要求、微生物和毒理学实验要求、标准物质和菌毒种管理规定等要求。

(三)司法鉴定机构资质认定

司法鉴定机构涉及法医物证鉴定、法医毒物鉴定、微量鉴定等司法鉴定实验室和法医病理鉴定、法医临床鉴定、法医精神病鉴定、文书鉴定、痕迹鉴定、声像资料等司法鉴定检查机构。

与食品检验机构资质认定评审准则不同,《司法鉴定机构资质认定评审准则》(2012)是独立使用的,其将司法鉴定机构的特点和要求融入到实验室资质认定评审准则中,形成了司法鉴定机构资质认定评审准则,共 19 个要素,71 条,132 款。其与实验室资质认定评审准则的区别主要是增加了对机构资格、人员尤其是鉴定人员及报告文书审核程序提出了更加细致的要求。融入了部分对检查机构的要求。

（四）GLP 认证

GLP 认证适用于法规所要求的所有非临床健康和环境安全研究（包括在实验室、温室与田间进行的工作），包括医药、农药、食品添加剂与饲料添加剂、化妆品、兽药和类似产品的注册或申请许可证，以及工业化学品管理，其适用对象突破了实验室资质认定（计量认证）对社会出具公正数据的产品质量检验机构的范围。

GB/T 22278-2008《良好实验室规范原则》规定了 GLP 的相关术语和定义，以及主要技术规范，包括试验机构的组织和人员、质量保证计划、机构、仪器、材料及试剂、试验系统、试验样品和参照物、标准操作程序、研究的实施、研究结果的报告、记录和材料的存储与保管等内容。

二、实验室认可的规范文件

（一）实验室认可规范文件类型

CNAS 发布了一系列认可获得认可的实验室必须遵守的规范文件，认可规范是指认可规则、认可准则、认可指南和认可方案文件的总称。

1. 认可规则（R 系列）　CNAS 实施认可活动的政策和程序，包括通用规则和专项规则类文件，如 CNAS-R01：2010《认可标识和认可状态声明管理规则》、CNAS-RL01：2011《实验室认可规则》、CNAS-RL02：2010《能力验证规则》等。

2. 认可准则（C 系列）　CNAS 认可的合格评定机构应满足的基本要求。包括基本准则（如等同采用的相关 ISO/IEC 标准、导则等）以及对其的应用指南或应用说明（如采用的 IAF、ILAC 制定的对相关 ISO/IEC 标准、导则的应用指南，或其他相关组织制定的规范性文件，以及 CNAS 针对特别行业制定的特定要求等）文件，如 CNAS-CL01：2006《检测和校准实验室能力认可准则》（ISO/IEC17025：2005）、CNAS-CL02：2012《医学实验室质量和能力认可准则》（ISO 15189：2012）、CNAS-CL05：2009《实验室生物安全认可准则》（GB19489-2008）、CNAS-CL08：2013《司法鉴定/法庭科学机构能力认可准则》、CNAS-CL09：2013《检测和校准实验室能力认可准则在微生物检测领域的应用说明》、CNAS-CL10：2012《检测和校准实验室能力认可准则在化学检测领域的应用说明》（2012 年第 1 次修订）等。

3. 认可指南（G 系列）　CNAS 对认可准则的说明或应用指南，包括通用和专项说明或应用指南类文件，如 CNAS-GL01：2006《实验室认可指南》（2007 年第 1 次修订）、CNAS-GL02：2006《能力验证结果的统计处理和能力评价指南》、CNAS-GL03：2006《能力验证样品均匀性和稳定性评价指南》、CNAS-GL06：2006《化学分析中不确定度的评估指南》等。

4. 认可方案（S 系列）　是 CNAS 针对特别领域或行业对上述认可规则、认可准则和认可指南的补充，如 CNAS-SL01：2012《中国计量科学研究院认可方案》、CNAS-SL02：2012《"能源之星"实验室认可方案》、CNAS-SL03：2012《反兴奋剂实验室认可方案》等。

（二）ISO/IEC 17025：2005 简介

CNAS 采用 CNAS-CL01《检测和校准实验室能力认可准则》（ISO/IEC17025：2005）作为实验室认可的基本准则。在此基础上，针对某些技术领域的特定情况制定了一系列实验室认可准则的应用说明。与此同时，CNAS 也要求实验室符合 APLAC、ILAC 有关应用指南的规定。

ISO/IEC 17025：2005 分为两大部分，一是管理要求，二是技术要求。管理要求15 个要素（组织；管理体系；文件控制；要求、标书和合同的审核；检测和校准的分包；服务和供应品的采购;服务客户;投诉;不符合检测和(或)校准工作的控制;改进;纠正措施;预防措施;记录的控制;内部审核;管理评审),由两大过程构成,一是管理职责,二是体系的分析、改进。技术要求10个要素(总则;人员;设施和环境条件;检测和校准方法及方法的确认;设备;测量溯源性;抽样;检测和校准物品的处置;检测和校准结果质量的保证;结果报告),分为两大过程,一是资源保证,二是检测/校准的实现。管理要求与技术要求的共同目的就是要实现管理体系的持续改进。

1. 组织　实验室要为其出具的检测数据和结论承担法律责任,因此其应该是能够承担法律责任的实体。所谓实体就是有正式的名称和组织机构、有固定的办公场所、有与所开展工作相适应的资源、有足够的资金和承担风险的能力、有独立账目、能独立开展业务等,实验室如果不是独立法人单位,则须由其所在的母体单位的法人授权,明确表示为实验室承担法律责任。

实验室有责任确保所从事检测和校准工作符合本准则的要求,并能满足客户、法定管理机构或对其提供承认的组织的需求。

实验室的管理体系应覆盖实验室在固定设施内、离开其固定设施的场所,或在相关的临时或移动设施中进行的工作。

实验室如果除了检测或校准以外,还从事同类产品的其他生产活动,应识别可能发生的利益冲突,采取措施保证公正性。这些措施包括:①法人的公正性声明,承诺不干涉实验室的正常工作,同时要求各部门、各级领导也不干预实验室的工作;②实验室主任的公正性声明,表明不受任何来自行政、商业、财务等方面的压力和影响,保持检测工作的独立性、诚实性,承诺不参与任何有损公正性的活动;③员工的职业道德规范或行为准则;④相关的政策、制度。

实验室应有足够的管理人员和技术人员,应赋予其所需的权力和资源履行其职责;建立与其工作性质相适应的组织机构,可以用框图的形式表明其内部和外部组织机构关系;明确所有管理人员、操作人员和核查人员的职责、权力和相互关系;由熟悉各项检测和(或)校准的方法、程序、目的和结果评价的人员,对检测和校准人员包括在培员工进行充分地监督,监督的方式可以多种多样,如现场提问、盲样检测、比对试验、报告审查等均可作为监督的手段;实验室应设定技术管理者和质量主管,技术管理者可以是多个人,构成技术管理层,质量主管只能是一个人,不一定是实验室的领导成员,但他在实验室内应有相当的权威和声望,能够直接与实验室最高管理者对话。

实验室应建立适宜的沟通机制,并就确保与管理体系有效性的事宜采用多种方式进行及时的沟通。

2. 管理体系　实验室应根据认可准则及其他规范文件的要求建立、实施和保持与其活动范围相适应的管理体系,将实验室的质量方针、质量目标、政策、制度、计划、程序和指导书等制订成文件,达到确保实验室检测和(或)校准结果质量所需的要求。体系文件内容应对有关人员进行有效的宣贯使其充分理解和执行,要求各项质量活动都处于受控状态,具备减少、预防和纠正质量缺陷的能力,管理体系始终处于持续改进的良性循环状态。

3. 文件控制　实验室应有文件控制程序,该程序包括文件的制定、批准、发布、标识、登记、修订、变更、作废等活动。受控的文件包括管理体系文件、法律法规、参考书籍资料、数据、图表、软件等。文件的承载形式多为纸质,也可以只读电子方式存储。

文件控制的目的是保证实验室所使用的文件现行有效,防止使用无效或作废的文件。

实验室编制的体系文件应有标识,且要保证其唯一性,包括名称、编号、发布日期、修订信息、页码、总页数等。需要变更时由原审查责任岗位负责文件审批,在文件名或专门的修订页上表明更改的情况。所有的受控文件也应以受控方式发放,类似于图书馆模式进行登记,要求发得出去、收得回来。

4. 要求、标书和合同的评审 要求是指客户口头或书面提出的要求,标书是指客户在招标书中提出的需求,合同是指客户在合同中的约定。

实验室与客户在签订所有的业务合同前均要进行评审。评审的内容包括客户的要求是否充分、明确;实验室是否有能力和资源满足这些要求;选择的方法是否适当;财务考虑;法律考虑,包括安全和环保问题;是否需要分包;时间和进度安排等。对于简单的、例行的、常规的检测任务的合同,实验室授权的收样人在合同上签字认可即完成评审;对于大型的、复杂的、技术含量高的、耗时长的任务需签订正式合同,则需由负责质量的人员和专业技术人员组成评审组进行正式评审并留下相应的记录。工作开始之后如需修改合同则需重新评审,对合同的任何偏离应通知客户。

5. 检测和校准的分包 实验室由于未预料的原因如工作量、暂时不具备能力等需将工作分包时,应分包给有能力的分包方允许分包,但只能分包给实施 ISO/IEC 17025:2005 体系的实验室。分包应得到客户的书面同意,除非客户或管理机构指定分包方,实验室应就分包工作对客户负责,如出现差错发包实验室承担主要责任,分包实验室承担连带责任。实验室应保留分包方的注册记录和历次分包情况记录,分包结果应在证书/报告上注明。

6. 服务和供应品的采购 实验室的服务和供应品主要包括:检定和校准;仪器设备设施安装、调试、维护、修理;由外部机构或人员实施的样品采集、制备、包装、运输);试剂和消耗材料等。

实验室应建立对影响检测或校准质量的服务/供给的选择和采购政策、程序,对检测质量有影响的服务和供应品应制定采购文件,该文件的技术内容应经过技术管理者的审核。应保存关键供应商评价记录和一览表。

所有的服务和供应品都应经过检查和验收,使用前进行符合性检查或以其他方式证明符合要求才能投入使用;某些关键的或特性复杂的供应品应采用技术验收手段进行验收。检定证书要经过检查,了解检定结果是否符合实验室的需要。校准证书要经过确认,证实校准结果(误差)在允许的范围内,才可使用。

7. 服务客户 实验室通常可以为客户提供以下服务:在不影响实验室工作秩序和为其他客户保密的前提下,允许客户进入实验室参观、访问;为客户采集、制备、包装、运送样品(某些实验室);为客户提供咨询。实验室应主动征询客户意见,认真分析研究这些意见,改进工作。

8. 投诉 实验室应建立一个完善的处理投诉的程序。该程序包括投诉的受理、投诉性质和程度的识别和界定、初步处理和后续处理的步骤要求、当事人回避制度、处罚和赔偿的规定等内容。投诉情况及处理记录应纳入实验室管理评审的输入并形成如何减少客户投诉及如何更好回应投诉的决议。

9. 不符合检测和校准工作的控制 不符合工作是指实验室的某项工作的过程或结果不满足要求,简称不符合。实验室应有不符合控制程序,该程序包括不符合的性质和程度界定、处理不符合的权限和职责、纠正的步骤和要求、恢复工作的步骤和要求等内容。不符合检测和校准工作的控制有三个明显的环节:一是识别,实验室可以通过诸如质量监督、内部审核、客户意见调查、投诉、能力验证、内部质量控制、报告审核等多种手段发现不符合事实、二是评估,实验室应组织相关人员评估不符合的性质(体系性、实施性、效果性)、评估不符合的严重程度、评估不符合是否可能重演、三是处置,包括停止工作、纠正错误、评价危害、追溯影响、确定是否采取纠正措施等。

10. 改进 实验室通过实施质量方针和质量目标,应用审核结果、数据分析、纠正措施和预防措施以及管理评审来持续改进管理体系的有效性。实验室在管理评审时对质量方针和质量目标的实施情况进行考核与评价,如有需要应予以调整或重新制定;对内部审核和外部审核中的不符合项,举一反三,发现类似的不符合项,寻找改进机会;根据质量控制的数据,进行风险和趋势分析,发现潜在的不符合,寻找改进机会;对纠正措施和预防措施的有效性进行跟踪验证,必要时采取新的措施;根据管理评审的决议,制订和实施下一步工作计划。持续改进是一个实验室的永恒目标。

11. 纠正措施 实验室应建立纠正措施程序,对所发现的不符合事实在经评估后都应采取相应的行动,即纠正与纠正措施。纠正是对已经发生的不符合的一种处置和补救;纠正措施是针对已经发生的不符合的根本原因,为防止类似的不符合再次发生而采取的措施。原则上所有的不符合都必须纠正,但并不是所有的不符合都必须采取纠正措施。是否需要采取纠正措施,取决于问题的严重程度和风险大小。对那些轻微的、偶然的、个别的不符合只需采取纠正行动;而对于严重的、风险大的不符合则必须采取纠正措施。应注意的是有些不符合事实无法纠正(如原始记录涂改,既不能擦掉重写也不能重新全部抄一遍)而只能采取纠正措施。同一不符合项采取的纠正措施可能有多种,采取什么样的纠正措施取决于措施的有效性及成本大小。

12. 预防措施 预防措施是针对潜在的不符合的原因,为了防止这种不符合发生而采取的措施,是促进管理体系持续改进的重要内容之一。实验室应建立预防措施程序,通过管理体系各个要素和对质量控制数据的分析,可以预测潜在的不符合,从而采取相应的预防措施。

13. 记录的控制 记录是检测报告满足质量要求和质量活动可追溯的依据;是管理体系是否有效运行的客观证据;为采取纠正和预防措施及持续改进提供重要信息。对记录的要求是:满足要求、内容完整、格式统一、客观如实,保证其原始性、全面性、溯源性、规范性。

记录可分为质量记录和技术记录两类,进行质量活动时产生的记录为质量记录,进行技术活动时产生的记录为技术记录,但有些记录两者很难界定。

记录允许修改,但不能随意改动,改动要有充分的依据,要留下改动的痕迹。严禁涂改记录,一般采用杠改的形式,要能看清修改前的内容,改动处签名或盖章,对电子存储的记录的改动更要有相应的措施,防止数据丢失或被恶意篡改。

14. 内部审核 内部审核(简称内审)是由经过培训取得资质的内审员实施的一种符合性检查,即对实验室建立的管理体系文件是否符合准则的要求,管理体系的运行是否符合体系文件的要求所进行检查。内审是有计划的、周期性的活动,一般以一年为一个周期,必要时可以追加审核。每年的内审活动必须覆盖管理体系的全部要素和实验室的所有区域和部门。

内审应留下审核记录,形成审核报告。对于审核中发现的不符合项要纠正或采取纠正措施,对纠正措施的实施情况跟踪验证。

15. 管理评审 管理评审是由实验室最高管理者主持的对实验室管理体系的适宜性、

有效性和充分性的正式评价,是有计划的、周期性的活动,一般至少每年一次。

在评审之前要输入充分的信息,包括:方针和目标的实施情况、政策和程序的适用性评价、管理人员和监督人员的报告、近期内部审核的结果、纠正措施和预防措施的实施情况、外部审核的结果、实验室间比对或能力验证的结果、工作量和工作类型的变化、客户意见调查结果、投诉及处理情况、改进工作的建议、质量控制结果、人员培训结果、资源配置情况等。

管理评审通常是会议形式,参加人员一般为中层以上干部,与会者在充分讨论的基础上形成正式的评价意见和改进的决议,实验室的质量负责人和质量管理部门负责对决议的实施效果进行跟踪验证。

16. 技术要求总则　影响检测/校准正确性可靠性的因素包括:人员(人)、仪器设备(机)、试剂和耗材(料)、方法(法)、环境条件、测量溯源性(测)、抽样(抽);样品(样)。实验室应根据本单位的专业特点,考虑到这些影响因素进行总的测量不确定度的评定,并合理选择方法、培训和考核人员、配置资源、校准仪器设备等,从多方面控制入手保证检测/校准结果的准确性。

17. 人员　除管理人员和支持人员外,实验室应有满足业务需要的覆盖全部领域的检测人员队伍并形成合理的专业素质梯队,确保各类人员胜任其所承担的工作,对在培员工的工作安排适当的监督。对从事特定工作的人员(如从事特定类型的抽样人员、需要有专门知识、掌握专门技能的检测人员、操作特殊设备的人员、签发报告的人员等)进行资格确认并对其授权。授权签字人是指经实验室推荐,经认证认可机构考核合格,有资格签发带发证机构标志的检测报告的人员。授权签字人须具备与检测领域相关的专业背景,熟悉检测方法、程序、质量管理知识,对报告做最终的技术审核和签发。

实验室要对所有人员都应明确其任职条件和岗位职责,并分别建立个人技术档案,内容包括人员的学历、职称、资历、经历以及检测工作的成绩、授权记录和定期的能力考核、评价等。实验室应制定人员管理与培训程序,提出人员培训目标,按计划进行多种方式的培训,内容包括实验室管理体系文件和规章制度、专业基础知识和专业技能,留下培训记录,定期写出培训总结并对培训活动有效性进行评价。

18. 设施和环境条件　实验室应有足够的空间,合理的布局,有良好的通风、照明、供暖、供水、供电等条件,满足所用仪器设备的要求,有利于开展检测工作,同时对检测人员提供足够的安全和健康保障。试验区域与办公区域应有效分离。如果实验需要在离开固定设施的现场工作时,有很多不确定因素或非受控因素,实验室要给予特别的重视。

当标准、规范对环境条件有要求时,或环境条件影响检测质量时,实验室应按计划定期对环境条件进行监控和记录,如温度、湿度、噪声、振动、洁净度、生物安全等;应对相互干扰的试验区域进行隔离;对重要的或有危险的区域加以标识;危险品应按当地政府的有关规定保管;与实验无关的人员不得随意进入实验室;随时保证实验室具有良好内务,不进行与检测工作无关的活动;实验室的试验区内不应存放与检测工作无关的物品,也不能进行与检测工作无关的活动。

19. 检测和校准方法及方法确认　实验室的主要工作就是按照方法依据开展检测活动。实验室可选择的方法依据类型有:标准方法(包括国际标准、区域标准、国家标准、行业标准、地方标准);公认的方法(包括知名技术组织或有关科学书籍和期刊公布的方法,设备制造厂商指定的方等);非标准方法(包括客户指定的方法和实验室自己制定的方法)。

对于标准方法和公认的方法,在正式使用前要经过确认。确认的方式主要是从本实验室的人、机、料、法、环等方面进行评估,表明能够正确运用该方法且应通过模拟实验形成检测经历。实验室还要落实专人对所有标准方法和公认的方法随时跟踪,以保证所用方法的现行有效。当方法发生变更时,如果变更的内容涉及方法的实质性改变,实验室要重新进行方法确认。

如果标准方法或公认的方法不完整、不充分或可操作性不强,则实验室应编制作业指导书,以便使员工能够保证对该方法理解和应用的一致性。作业指导书一般包括四种类型:①方法类 常以某标准的实施细则或附加细则的形式给出;②仪器类 常以某仪器的操作规程给出;③数据类 常以某数据处理方法给出;④样品类 常以样品采集方法或样品制备方法给出。

一般情况下不允许对标准方法或公认的方法进行偏离,但有时会遇到实验室条件不能完全符合标准的描述、标准中有错误或标准规定的方法明显落后、客户可能有特殊要求等情况会出现对方法的偏离。实施偏离应满足如下条件:①经过技术判断,认为该偏离不影响检测质量或服务质量;②文件规定了如何实施偏离,偏离到何种程度等;③经过实验室技术负责人员的批准或经权威部门验证;④客户同意。

对非标准方法、实验室自己制定的方法、超出预期用途使用的标准方法以及扩充和修改过的标准方法需要进行方法验证,以证明该方法的性能满足预期用途。可采用参考标准或标准物质进行测试、与经典方法或参考方法比较、进行实验室间比对、对影响结果的因素作系统性评审、对方法的测量不确定度进行评定等方式。方法验证至少要包括精密度、准确度、线性、检出限、重复性限、复现性限、抗干扰能力等方面内容。

随着科技的发展,实验室的检测数据有不少出自自动化仪器设备并经计算机进行分析处理而得。实验室应从从硬件和软件的角度,全方位保护数据的完整性和安全性。办公、上网用的计算机与检测、出报告用的计算不要混用,有条件时尽量实现专机专用,所使用的软件应经过充分的验证。

20. 设备 实验室应配备正确进行检测(包括抽样、物品制备、数据处理与分析)所要求的所有抽样、测量和检测设备且保证这些仪器设备性能和功能满足要求。对结果有重要影响的仪器的关键量或值,应制订校准计划。设备在投入服务前应进行校准或核查,以证实其能够满足实验室的规范要求和相应的标准规范。每台仪器设备应有唯一性标识和状态标识,以表明仪器设备的校准状态和正常状态。在我国,仪器设备的状态标识通常用三种颜色表明其状态:绿色表示经校准或检查合格可以使用;黄色表示因有缺陷而限制在特定情况下使用,如降级使用或仅能使用其部分功能;红色表示停用或禁用。与人员技术档案一样,实验室应建立每台仪器设备的档案,档案内容包括名称、编号、生产厂商、放置位置、使用说明书、校准/维护计划和记录、使用记录、故障和修理记录等。

部分计量仪器设备在校准时会获得不同于仪器设备本身原有示值的校准因子,实验室一定要及时应用,更新原有备份,避免出现不必要的差错。部分计量仪器设备(量值容易漂移、使用频繁、经常携带到现场等)应考虑对其进行期间核查。期间核查是在仪器设备相邻两次校准的时间间隔内,对仪器设备校准状态实施的一种等精度检查。其目的是以较简便的方法检查仪器设备的稳定性和可靠性,频次因计量仪器本身的特性和使用情况而不同。

21. 量值溯源 实验室应制定量值溯源程序,保证所有的测量数据通过一条不间断的链溯源到国际基准。实际做法是,对结果的准确性或有效性有重要影响的仪器设备均需在使用前进行检定/校准,需制订仪器设备检定/校准计划。对于国家强制检定的计量器具进行检定；非强制检定的测量仪器进行检定或校准；标准物质尽量使用有证标准物质。

有些仪器量值特殊无法溯源到国家计量基准，可以用比对试验或能力验证的方法证实该仪器的量值是准确的、一致的；也可在各实验室间（包括国际间）建立协议标准，所有同类仪器都溯源到该协议标准。

有些辅助设备虽然不属于计量器具，但是有量值要求，如烘箱、水浴等。对这些辅助设备，实验室要对其功能和参数进行检查或验证。

22. 抽样　实验室应制定抽样程序，该程序包括抽样计划和方案的制订和批准、抽样人员的职责、抽样偏离的规定、抽样记录的要求等。抽样计划是针对某一次抽样工作制定的具体日程、人员、方法、步骤、要求等；抽样方案是抽样的样本数量和合格判定数。如果行业标准中有关于抽样的具体规定，则实验室按行业标准规定实施抽样；如果行业标准中没有关于抽样的具体规定，则实验室按现行国家标准（如 GB/T13262《不合格品率的计数标准型一次抽样程序及抽样表》和 GB/T2828《逐批检查计数抽样程序及抽样表》等）的规定设计抽样计划和抽样方案。如果客户要求偏离既定的抽样计划或方案，则应该实施偏离程序，并详细记录偏离的具体情况。

23. 检测和校准物品的处置　实验室应制定样品的管理程序。该程序包括样品的制备、包装、运送、接收、处置、保护、存储、保留和清理等活动。所有检测样品均应有标识，确保样品标识的唯一性、连续性和完整性，在实验室内的整个期间内予以保留。接收样品时要记录样品的性质、状态、数量，尤其是在样品异常时，更要翔实记录异常情况。如果有疑问，则需在与客户充分沟通明确有关职责后再开始检测。在样品保存期内，要妥善保管样品，防止其退化、变质、丢失、损坏；当需要在规定条件下存放或养护时，应满足并监控和记录这些条件。

24. 检测和校准结果的质量保证　实验室应制定质量控制程序，确保检测过程受到控制，确保检测结果的变异在允许范围之内。质量控制的手段包括但不限于以下几种：使用标准物质或标准样品；采用统计技术的内部质量控制；参加实验室间比对试验或能力验证；与参考方法进行比较；对存留样品复测；相关性检测。实验室每年应制订质量控制计划，对于内部质量控制，要预先确定质量控制结果的判定依据。每年对质量控制的效果进行评估。

25. 结果报告　实验室须的检测报告和校准证书的总体要求是准确、清晰、明确、客观。检测报告和证书应包括以下内容：标题（需作符合性判定的称检验报告，不需作符合性判定的称试验报告，不刻意强调是否作符合性判定的可统称检测报告）；实验室名称、地址、检测地点；报告编号、页眉、页脚、页码、总页数、结束标记；客户名称、地址；检测方法；样品的状态、标识；样品接收日期、检测日期；抽样方法；检测或校准结果；授权签字人标识。

当不确定度与检测结果的有效性或应用有关、客户事先提出了要求、不确定度影响到对规范限度的符合性时，检测报告中应该给出测量不确定度。报告中如果有分包的参数，应在报告的显著位置说明。当需给出意见和解释时，实验室应将意见和解释的依据制定成文件，不能凭个人见解随意提出意见和解释。意见和解释的内容包括：对符合性声明的解释、合同的履约情况、如何使用检测和校准结果的建议、改进产品的建议。

第四节　实验室资质评价的现场评审

我国的实验室资质认定制度是依据《计量法》、《标准化法》、《食品安全法》等法律建立的。实验室资质认定(计量认证)和食品检验机构资质认定属于行政许可,即强制性准入,没有相关资质,不能从事相关检验活动。实验室认可是依据国际惯例,根据实验室认证认可条例,国家认监委委托中国合格评定国家认可委员会开展的自愿申请行为。

无论是实验室资质认定还是实验室认可,无论是初评审、复评审还是监督评审,均是由发证机构派出评审组,现场查证实验室是否建立并有效运行实验室质量管理体系,并由评审组提出建议,发证机构再对评审组评审资料进行评定,确定是否给检验机构颁证的方式完成的。

一、现场评审的定义

现场评审是实验室评价制度的核心内容,其主要目的就是现场核实实验室质量管理体系是否符合评审准则的要求,核实其是否有效运行。现场评审结果直接影响实验室是否可以获得资格证书,同时实验室可以通过评审组发现的问题,不断完善其质量管理体系,使实验室管理水平不断提升,带来增值效果。评审组是来现场证实实验室提出申请的真实性的,是实验室获得资格证书的必要和关键过程,实验室应如实地展示日常工作状态,并积极配合评审组现场收集各种管理体系有效运行的证据。

一般情况下,现场试验的策划是现场评审的核心和关键,其决定着现场评审的效率和质量。初次评审(复评审)和扩项评审时,现场评审核查需要覆盖实验室申请资质认定的所有仪器设备、检测/校准方法、类型、主要试验人员、试验材料;并通过重点查看依靠检测/校准人员主观判断较多的项目;难度较大、操作复杂的项目;很少进行检测/校准的项目;新标准项目;另外被考核人员应具有代表性尤其重点考核新上岗人员;还应尤其关注能力验证和比对结果为有问题或不满意的项目;客户质疑次数较多或出现不符合结果的项目。评审员在现场评审时应关注试验过程的关键步骤;现场试验时应注意观察试验设备和试验环境;对照试验用检测标准或校准规范进行核查;现场见证试验还应就相关技术问题对试验人员进行提问,评价人员对检验过程的把控能力。

尽管现场评审需要对实验室评审准则和技术能力逐条(项)进行符合性确认,但评审员现场还会重点关注实验室参加外部质量控制情况;实验室质量监督情况;实验室内部质量控制效果;内审和管理评审是否取得预期的效果;管理评审形成的纠正和预防措施的实施和验证;实验室对培训有效性的评价;实验室标准方法及时更新情况;检验方法验证或确认情况;样品管理情况;实验室的环境设施;仪器设备的量值溯源情况;标准物质(包括标准菌种)的情况;质量活动记录溯源和信息量;测量不确定度评定情况等要素的程序和作业指导书要求及运行情况记录。评价实验室质量管理体系的系统性、符合性、有效性,提出是否符合实验室资质认定评审准则要求的建议。

一般情况下,现场评审的过程是:首次会议、现场参观、现场取证、评审组与申请方沟通评审情况、末次会议。评审组长在现场评审末次会议上,将现场评审结果提交给被评审实验室。对于评审中发现的不符合,实验室应及时采取纠正措施,在规定时间内完成并向评审组提交整改报告。评审组对纠正措施的有效性进行验证,评审组长将最终评审报告和推荐意见报发证机关。

二、实验室的准备工作

(一)建立质量管理体系

实验室质量管理体系是实验室质量管理的前提,是质量保证的基础,是评价工作过程可控和结果稳定等质量的重要依据。强调机构(实验室)质量管理体系的系统性、完整性、合理性,尤其是可操作性;强调人的重要性,即最高管理者和全员对实验室质量管理体系的认同及参与程度将决定实验室质量管理体系的命运。最高管理者和相关人员应首先正确认识实验室资质认定只是一种现代实验室管理的方法,树立现代实验室管理观念,以开展实验室资质认定活动或建立实验室质量管理体系为契机,将实验室质量管理理念融入到其管理思路和质量策划中,尤其关注传统行政管理中的短板——工作计划性和机构自我评价体系能力的建立和完善,在工作中践行质量承诺,为所有相关人员营造尊重工作质量的氛围,保证所有员工严格按照相关程序和作业指导书开展实验室活动,综合考虑质量管理和质量控制的手段和措施,将实验室质量管理理念融入到机构的日常管理中去,避免日常运作和质量管理体系两层皮现象,真正做到机构的质量管理体系有效运行,可持续发展,不断改进,将实验室管理融入到实验室文化中。

(二)有效运行质量管理体系

"写你所做、做你所写、记你所做、查你所做、改你不欲"概括了建立和有效运行实验室管理体系的关键。

机构需要建立文件化的质量管理体系,而不单单是编制质量体系管理文件,体系文件必须得到贯彻实施,就算体系文件制定得再好,不认真执行,也是一纸空文,无法起到过程控制和质量保证的作用。落实最关键。制度的好坏是通过落实来证明的,不但有技术活动的落实,还有质量评价或质量管理活动的落实。质量管理活动价值的发挥是现代质量管理的关键,也是我国实验室管理与国际差距的明显内容,也是大家常说的软实力。

实验室质量管理体系是舶来品,进入我国也只有20年的时间,将"标准变成习惯,让习惯符合标准"需要监管措施和时间的共同锤炼。从我国的实验室资质认定管理实践来看,目前,确实有部分实验室切实掌握并熟练运用实验室质量管理理念和措施管理实验室,真正体会到实验室质量管理标准对实验室结果质量保证的益处,体会到质量管理和过程控制的意义。而不少实验室从最高管理者、质量管理人员及具体实验室人员对实验室质量管理的理念和内容仅是表面上的了解或根本就不了解,对实验室质量管理体系的运行存在抵触情绪,实验室质量管理体系形同虚设现象比较普遍,应付资质认定检查的不正常现象经常发生。

实验室质量管理体系分成两条线,一条是检验落实过程,一条是监督证实过程。前者就是业务部门做事或完成任务,后者是机构委托业务部门以外的部门证明业务部门做事过程是按照质量管理体系要求和计划或方案实施的。很明显,后者是我国实验室管理的短板,最高领导者、业务部门负责人乃至具体操作人员,普遍还认为质量控制、申投诉处理、质量监督、内审、管理评审等质量监督检查和监控活动属于"捣乱分子",干扰或实验室业务工作,"质量管理工作说起来重要,干起来次要,忙起来不要"现象普遍存在,将质量管理手段作为摆设,应付检查。我国实验室管理尚处于缺乏监督或全面管理的阶段,与国际实验室差距明显。因此,提高最高管理者和相关人员现代实验室管理意识是我国实验室质量管理推广的重中之重。

(三)对实验室人员的要求

在实验室现场评审过程中,实验室评审准则对实验室工作人员提出了许多具体要求,要求全员参与到管理体系的贯彻运行中来,以实现管理体系的全面运行和不断改进。现场评审是对实验室质量管理体系是否有效运行的全面评价,也应全员参与。

1. 熟悉了解相关法律法规和基本知识　作为实验室上岗人员,法律法规对实验室操作人员的要求是职业操守的底线,不可不知,不可不遵守。熟练掌握相关法律法规知识,是践行相关要求的基础和前提,也是评审组判断实验室质量管理体系是否能够有效运行的重要评审要点。实验室所有相关人员均需要了解如下基本知识,以便及时、准确地回答评审员的现场提问:①了解与本实验室活动相关的法律法律法规知识;②了解我国实验室评价制度和体系相关标准和文件的要求;③了解本实验室质量管理体系框架、质量方针和质量目标的内容及含义;④了解质量管理、质量监督、质量控制、质量保证、内审、管理评审、纠正措施、预防措施、改进等作用、内容和含义;⑤了解测量不确定度、量值溯源、检定或校准、期间核查、检验方法确认、能力验证等作用、内容和含义;⑥了解影响检验结果的关键因素和如何控制;⑦了解自己岗位在质量管理体系中的职责和要求,尤其应熟悉相关流程和作业指导书;⑧具有良好的行为习惯,操作熟练。

2. 理解并践行岗位职责　实验室管理体系有效运行应至少有如下通用的角色和岗位——最高管理者、技术负责人、质量负责人、授权签字人、部门负责人、样品管理员、检验人员、内审员、质量监督员、设备管理员、档案管理员等,如果有内部校准还应有内部校准人员,有的机构还根据工作情况设有质量控制人员,标准溶液配制人员等。各工作岗位人员均需要熟知岗位职责和要求,按照质量管理体系要求理解并践行职责、按照程序和作业指导书开展实验活动,让“标准”成为习惯。这里的岗位可以一人多岗,也可以一岗多人。

三、提出资质申请

检验检测机构(实验室)提出实验室资质认定的申请,是启动取得资质证书流程的起点。但提出实验室资质认定申请之前,实验室应该提供实验室质量管理体系有效运行的证据,即全面自我评价实验室活动符合评审准则要求,包括全面的内审、管理评审、能力验证等必要的质量评价证据。发证机关在审核申请材料合格后安排涵盖实验室所申请技术领域要求的评审组实施现场评审。

实验室现场评审和检查的目的是证明机构的质量管理体系有效运行,但现场活动受时间和现场情况限制,只能是质量管理体系运行的抽查,尽管会给实验室一个证书,但具体实验室结果的质量保证是实验室的责任,是实验室水平的体现,是实验室文化的积淀。履行承诺应成为实验室的一种习惯。

四、获证后的工作

实验室经过现场评审并最终获证表明,实验室建立并运行了全面系统的质量管理体系,有能力按照评审准则的要求去管理实验室各项活动。

机构建立实验室质量管理体系,获得证书不应是目的,利用现代化管理手段管理实验室活动,提供准确的检验结果,保证检验质量,是机构可持续发展的内功。谁都会说质量是生命线,但真正将其作为开展活动的红线,相关人员养成守规矩的习惯,使机构实验室质量管理体系真正有效运行,是发证机关对检验机构提出的基本入门要求,更应是融入检验检测机构的组织文化。

维护实验室和发证机关的声誉和权威性,需要实验室和相关人员发挥出应有的能力,严格按照质量管理体系要求进行过程控制和过程管理,保证工作过程具有足够的监督和质量评价,保证工作过程可追溯,保证实验室能够持续改进,自我完善。只有这样才能顺利通过随后持续的监督评审和复评审。

本 章 小 结

我国实验室评价制度主要包括实验室资质认定和实验室认可,两种形式相辅相成。实验室资质认定采用的标准为《实验室资质认定评审准则》(2006 版),它是我国实验室评价管理制度中应用范围最广、知名度最高的强制性管理模式,具有明显的中国特色,由国家认证认可监督管理委员会和各省质量技术监督局组织实施;实验室认可则是以 ISO/IEC 17025:2005 为评审准则,完全按照国际通用模式运作,由中国合格评定国家认可委员会(CNAS)组织实施,实验室根据自身条件和需求自愿申请。

复习思考题

1. 什么是实验室资质认定?什么是实验室认可?
2. 简述实验室资质认定和实验室认可的异同点。
3. 为什么要进行实验室资质认定和实验室认可?
4. 实验室现场评审中,实验室应做哪些准备工作?

（李业鹏 许 欣）

第九章 实验室信息管理系统简介

随着实验室规模的发展及客户对检测数据准确性及检测速度的要求的提高,传统的管理模式已不适应实验室的发展要求,实验室信息管理系统就是随着分析测试仪器自动化程度的提高、实验室规模与处理能力的提高及信息技术的快速发展逐步出现的。目前,实验室信息管理系统已经在医疗、化工、医药、环境保护、食品、酿酒、烟草、进出口检验检疫、冶金、矿山、机械制造和计量等行业实验室得到了广泛的应用。

第一节 实验室信息管理系统

一、实验室信息管理系统概念

实验室信息管理系统(laboratory information managements ystem,LIMS)是将计算机网络技术与现代的管理思想有机结合,利用数据处理技术、海量数据存储技术、宽带传输网络技术和自动化仪器分析技术,来对实验室的信息管理和质量控制等进行全方位管理的计算机软件和硬件系统。

LIMS 技术涉及了计算机网络、实验室管理和分析测试三个不同领域,LIMS 提供了一个基于网络平台的实验室管理模式,是一个现代化的实验室管理工具。

通过 LIMS 的强约束性可以有效地实施质量保证和质量控制流程,贯彻实验室的管理体系,规范实验室的日常工作,对样品检验流程、分析数据及报告、实验室资源及客户信息等要素的综合管理,使不同岗位的人员按各自的权限分享不同级别的信息资源,完成约定的工作,提高管理人员的管理效率及操作人员的工作效率,达到科学的控制和改进实验室管理和质量的目的。

实验室信息管理系统是多学科交叉的产物,它在实施的过程中对实验室管理效率的提高、降低成本、提高产品质量起到重要作用,是实验室必然的发展趋势。

二、LIMS 的发展

各种类型的实验室,无论是研究开发型、过程控制型还是分析测试型,其主要功能都是接受样品、执行分析任务与报告分析结果。实验室管理追求的目标是人力与设备资源的有效使用,样品的快速分析处理,高质量的分析数据结果。

但是随着实验室业务量的迅速膨胀,业务规则的日趋复杂以及历史数据的不断积累,实验室信息量逐渐庞大,传统的人工管理模式已经无法满足实验室的高效管理需求,无法进行实验室信息的快速科学分析。LIMS 就是随着分析测试仪器自动化程度的提高、实验室规模与处理能力的提高逐步产生和发展的。LIMS 自 20 世纪 60 年代末出现发展至今,大致可分为以下几个阶段：

LIMS 技术最早出现于 20 世纪 60 年代末，是 LIMS 发展的第一个阶段，由于当时计算机软硬件条件的限制，这一时期是 LIMS 属于初级产品，大多数是在小型机上构建的，采用分级、独立的数据结构，不便与 LIMS 系统外部的设备进行数据交换，还有些 LIMS 系统是由计算机软件公司为客户特别定制的，其缺点是单个的用户不可能将自己的所有需求考虑周全，因而也就是无法满足用户不断变化的需求。

第二阶段是 20 世纪 70 年代中期至 80 年代末期，随着大规模集成电路的普及使仪器的自动化水平的提高，使实验室单位时间内完成的测试任务大大增加，这就对实验室的管理提出了新的要求。而随着计算机技术和信息技术的发展，数据处理能力的提高，使得采用计算机信息系统来自动管理实验室成为可能。此时的 LIMS 完全是商品化的软件。软件开发商可根据各实验室的具体需求，将实验室所需的功能尽可能多地设计到自己的产品中，而且软件的技术支持和版本升级也比较容易，此阶段的 LIMS 使用周期较长。此时的 LIMS 系统操作一般集中在中心计算机上完成，可以实现一般的数据管理与统计分析功能，数据处理能力比较小，手工处理的工作量仍然比较大，其他功能还没有实现。这个时代的计算机语言和网络技术还不够发达，计算机的价格比较昂贵。

第三个阶段是功能完善时期：进入到 20 世纪 90 年代以后，伴随着计算机技术的不断发展，特别是网络通信和数据库技术的日趋成熟，LIMS 技术的应用进入了一个崭新的发展时期。此时，计算机性能的确大大提高而价格却开始下降，基于第三方的关系型数据库技术与网络技术已经成熟，系统一般采用 PC 作为数据终端，网络体系的建立比较容易。C/S 构架的数据管理模式成为主流，数据处理能力大大提高。随着 MSWindows、WindowsNT 操作系统的兴起，LIMS 开始从 DOS 平台、UNIX 平台逐步过渡到 Windows、WindowsNT 平台，这个时期的产品功能比较全面，具有良好的用户界面，易于操作。采用 Internet、Intranet 和 Web 技术的 LIMS 普遍采用了统一的浏览器界面和以 Web 服务器为中心的分布式管理体系，使用极其方便。中国开始应用 LIMS 是在 20 世纪 90 年代。

三、LIMS 的主要技术标准

实验室信息管理系统是多学科交叉的产物，它在实施的过程中对实验室管理效率的提高、降低成本、提高产品质量起到重要作用，是实验室必然的发展趋势。

为了规范 LIMS 技术，推动其广泛应用，美国材料与试验协会（American Society for Testing and Materials，ASTM）已发布了许多关于 LIMS 标准，其中主要的两个重要的标准是实验室信息管理系统指南 ASTM E1578-93 和实验室信息管理系统确认指南 ASTM E2066-00。

1. 实验室信息管理系统指南（Standard Guide for Laboratory Information Management System）ASTM E1578-93。该指南对 LIMS 原理、技术平台、应用实施等各个环节进行了高度概括和总结，通过对 LIMS 技术术语的标准化与主要功能的确定，为 LIMS 技术的规范、应用实施、性能评估、项目管理、人员培训等提供具体指导。其主要核心思想包括以下几个方面：①为 LIMS 定义一个讨论平台，对 LIMS 的专业术语进行了定义和描述；②界定了 LIMS 的基本功能，应包括数据/信息输入、数据分析、报告输出、实验室管理、系统管理等；③针对 LIMS 技术自身和应用特点的一些特殊考虑与建议，特殊概念和问题有 LIMS 数据库技术和结构、计算机硬件平台、LIMS 的生命周期、LIMS 的费用与获益、相关标准与法规；④提出了实施 LIMS 的工作流程建议，为 LIMS 的潜在用户提出了建议，主要包括 LIMS 的工作流程、LIMS

项目实施指南和 LIMS 的功能测评等。

2. 实验室信息管理系统确认指南（Standard Guide for Validation of Laboratory Information Management System）ASTM E-2066-00。该指南是对 LIMS 进行验证的方法标准，为验证各方提供了标准的 LIMS 术语、验证和测试标准流程及最终的验证报告。指南详细地描述了其对不同阶段和不同方面的认证主要内容是：①对 LIMS 开发商的评估，主要围绕其内部的管理和产品开发过程是否符合公认的质量控制规范进行；②对安装在用户环境下的 LIMS 的现场验证，是独立于开发商进行的验证；③制订验证计划，为验证过程提供全面指导；④测试协议设计，阐述如何对 LIMS 性能进行实测评定的文件，其内容设计得是否合理，对 LIMS 的认证影响很大；⑤运行期间的认证问题，保证系统的状态始终处于认证合格的状态；⑥资料，建立完备的认证资料文档是 LIMS 认证工作的一个重要环节。

四、 LIMS 的功能简介

ASTM 于 2006 年修订的《实验室信息管理系统（LIMS）标准指南》（E1578-06）中指出 LIMS 的功能主要包括核心操作功能；核心支持功能和扩展功能。核心操作功能包括样品登录（实验室服务要求，登录标签或批，登录样品，打印样品标签）、样品管理（接受样品，分发样品，贮存样品，样品保管链）、核心实验室工作流程（安排测试，安排仪器，准备实验，操作实验，录入数据）、结果审核（结果审核；数据确认，复合、审核、主管、质量评价，数据确认，确保数据）、样品批准（处置）、报告（报告；核心实验室工作流程，实验室度量单位，专门报告，分析证书，管理报告）。

核心支持功能包括配置管理功能（收集源文件，方法变化控制，建立主要数据，测试或核实主要数据，转移主要数据到产品中，撤销主要数据）。系统管理功能（系统管理；硬件维护，软件维护，数据维护，灾难恢复）和数据存档。

扩展功能包括人员管理（分析者培训记录，资格状态）；仪器设备管理（校准管理，预防性维护，服务或维修管理）；标签管理（创建，复合，安排）；预约管理（环境，稳定性）；仪器数据采集（色谱数据系统（CDS），直接数据采集，文件或解析采集，原始数据文件储存元数据采集）；标准和试剂管理；财产目录管理（受控物质，试剂，稳定性）；控制表趋势管理。

LIMS 的功能还可以按照纯粹数据管理型和实验室全面管理型分为两大类：

纯粹数据管理型的主要功能一般包括数据采集、传输、存贮、处理、数理统计分析、数据合格与否的自动判定、输出与发布、报表管理、网络管理等模块。这类功能的特点是功能单一，容易实现；实验室全面管理型的功能是在第一类的功能的基础上增加了以下管理职能如样品管理、资源包括材料、设备、备品备件、固定资产管理等管理、事务如工作量统计文件资料和档案管理等管理等模块，组成了一套完整的实验室综合管理体系和检验工作质量监控体系。这类功能的特点是功能比较全面，能够实现对检验数据严格管理和控制同时还能够满足实验室的日常管理要求。

五、 LIMS 的作用及意义

LIMS 是现代信息技术、现代管理科学与现代分析技术结合的产物，为各种规模的实验室高效、科学运行和各类信息的存储、交流及二次加工利用提供了有力的平台，促进了实验室以及所在机构工作的各个环节能够实现全面量化评价和质量目标管理。提高样品测试效率，提高分析结果可靠性，提高对复杂分析问题的处理能力，协调实验室各类资源，实现量化管理;通过 LIMS 的实施,能够实现实验室质量管理水平的全面提升,使实验室的业务工作与市场竞争机制接轨,与国际惯例接轨,与科学化规范化的管理体制接轨。

第二节　临床实验室信息系统

随着社会的经济发展和人民生活水平的提高,人民对健康及生命质量的要求及对医疗卫生服务水平的要求也不断提高,随着医学科技快速发展和医疗设备不断更新,对医院管理的科学性要求越来越高,医院信息化已成为医院现代化建设和发展必然趋势。医院信息系统通过强大的信息管理及数据处理能力,使医疗过程更加高效、有序、规范,给患者带来良好的就诊环境和更完善的医疗服务。医院信息化系统对于转变传统的卫生管理模式,降低整个医疗卫生行业的运营成本,提高医疗服务质量有重要作用。

一、医院信息系统概念与意义

美国著名教授 Morris Collen 于 1988 年曾著文为医院信息系统(Hospital Information System,HIS)定义如下:利用电子计算机和通讯设备,为医院所属各部门提供病人诊疗信息和行政管理信息的收集、存储、处理、提取和数据交换的能力,并满足所有授权用户的功能需求。卫生部于 2002 年发布的《医院信息系统基本功能规范》第四条对医院信息系统的定义为医院信息系统是指利用计算机软硬件技术、网络通讯技术等现代化手段,对医院及其所属各部门对人流、物流、财流进行综合管理,对在医疗活动各阶段中产生的数据进行采集、存贮、处理、提取、传输、汇总、加工生成各种信息,从而为医院的整体运行提供全面的、自动化的管理及各种服务的信息系统。

HIS 系统的有效运行,实现了信息的全过程追踪和动态管理,简化了患者的诊疗过程,减少了每个病人用于诊疗的中间过程时间,优化就诊环境,提高医院各项工作的效率和质量及经济效益。医院信息系统已经成为医院科学管理和提高医疗服务水平的有力工具。

二、临床实验室信息系统概念

1. 临床实验室　ISO15189《医学实验室质量和能力的专用要求》对医学实验室(medical laboratory)或临床实验室(clinical laboratory)定义为:以诊断、预防、治疗人体疾病或评估人体健康为目的,对取自人体的标本进行生物学、微生物学、免疫学、化学、免疫血液学、血液学、生物物理学、细胞学、病理学或其他检验的实验室,可以对所有与实验研究相关的问题提供咨询服务,包括对检验结果的解释和对进一步的检验提供建议。根据这个定义,我国各级医院(卫生机构)的检验科就是 ISO15189 所说的医学实验室或临床实验室。

2. 临床实验室信息系统　临床实验室信息系统(laboratory information system,LIS)是以临床实验室科学管理理论和方法为基础,借助计算机技术、网络技术、现代通信技术、数字化和智能化技术等技术手段,对实验室标本处理、实验数据(采集、传输、存储、处理、发布)、人力资源、仪器和试剂的购置与使用等各种实验室信息进行综合管理的网络系统。也称为临床实验室管理系统(clinical laboratory information management system,CLIMS)。是对患者检验申请、标本识别、结果报告、质量控制和样本分析等各个方面相关的数据进行管理的信息系统。实验室信息系统是医院信息系统的重要组成部分之一。

临床实验室信息系统综合了现代管理学、临床医学、检验医学、信息学、机械电子学以及通信技术等多门学科知识，是优化临床实验室管理模式的一种重要方法，对于提高检验工作效率和质量及规范化管理有重要意义。

三、 LIS 的主要技术标准与规范

临床实验室信息系统遵循的主要标准有 ISO 15189:2003《医学实验室—质量和能力的专用要求》；美国临床实验室标准化协会（Clinical and Laboratory Standards Institute,CLSI）有关 LIS 的标准化文件，如临床实验室信息系统选择标准指南（LIS3-A）、临床实验室标本试管条形码使用标准规定（LIS6-A）和临床实验室信息系统功能要求标准指南（LIS8-A）等；还有卫生信息交换标准（Health Level7,HL7），HL7 是美国国家标准局（American national standards institute,ANSI）授权的标准开发机构 Health Level Seven 进行研究和开发的，是医疗领域不同应用系统之间电子数据传输的协议，主要目的是开发和研制各医疗信息系统间，如临床、检验、保险、管理及行政等各项电子资料交换的标准，规范临床医学和医院管理的信息格式，降低医院信息系统互连成本，提高医院信息系统之间数据共享的程度。HL7 标准可以应用于多种操作系统和硬件环境，也可以进行多应用系统间的文件和数据交换。

我国关于 LIS 的相关标准有《医疗机构临床实验室管理办法》、《临床检验项目分类与代码》和《医院信息系统基本功能规范》等。《医院信息系统基本功能规范》将 HIS 的基本功能分为五个部分，即临床诊疗部分、药品管理部分、经济管理部分、综合管理与统计分析部分和外部接口部分。临床诊疗部分是以病人信息为核心，将整个病人诊疗过程作为主线的，整个诊疗活动主要由各种与诊疗有关的工作站来完成，并将这部分临床信息进行整理、处理、汇总、统计、分析等。此部分包括：门诊医生工作站、住院医生工作站、护士工作站、临床检验系统、输血管理系统、医学影像系统、手术室麻醉系统等。

四、 LIS 的功能简介

《医院信息系统基本功能规范》规定临床检验系统是协助检验科完成日常检验工作的计算机应用程序，主要任务是协助检验师对检验申请单及标本进行预处理，检验数据的自动采集或直接录入，检验数据处理、检验报告的审核，检验报告的查询、打印等。系统应包括检验仪器、检验项目维护等功能。实验室信息系统可减轻检验人员的工作强度，提高工作效率，并使检验信息存储和管理更加简捷、完善。LIS 是医院信息系统的一个子系统，必须满足临床检验分系统基本功能的要求，使临床实验室能与门诊部、住院部、财务科和临床科室等全院各部门之间实现高效协同工作。LIS 的基本功能主要包括标本检验管理和实验室管理两部分。

1. 标本检验管理　实现标本检验前、中、后全过程的信息管理，包括：

（1）申请管理：检验项目的申请管理，将申请单发送给收费、采样等环节。

提供检验项目申请指南，内容包括检验项目选择、检验项目名称、参考范围、临床意义、影响因素、方法学评价、病人准备、标本采集要求等。

（2）收费管理：对检验申请进行财务管理，如记账、支付。按医院管理要求，在检验申请、医嘱执行、实验室接收标本、检验完成等阶段中，选择时间点执行检验收费。通过直接或调用医院信息系统的收费功能完成检验收费。患者可自助完成付费操作，如预付费、第三方支付交易平台等。

（3）采样管理：提供标本采集帮助、标本标识管理、采集信息管理。通过患者标识、申请

时间等条件,检索、确认检验申请。对患者身份进行确认;提供采集和处理标本的提示信息,包括患者准备、采集部位、容器选择和添加物、采集/分装次序、标本类别和数量、特定采集时间;标本的整个检验过程应有唯一性标识,如条形码。在标本标签、报告单、接收单、回执单等应采用同一个唯一性标识等。

(4)标本流转:管理标本运输和标本交接过程。记录每次标本交接的日期和时间、运送人员、工号及运输方式;可查询运送过程中的标本数量及具体信息等。

(5)标本核收:实现对送达标本核对并收件的管理。确认接收标本,记录接收标本的日期和时间、接收人及工号;提示需要优先处理的标本;可查询和打印检验任务清单,内容包括唯一标识、顺序号、姓名、患者标识、标本名称、检验项目等。

(6)分析前准备:完成标本分析前的准备工作,创建分析任务。按标本分组编制标本号;可查询和打印检验任务清单;微生物标本可打印检验工作单和多张条形码标签;提示分析前准备信息,有特殊标本快速处理模式;实时记录前处理设备处理标本的状态;能提供标本处理的报警信息等。

(7)室内质量控制:建立质量控制计划,设置质控样品、质控频度、质控方法、失控的判断规则等信息和要求;获取质控品测量结果数据,分析判断当前质控状态。进行质控数据管理,提供质控分析评价,用质控规则判断检验结果的可靠性等。

(8)分析中管理:监控标本分析过程,接收、管理分析数据。支持从第三方数据库如仪器自带数据库、独立实验室结果查询接口等,读取检验结果数据;能从仪器接收分析结果、直方图、散点图、显微镜图像、仪器报警、结果异常、检测时间等数据;记录原始通讯数据,能进行过程回溯,判断处理方法和数据的正确性;核查数据在处理及存储过程中是否出现错误等。

(9)分析后处理:检验技(医)师完成分析后的数据处理和技术审核工作。支持获授权人员对检验结果进行系统性的分析;修改检验结果应显示标记并进行记录,内容包括修改原因、原始数据、修改人、修改时间等;能根据已有检验项目结果和指定的计算公式自动获得计算项目结果。

(10)结果报告:提供审核规则及结果的分析数据,评价结果的临床符合性,报告结果。①结果审核功能要求,支持获授权人员进行结果审核,评估结果与患者临床信息的符合性。用不同颜色提示结果的警告水平,提示样本分析过程中的警告信息或标志。审核通过后,可报告检验结果。审核不通过时,记录原因、复查建议、复查结果、处理情况等。②自动审核功能要求,自动审核通过时,可自动发布结果。自动审核不通过时,显示原因,由检验医(技)师审核后,再发布结果等。③报告单功能要求,报告单内容包含以下信息(单位名称、实验室名称、报告单的唯一性标识;患者的唯一性标识、姓名、性别、年龄、科室或病区、房间号、床位号;申请医生姓名、申请时间、检验目的;标本名称、采集部位、标本采集日期和时间、标本接收日期和时间、标本备注;项目名称、检验结果及提示,可包括生物参考区间、测定方法、计量单位;审核报告日期和时间,检验者和审核者等)。

(11)查询统计:信息系统数据的查询、统计、分析和决策。医生、护士查询检验结果、检验处理进度。患者查询检验结果。实验室管理者、检验技师、系统管理员进行各种查询和统计。医生、护士、检验技师等人员可根据姓名、患者标识、标本标识、标本号、日期等条件查询检验结果或检验处理进度,可以打印已通过审核的报告等。

（12）标本保存：分析后的标本保存和销毁管理；检验技师进行标本保存、销毁工作。对标本处理过程实施监控，可追溯到各阶段的操作人员。

2. 实验室管理　实现人、财、物管理和系统安全管理，包括：

（1）人员技术管理：管理实验室人员的技术档案、操作权限和绩效考核；应有职员技术档案管理，可包括人员基本情况及临床、教学、科研、培训等经历。可记录职员的工作范围和类型，可记录工作年限；可根据职员的不同岗位、不同级别实行信息系统操作权限管理；可保留职员的工作史、权限及其他培训等活动记录；可进行工作绩效考核管理。

（2）实验室资源管理：管理实验室设备的使用和维护、耗材的存贮和分配、实验室的环境监测等；实验室资源管理，可包括财务、设备、辅助材料等内容。试剂管理功能，支持集中、分组管理等模式。管理内容包括申请、入库、领用、库存超限、有效期报警、厂商与供应商信息、订购未到试剂等。根据实际检测情况自动核算试剂量，统计各类汇总表，如耗材库存、损耗试剂、耗材入库领用情况；可进行实验室成本核算管理。可对供应商进行评价管理；可提供仪器维护管理，内容包括设备购置、维护保养、修理、报废、厂商与供应商信息等；记录实验室的环境、冰箱、孵箱、培养箱等设备的温、湿度以及实验用水的质量。可采用自动监控设备，实时不间断采集数据，异常时通过电话、短信等方式进行提醒等。

（3）系统安全管理：提供信息系统正常运行和数据安全的管理功能；进行人员操作权限管理，对患者资料接触、患者结果输入、结果更改、账单更改、软件系统设置等操作进行授权。有操作日志记录，内容包括：操作者、登录计算机及 IP、操作内容、开始时间、结束时间等。

（4）实验室生物安全管理：提供实验室生物安全管理功能，可有完善的菌（毒）种管理，包括入库、使用、移种、销毁等电子记录；可有危险品的实时库存管理；可有实验室人员进出记录；有实验室医疗废弃物处理及运出记录等。

（5）实验室办公管理：提供实验室管理活动的信息平台；

检验信息发布，内容包括标题、关键词、消息文本、附件、发布者、发布时间等；可提供人员排班、考勤等管理；记录实验室管理活动，如内部审核、管理评审。提供文档管理功能，文档内容包括：文档唯一性标识、起草人、审核人、批准人、生效时间、发放部门等。

（6）实验室知识库支持：提供医学检验知识库系统，进行知识内容的增加、修改、删除等操作。对检验项目提供知识支持，如试验项目介绍、标准操作规范等；可对检验全过程提供知识支持；可对实验室管理提供知识支持。

LIS 的发展主要经历了三个阶段，第一阶段为 20 世纪 80 年代，第二阶段为 20 世纪 90 年代中期，目前处于第三阶段。随着 IT 技术的不断发展，人工智能在 LIS 系统中的广泛应用，LIS 产品的技术水平还会不断提高。应用安全、高效的 LIS 规范了实验室工作流程，完善和提高实验室的管理水平可有效地提高工作效率，提高医疗服务质量。

本章小结

随着分析测试仪器自动化程度的提高、实验室规模与处理能力的提高及信息技术的快速发展逐步出现了实验室信息管理系统。本章主要介绍实验室信息管理系统 LIMS 和临床实验室信息系统 LIS 两大实验室信息管理系统。了解实验室信息管理系统便于在实际工作应用。

复习思考题

1. 简述 LIMS 的概念。
2. 简述 HIS 的概念。
3. 简述 LIS 的概念。

（李　静）

参考文献

1. 和彦苓. 实验室管理. 北京:人民卫生出版社,2008
2. 曹颖平. 临床实验室管理. 北京:高等教育出版社,2007
3. 汪宏良. 临床实验室生物安全管理. 武汉:湖北科学技术出版社,2009
4. 李艳. 临床实验室管理学. 北京:人民卫生出版社,2012
5. 呼小洲. 实验室标准化与质量管理. 北京:中国石化出版社,2013
6. 何晋浙. 高校实验室安全管理与技术. 北京:中国计量出版社,2009
7. 姜忠良. 实验室安全基础. 武汉:湖北科学技术出版社,2009
8. 苏政权. 卫生化学. 北京:科学出版社,2008
9. 申子瑜. 实验室管理学·临床实验室管理分册. 北京:人民卫生出版社,2003
10. 施昌彦. 实验室质量管理. 北京:化学工业出版社,2002
11. 柴邦衡. ISO9001:2000 质量管理体系文件. 第 2 版. 北京:机械工业出版社,2005
12. 王陇德. 实验室建设与管理. 北京:人民卫生出版社,2005
13. 胡曼玲. 卫生化学. 北京:人民卫生出版社,2003
14. 王群. 实验室信息管理系统(LIMS)——原理、技术与实施指南. 哈尔滨:哈尔滨工业大学出版社,2004
15. 杨海鹰. 实验室信息管理系统. 北京:化学工业出版社,2006
16. CNAS-CL01(ISO/IEC17025:2005)检测和校准实验室能力认可准则
17. CNAS-CL02(ISO15189:2012)医学实验室质量和能力认可准则
18. CNAS-CL05(ISO/IEC17025:2005)实验室生物安全认可准则
19. CNAS-CL09(ISO/IEC17025:2005)检测和校准实验室能力认可准则在微生物检测领域的应用说明
20. CNAS-CL10(ISO/IEC17025:2005)检测和校准实验室能力认可准则在化学检测领域的应用说明
21. GB/T 27404-2008 实验室质量控制规范 食品理化检测
22. GB/T 27405-2008 实验室质量控制规范 食品微生物检测
23. GB/T 27411-2012 检测实验室中常用不确定度评定方法
24. GB/T 15098-2008 危险货物运输包装类别划分原则
25. GB/T 27025-2008/ISO/IEC17025:2005 检测和校准实验室能力的通用要求
26. GB 19489-2008 实验室生物安全通用要求
27. GB19270-2009 水路运输危险货物包装检验安全规范
28. 中国合格评定国家认可委员会,认可本质与作用,2014
29. 中国合格评定国家认可委员会,CNAS-GL01:2007 实验室认可指南
30. 中国合格评定国家认可委员会,CNAS-RL01:2013 实验室认可规则

附录1 实验室常用安全标识

序号	标识	意义
1		禁止吸烟
2		禁火
3	图表　1	不能饮用
4		灭火器

续表

序号	标识	意义
5	图表　2	禁入
6		生物危害
7	图表　3	禁止饮食
8		易燃
9		可燃
10		易燃气体

序号	标识	意义
11		不燃气体
12		腐蚀性
13		有电
14		易爆
15		爆炸品
16		环境有害

续表

序号	标识	意义
17		有毒
18		毒害品
19	图表　4	放射性
20		可循环使用
21		注意高温
22		注意低温

续表

序号	标识	意义
23	Laser beam	激光
24	Now wash your hands please 图表　5	清洗手
25		注意高压
26	急救药箱 FIRST AID BOX 图表　6	急救药箱
27	CAUTION HIGH PRESSURE HAZARD Secure or chain all gas cylinders	注意高压

续表

序号	标识	意义
28	 图表 7	电离辐射警告
29		防潮
30		新增的电离辐射防护

附录2　常用灭火器

灭火器类型	主要成分	适用范围
酸碱式灭火器	H_2SO_4 和 $NaHCO_3$	非油类及电器失火的一般火灾
泡沫式灭火器	$Al_2(SO_4)_3$、$NaHCO_3$	一般物质着火;有机溶剂、油类着火
二氧化碳灭火器	CO_2	电器、贵重仪器、设备、资料着火;小范围的油类、忌水化学药品着火
四氯化碳灭火器	CCl_4	电器着火
干粉灭火器	$NaHCO_3$、润滑剂、防潮剂	油类、有机物、遇水燃烧的物质着火
1211 灭火器	CF_2ClBr	高压电器设备、精密仪器、电器着火

中英文名词对照索引